风力发电生产六项重点反事故措施及释义

赵群　李奕　主　编
彭涛　金安　副主编

中国电力出版社
CHINA ELECTRIC POWER PRESS

内 容 提 要

近年来，风力发电生产事故一直呈逐年上升趋势，其中人身伤亡、火灾、倒塔、轮毂（桨叶）脱落、超速、全场停电等类事故比较突出，造成风力发电机组损毁，危及作业人员和公众安全。究其原因，既有建设期设计、制造等质量原因，也有运营期运行、维护不到位的情况。因此，有必要进一步加强风力发电生产中六项重点风险的预防控制，提高风电场安全防范意识和反事故能力，确保人员和设备的本质安全。

本书主要包含两部分，第一部分针对风力发电生产中人身伤亡、火灾、倒塔、轮毂（桨叶）脱落、超速、全场停电提出六项重点反事故措施；第二部分从总体情况说明、摘要、条文说明三部分对以上六项重点反事故措施进行释义，以对仗的口诀形式提炼摘要，提示现场人员在作业过程中清晰开展危险点分析和隐患治理，并结合具体案例辅助条文说明。

本书适用于风电企业从事电力生产、运行、维护、检修、试验、设计、科研、安装的生产工作的所有专业技术人员和管理人员，并可供相关科研院所、高等院校师生等参考阅读。

图书在版编目（CIP）数据

风力发电生产六项重点反事故措施及释义 / 赵群，李奕主编. —北京：中国电力出版社，2018.11（2019.7重印）
ISBN 978-7-5198-2458-7

Ⅰ. ①风… Ⅱ. ①赵… ②李… Ⅲ. ①风力发电–发电厂–安全事故–电力安全 Ⅳ. ①TM614

中国版本图书馆 CIP 数据核字（2018）第 224211 号

出版发行：中国电力出版社
地　　址：北京市东城区北京站西街 19 号（邮政编码 100005）
网　　址：http://www.cepp.sgcc.com.cn
责任编辑：安小丹（010-63412367）
责任校对：黄　蓓　郝军燕
装帧设计：郝晓燕
责任印制：吴　迪

印　　刷：北京瑞禾彩色印刷有限公司印刷
版　　次：2018 年 11 月第一版
印　　次：2019 年 7 月北京第二次印刷
开　　本：787 毫米×1092 毫米　16 开本
印　　张：16.5
字　　数：401 千字
印　　数：1501—3500 册
定　　价：85.00 元

本书编委会

主　　编　赵　群　李　奕

副主编　彭　涛　金　安

编写人员　刘　峰　王金山　刘昌华　樊晓光

程云强　王晓伟　刘志文　刘洋广

陈子新　孙玉怀　冯克瑞

前 言

近年来，我国风电行业在《可再生能源法》以及国家一系列政策的推动下迅猛发展，风电装机容量和发电量跃居世界第一，但行业发展速度过快带来的安全生产问题逐渐凸显。风力发电建设期涉及产业链长、行业竞争激烈、建设周期短，本质安全无法得到充分保障。运营期生产管理人员技能水平参差不齐，基建移交生产验收标准低，风力发电机组质保期内生产管理“以包代管”现象严重；安全管理“点多、线长、面广”，人员高处作业风险突出，设备运行环境恶劣。

近年来，风力发电生产事故一直呈逐年上升趋势，其中人身伤亡、火灾、倒塔、轮毂（桨叶）脱落、超速、全场停电等类事故比较突出，造成风力发电机组损毁，危及作业人员和公众安全。分析全国发生的多起风力发电机组倒塔和人身伤亡事故，既有建设期设计、制造等质量原因，也有运营期运行、维护不到位的情况。因此，有必要进一步加强风力发电生产安全中人身、火灾、倒塔、轮毂（桨叶）脱落、超速和全场停电六项重点风险的预防控制，提高风电场安全防范意识和反事故能力，确保人员和设备的本质安全。

本书以提高风险管控水平为目标，总结提炼了风力发电生产中发生的典型事故案例，紧密结合风力发电安全生产特点和一线工作实际，根据国家及行业标准、反事故重点要求，提出了防止风力发电生产人身伤亡、火灾、倒塔、轮毂（桨叶）脱落、超速、全场停电事故的六项重点反事故措施。通过口诀提炼，以言简意赅的摘要形式，阐述如何防止风力发电安全生产的重大事故。每项反措的摘要都囊括了该项风险的管控要点，从事故源头和重要环节入手，把握关键技术，采取有效手段，制止违章作业和野蛮作业，实现控制安全事故的目标。通过“摘要”提示现场人员在作业过程中按图索骥，清晰开展危险点分析和隐患治理。重点突出了风电生产安全管理的特点，从全生命周期的角度采取技术与管理措施，总结提炼了防止风电生产事故的措施要点。为确保现场人员准确把握六项反措要求，在生产实践中熟练运用，编写人员紧密围绕“摘要”核心要点，对设备选型、监造、验收、检修维护等环节可能出现的偏差进行解读，指导生产管理与检修维护人员遵循设计规范、检修工艺、安全管理等行业标准及要求。通过熟记“摘要”的内容，并在实际工作中熟练运用与落实，起到指导生产管理及检修维护工作，避免风电生产发生安全事故。

希望本书的有效运用，能够提高风电场的反事故能力，确保人员和设备的本质安全。本书在编写过程中得到了各家风力发电设计、制造、生产单位及相关专家的大力支持，在此一并表示感谢。限于作者水平，书中疏漏、不妥或错误之处，恳请广大读者批评指正。

编 者

2018 年 8 月

目 录

第一部分

风力发电生产六项重点反事故措施

1 防止人身伤亡事故

1.1 防止高处坠落事故

1.1.1 风电场作业人员应没有妨碍工作的病症，患有高血压、恐高症、癫痫、晕厥、心脏病、美尼尔病、四肢骨关节及运动功能障碍等病症的人员，不应从事高处作业。作业人员（包括安全生产管理人员）应经过高处作业安全技能、高处救援与逃生培训，并经考试合格，持证上岗。

1.1.2 对起重机具、登高用具（包括防坠器）、安全工器具，按规定周期进行定期检测、试验工作，保证其合格。

1.1.3 风力发电机组塔架内宜安装符合设计、制造要求的助爬器、免爬器、电控升降机等辅助登塔设备。辅助登塔设备应按相关要求进行安装、验收和定期检测，合格后方可使用。

1.1.4 每半年应对风力发电机组塔架内安全钢丝绳、爬梯、工作平台、门防风挂钩检查维护一次。爬梯油污应及时清理。

1.1.5 凡在距离坠落基准面 1.5m 及以上高处作业，必须使用符合作业环境要求的安全带。

1.1.6 风力发电机组塔架内、机舱内的照明设施应满足现场工作需要。

1.1.7 风电场高处作业在执行行业相关标准的同时，应落实《电业安全工作规程 第1部分：热力和机械》（GB 26164.1—2010）关于高处作业的相关规定。

1.1.8 风速超过 10m/s 时，不应使用塔架外部提升机提升物品；风速超过 12m/s 时，不应打开机舱盖（含天窗）；风速超过 14m/s 时，应关闭机舱盖；风速超过 12m/s 时，不应在机舱外和轮毂内工作；攀爬风力发电机组时，风速不得高于该机型允许登塔风速，但风速超过 18m/s 及以上时，禁止任何人员攀爬风力发电机组；风速超过 18m/s 时，不得在机舱内工作；风速超过 25m/s 时，禁止人员户外作业。

1.1.9 进入现场应戴安全帽，登高作业应系安全带，登塔作业应穿防护鞋、戴防滑手套、使用防坠落保护装置。登高作业所用安全带、防坠落保护装置等劳动防护用品应检测合格，外观检查不合格的禁止使用。

1.1.10 登塔作业前要确保作业人员精神状态及身体健康状况良好；工作负责人在开工前必须针对现场的作业环境讲清危险点，做好防坠安全措施。

1.1.11 攀爬风力发电机组时，应将机组置于停机状态；禁止两人在同一段塔架内同时攀爬；上爬梯必须逐档检查爬梯是否牢固（如有隐患及时消除），上下爬梯必须抓牢，严禁两手同时抓握同一梯阶；通过塔架平台盖板后，应立即随手关闭盖板；随身携带工具人员应后上塔、先下塔，工具袋应完整封闭并与安全绳相连。

1.1.12 到达塔架顶部平台或工作位置，应先挂好安全绳，关闭平台盖板，然后解除防坠器。在塔架爬梯上作业，应系好安全绳和定位绳，安全绳严禁低挂高用。

1.1.13　使用助爬器或免爬器登塔时，同一时段塔架内只允许一人攀爬，到达顶部后应及时关闭顶层盖板。

1.1.14　塔架爬梯有油、雪、水、冰覆盖时，应确定无高处落物风险并将其清除后再攀爬。使用塔架提升机时，若吊装口处平台有油、雪、水、冰，须将平台上和附着鞋底的油、雪、水、冰清理干净后再开启吊装口。

1.1.15　风力发电机组检修人员必须熟练掌握高空逃生装置的使用方法，按厂家规定的周期进行检查、检测，到期应及时更换。

1.1.16　现场作业时，必须保持可靠通信，随时保持各作业点、监控中心之间的联络，禁止人员在风力发电机组内单独作业。

1.1.17　出舱作业至少两人进行，其中一人作为工作监护人。出舱作业必须使用安全带，系两根安全绳，且两根安全绳不得挂在同一固定点。在机舱顶部作业时，应站在防滑表面，使用机舱顶部栏杆作为安全绳挂钩定位点时，每段栏杆最多悬挂两个挂钩。工作监护人检查各项安全措施正确后，才允许出舱作业。

1.1.18　脚手架的设计、搭设、验收、使用和拆除应严格执行《电业安全工作规程　第1部分：热力和机械》（GB 26164.1—2010）的相关规定。

1.1.19　洞口应装设盖板并盖实，表面涂刷黄黑相间的安全警示线，以防人员行走踏空坠落；洞口盖板掀开后，应装设刚性防护栏杆，悬挂安全警示牌；夜间应将洞口盖实并装设红灯警示，以防人员失足坠落。

1.1.20　登高作业应使用两端装有防滑套的合格梯子，梯阶的距离不应大于40cm，并在距梯顶1m处设限高标志；使用单梯工作时，梯子与地面的斜角度为60°左右，梯子有人扶持，以防失稳坠落；梯子放置地点应坚实、可靠。

1.1.21　禁止登在不坚固的结构上（如石棉瓦、彩钢板屋顶）进行工作。为了防止误登，应在这种结构的必要地点挂上警告牌。

1.1.22　架空线路检修工作中，登高作业人员必须选用质量合格的安全带和专用脚扣，不准穿光滑的硬底鞋；转移作业位置时不应失去安全带保护；如需要转移工作地点或工作间断后重新开工，必须重新开展危险点分析。

1.1.23　使用吊篮应经过设计和验收。吊篮平台、悬挂机构、提升机构、主制动器、辅助制动器、安全保护装置等必须符合《高处作业吊篮》（GB/T 19155—2017）的要求。

1.1.24　吊篮所用钢丝绳的安全系数应不小于9。工作钢丝绳最小直径应不小于6mm。安全钢丝绳必须独立于工作钢丝绳另行悬挂，其型号、规格宜与工作钢丝绳相同。

1.1.25　吊篮平台上应装有固定式的安全护栏，靠工作面一侧的高度应不小于800mm，后侧及两边高度应不小于1100mm，护栏应能承受1000N水平移动的集中载荷。吊篮平台如装有门，其门不得向外开，门上应装有电气连锁装置。

1.1.26　吊篮每天使用前，应核实配重和检查悬挂机构，并进行空载运行以确认设备处于正常状态。

1.1.27　吊篮操作人员应配置独立于悬吊平台的安全绳及安全带或其他安全装置，应严格遵守操作规程。

1.2 防止触电事故

1.2.1 对电气设备进行运行、维护、安装、检修、改造、施工、调试、试验的作业人员必须经培训合格并取得特种作业操作证，方可上岗。

1.2.2 凡从事电气作业人员应佩戴合格的个体防护装备：高压绝缘鞋（靴）、高压绝缘手套等必须选用具有国家“劳动防护品安全生产许可证书”资质单位的产品且在检验有效期内。作业时必须穿好工作服、戴安全帽，穿绝缘鞋（靴）、戴绝缘手套。

1.2.3 检修后，应对五防闭锁装置进行验证试验，如发现问题立即安排检修，确保五防闭锁装置良好。

1.2.4 高压试验期间，应做好隔离措施，保持足够安全距离，并设专人把守，无关人员严禁进入试验区。操作人员应站在绝缘物上。

1.2.5 针对电气作业特点，采取加强绝缘、电气隔离、保护接地、使用安全电压、自动断开电源（包括保护接零、剩余电流动作保护器）等措施，防止触电。

1.2.6 电气作业应严格执行工作票制度。工作前检查安全措施已按要求全部完成，工作地点放置“在此工作！”标示牌；工作中严格执行工作监护制度；工作结束应就地检查设备状况、状态。

1.2.7 禁止工作班成员擅自扩大工作范围，禁止非工作班成员参加工作。

1.2.8 工作负责人、工作许可人任何一方，不得擅自变更安全措施。作业过程中设置的临时接地线、短接线应做好记录，工作负责人在工作结束后指定专人拆除和核实。

1.2.9 使用合格的安全工器具。验电或测绝缘时要佩戴电压等级合适的绝缘手套；绝缘操作杆的电压等级应等于或高于设备的运行电压。

1.2.10 在电感、电容性设备上作业或进入其围栏前，应将设备充分接地放电。

1.2.11 当操作机构有卡塞或不灵活时，应立即停止操作，查明原因，然后确定下一步正确的操作方案再进行操作。手车断路器、TV 等设备由“检修”转“运行”操作前，应认真检查开关设备、柜体内有无异物。

1.2.12 倒闸操作必须由两人执行（单人值班的变电站倒闸操作可由一人执行），其中一人对设备较为熟悉者做监护。操作前，应认真开展危险点分析，制定并落实控制措施；操作中，应严格执行监护复诵制；全部操作完毕后进行复查。

1.2.13 操作中发生疑问或发现异常时，应立即停止操作，查明原因。待疑问或异常消除后，方可继续操作。

1.2.14 停电时，所有能够对检修设备送电的各侧线路，要全部断开，并采取防止误合闸的措施，每处至少要有一个明显的断开点（高压断路器小车和低压抽屉必须拉至检修位）。与停电设备有关的变压器和电压互感器，应将设备各侧断开，防止向停电检修设备反送电。对不能与电源完全断开的检修设备，应拆除设备与电源之间的电气连接线。

1.2.15 对已停电的线路或设备，作业前必须进行验电。验电应选用相应电压等级的验电器并确认其工作良好。直接验电应使用相应电压等级验电器在设备的接地处逐相验电；在恶劣气象条件时，对户外设备及其他无法直接验电的设备，可间接验电。

1.2.16 可能送电至停电设备的各侧均应装设临时接地线或合上接地开关。装设接地线时，必须先用验电器验明设备无电后方可进行。装设时必须先接接地端，后接导体端；拆除接地线时，先拆导体端，后拆接地端。

1.2.17 在一经合闸即可送电到工作地点的断路器和隔离开关的操作把手上，均应悬挂“禁止合闸，有人工作！”的标示牌。在显示屏上进行操作的断路器和隔离开关的操作处均应设置相应标示牌。

1.2.18 低压不停电工作时，应站在干燥的绝缘物上，使用有绝缘柄的工具，穿绝缘鞋和全棉长袖工作服，戴手套和护目眼镜。

1.2.19 高压开关柜内手车开关拉至“检修”位置，隔离带电部位的挡板封闭后禁止开启，并用五防锁将柜门锁好。

1.2.20 在室外高压设备上工作，应在工作地点四周装设遮栏，遮栏上悬挂适当数量朝向里面的“止步，高压危险！”标示牌，遮栏出入口要围至临近道路旁边，并设有“从此进入！”的标示牌。若室外只有个别地点设备带电，可在其四周装设全封闭遮栏，遮栏上悬挂适当数量朝向外面的“止步，高压危险！”标示牌，禁止越过围栏。

1.2.21 部分停电的工作，工作人员与未停电设备安全距离不符合表1规定时，应装设临时遮栏，其与带电部分的距离应符合表2的规定。临时遮栏应装设牢固，并悬挂“止步，高压危险！”标示牌。35kV及以下设备可用与带电部分直接接触的绝缘隔板代替临时遮栏。

表1　　设备不停电时的安全距离表

电压等级（kV）	10及以下	35	110	220
最小安全距离（m）	0.7	1	1.5	3.0

表2　　人员工作中与设备带电部分的安全距离表

电压等级（kV）	10及以下	35	110	220
最小安全距离（m）	0.35	0.6	1.5	3.0

1.2.22 在室内高压设备上工作，应在工作地点两旁及对侧运行设备间隔的遮栏上和禁止通行的过道遮栏上悬挂“止步，高压危险！”的标示牌。

1.2.23 现场临时用电的检修电源箱必须安装自动空气断路器、剩余电流动作保护器、接线柱或插座，专用接地铜排和端子、箱体必须可靠接地，接地（接零）标识应清晰、固定牢固。临时电源的拆接必须由专业人员进行。临时电源箱必须做好防雨雪措施。

1.2.24 电气设备必须装设保护接地（接零），不得将接地线接在金属管道上或其他金属构件上。雨天操作室外高压设备时，绝缘棒应有防雨罩，应穿绝缘靴。雷电时严禁进行就地倒闸操作。

1.2.25 同塔双回或多回架设输电线路的杆塔，应将杆塔顶部按回涂以不同颜色进行区分。

1.2.26 风电场内架空线路及自建送出线路在线路每基铁塔、首杆、终端杆悬挂线路名称、杆号牌，其他混凝土杆可喷涂线路名称、杆号；文字内容应依次包含电压等级、线路名称和杆塔编号三要素；线路名称应以调度部门下发的设备调度命名为准，杆号从“01”号开始顺序编号（紧邻升压站的杆塔编号为“01”号）。

1.2.27 每基杆塔应悬挂“禁止攀登、高压危险”标示牌。

1.2.28 对杆塔跌落熔断器进行编号，并就地悬挂名称、编号牌。

1.2.29 配电盘、配电柜内容易触电的裸露带电部分，必须采取防护措施，确保盘柜前后门防护闭锁装置可靠有效。

1.2.30 10kV 及以上开关柜，柜门处应加装五防锁。

1.2.31 绝缘安全用具（绝缘操作杆、验电器、携带型短路接地线等）应选用具有“生产许可证”“产品合格证”“安全鉴定证”的产品，使用前应检查是否贴有“检验合格证”标签、是否在检验有效期内且完好无损。

1.2.32 选用的手持电动工具应具有国家认可单位发的“产品合格证”，使用前应检查工具上贴有“检验合格证”标识且在检验有效期内。使用时应接在装有动作电流不大于 30mA、一般型（无延时）的剩余电流动作保护器的电源上，并不得提着电动工具的导线或转动部分使用，严禁将电缆金属丝直接插入插座内使用。

1.2.33 高压电气设备带电部位对地距离不满足设计标准时，四周应装设防护围栏，门应加锁，并挂好安全警示牌。

1.2.34 高压设备发生接地故障时，室内人员进入接地点 4m 以内，室外人员进入接地点 8m 以内，均应穿绝缘靴。接触设备的外壳和构架时，还应戴绝缘手套。当发觉有跨步电压时，应立即将双脚并拢或单腿跳离导线断落地点。

1.2.35 在地埋电缆附近开挖土方时，严禁使用机械开挖。

1.2.36 线路检修作业前应核实所在线路杆塔色环（标示牌底色）与工作票所列一致。线路中各工作地点必须悬挂“在此工作！”标示牌。

1.2.37 在杆塔、线路上发生人身触电后，应立即通知现场运行人员将所在线路停电，并采取防止断路器误合措施，尽快将所在线路断路器转检修。验明无电压后方准施救，避免出现因施救不当造成的群伤事件。

1.2.38 加强外包队伍管理，严格审查参加作业人员资质。无相应资质人员严禁参加工作。工作前工作负责人应向外包人员交代清楚周围的带电设备，确认对方熟知后方准其参加工作。

1.2.39 在风力发电机组故障消除后进行测试时，作业人员应远离转动设备、电气屏柜；机组测试工作结束，应核对机组各项保护参数，恢复正常设置。

1.2.40 雷雨天气不得安装、检修、维护和巡检风电机组，发生雷雨天气后 1h 内禁止靠近风电机组。

1.2.41 风力发电机组内所有可能被触碰的 220V 及以上低压配电回路电源，应装设满足要求的剩余电流动作保护器。剩余电流动作保护器必须每年进行一次检验，每次使用前应手动试验合格。36V 及以上带电设备，应在醒目位置设置“当心触电”标识。

1.2.42 测量风力发电机组网侧电压和相序时必须佩戴绝缘手套，并站在干燥的绝缘台或绝缘垫上；启动并网前，应确保电气柜柜门关闭，外壳可靠接地；检查和更换电容器前，应将电容器充分放电。

1.3 防止起重伤害事故

1.3.1　使用塔架提升机时，检查提升机是否工作正常，重点检查电气接线、链条是否完好。

1.3.2　作业人员应使用单钩或双钩将人与机舱内固定点可靠连接，找好重心后方可打开吊装口。所有吊装物品必须放入吊袋内。

1.3.3　在塔架外起吊物品时，应使链条及起吊物件与周围带电设备保持足够的安全距离，将机舱偏航至与带电设备最大安全距离后方可起吊作业。

1.3.4　起重设备、吊具应经专业机构检验检测合格；吊装作业前应认真审查起重设备资质，检查索具是否完整，合格证是否齐全，特种设备作业人员是否持证上岗；起重机械、吊具、索具的工作负荷，不准超过铭牌规定。

1.3.5　吊装作业必须设专人指挥，指挥人员不得兼做司索（挂钩）以及其他工作，应认真观察起重作业周围环境，确保信号正确无误，严禁违章指挥或指挥信号不规范。

1.3.6　起吊重物之前，必须清楚物件的实际重量，不准起吊不明物和埋在地下的物件。当重物无固定死点时，必须按规定选择吊点并捆绑牢固，使重物在吊运过程中保持平衡和吊点不发生移动。

1.3.7　严禁吊物上站人或放有活动的物体。吊装作业现场必须设警戒区域，设专人监护。严禁吊物从人的上方越过或停留。

1.3.8　遇有大雾、照明不足、指挥人员看不清各工作地点或起重机司机看不见指挥人员等情况时，不准进行起重工作。起重应有统一的信号，司机应根据指挥人员的信号（旗语、哨音、手势）进行操作；司机未接到指挥信号时，除规避危险之外不准操作。

1.3.9　带棱角、缺口的物体无防割措施不得起吊。

1.3.10　在带电的电气设备或高压线下起吊物体，起重机应可靠接地，保持与输电线的安全距离，必要时制订好防范措施，并设专人监护。

1.3.11　塔架、机舱、叶轮、叶片等部件吊装时，风速不应高于该机型安装技术规定；未明确相关吊装风速的，风速超过 8m/s 时，不宜进行叶片和叶轮吊装；风速超过 10m/s 时，不宜进行塔架、机舱、轮毂、发电机等设备吊装。

1.3.12　起重机检修时，应将吊钩降放在地面。

1.3.13　未经司机允许，任何人不准擅自登上起重机或起重机的轨道。

1.3.14　起重物品必须绑牢，吊钩应挂在物品的重心上，吊钩钢丝绳应保持垂直，禁止使吊钩斜着拖吊重物。在吊钩已挂上而被吊物尚未提起时，禁止起重机移动或做旋转动作。

1.3.15　起重机在起吊大的或不规则的构件时，应在构件上系以牢固的拉绳，使其不摇摆、不旋转。

1.3.16　与工作无关人员禁止在起重工作区域内行走或停留。起重机正在吊物时，任何人不准在吊杆和吊物下停留或行走。

1.3.17　起吊重物不准让其长时间悬在空中。有重物暂时悬在空中时，严禁驾驶人员离开驾驶室或做其他工作。

1.3.18　重物应稳妥地放置在地面，防止倾倒或滚动，必要时应用绳固定。

1.3.19 移动式悬臂起重机（履带式和汽车起重机），应有随吊杆起落高度而定的最大负荷指示器，并应在驾驶员操作台附近设有吊杆起落高度与其最大允许负荷的对照表格，使驾驶人员能正确地知道吊杆起升到某一个高度时所能提升的最大负荷。

1.3.20 悬臂式起重机吊杆升起的仰角不应大于 75°。起吊前应检查仰角指示器的位置是否符合实际。

1.3.21 使用汽车起重机起吊重物时，必须将支座盘牢靠地连接在支腿上，支腿应可靠地支撑在坚实可靠的地面上。如在松土地面上工作时，应在支座盘下垫置枕木、钢板、路基箱等。

1.4 防止机械伤害和物体打击事故

1.4.1 高处作业应使用工具袋，较大的工具应予固定。上下传递物件应用绳索拴牢传递，不应上下抛掷。

1.4.2 进入生产现场人员必须接受安全培训教育，掌握相关安全防护知识。运行和检修人员必须经过专业技能培训，掌握现场操作规程和安全防护知识。从事手工作业的人员，必须掌握工器具的正确使用方法及安全防护知识。

1.4.3 进入现场人员必须戴好安全帽。人工搬运的作业人员必须戴好安全帽、防护手套，穿好防砸鞋，必要时戴好披肩、垫肩和护目镜。

1.4.4 高处作业时，必须做好防止物件掉落的防护措施，下方设置警戒区域，并设专人监护，不得在工作地点下面通行和逗留。上、下层垂直交叉同时作业时，中间必须搭设严密牢固的防护隔板、罩栅或其他隔离设施。

1.4.5 高处临边不得堆放物件；空间小必须堆放时，必须采取防坠落措施；高处场所的废弃物应及时清理。

1.4.6 从事人工搬运的作业人员，必须掌握撬杠、滚杠、跳板等工具的正确使用方法及安全防护知识。风力发电机组检修人员搬运重物时，单人徒手搬运的重量不应大于 30 kg。

1.4.7 操作人员必须穿好工作服，衣服、袖口应扣好，不得戴围巾、领带，长发必须盘在帽内。操作时必须戴防护眼镜，必要时戴防尘口罩、穿绝缘防砸鞋。操作钻床时，不得戴手套，不得在开动的机械设备旁换衣服。

1.4.8 大锤和手锤的锤头必须完整，且表面光滑，不得有歪斜、缺口和裂纹等缺陷，手柄应安装牢固。不准戴手套或单手抡锤，抡锤时周围不准有人靠近。

1.4.9 机械设备各转动部位（如弹性联轴器、高速轴刹车盘等）必须装设防护装置。机械设备必须装设紧急制动装置；加工机械附近要设有明确的操作注意事项。

1.4.10 严禁在运行中清扫、擦拭和润滑设备的旋转和移动部分，严禁将手伸入栅栏内。严禁将头、手脚伸入转动部件活动区内。严禁在转动设备上行走和传递工具。

1.4.11 在转动设备系统上进行检修和维护作业时，应做好防止机器突然启动的安全措施，将检修设备切换到就地控制，断开电源并挂“禁止合闸，有人工作！”标示牌。

1.4.12 在清理转动设备金属碎屑时，必须等转动设备停止转动时才可清理。不准用手直接清理，必须使用专用工具。

1.4.13 风力发电机组内无防护罩的旋转部件应粘贴“禁止踩踏”标识；机组内易发生

机械卷入、轧压、碾压、剪切等机械伤害的作业地点应设置“当心机械伤人”标识。

1.4.14　对风力发电机组驱动轴系作业前，需要严格做好激活高速轴刹车、锁定低速轴、按下急停按钮等相关安全措施。

1.4.15　进入风力发电机组轮毂或在叶轮上（内）工作，首先应确认叶片处于顺桨状态并将叶轮可靠锁定，锁定叶轮时不得高于机组规定的最高允许风速。进入轮毂内工作，机舱内应留有一名工作人员，与轮毂内人员保持联系；必须将变桨机构可靠锁定，确认叶片盖板齐全，防止绳索等接触到转动部件；工作完毕后应清理轮毂内卫生，关闭各个控制柜柜门、叶片盖板，关闭安全门，确保轮毂内无人员滞留。

1.4.16　拆除能够造成风力发电机组叶轮失去制动的部件前，应首先锁定叶轮；拆除制动装置应先切断液压、机械与电气连接；安装制动装置应最后连接液压、机械与电气装置。

1.4.17　检修液压系统时，应先将液压系统泄压，液压系统电源切断后应用挂锁锁住；作业期间，任何人员不得站在液压系统能量意外释放的范围内；拆卸液压站部件时，应戴防护手套和护目眼镜。

1.4.18　进行风速风向仪巡检时，重点检查螺丝是否紧固，测风桅杆与避雷针是否有螺栓松动、开焊情况，防止其掉落伤人。

1.4.19　风力发电机组叶片有结冰现象且有掉落危险时，危险区域的半径应不小于掉落物高度与 3 倍叶轮直径的和；应在危险区域外各入口处设置安全警示牌，严禁人员靠近；机组手动启动前，叶轮表面应无结冰、积雪现象；停运叶片结冰的机组，应采用远程停机方式。

1.4.20　风力发电机组作业时，车辆应停泊在塔架上风向并与塔架保持 20 m 及以上的安全距离。

1.4.21　在风力发电机组内作业时，禁止未经过培训的人员操作发电机转子锁定或叶轮锁定。机组偏航时，作业人员禁止站在机舱爬梯和塔架顶部爬梯之间。

1.4.22　手持电动工具使用前应检查外观、空载运行正常；使用时，加力应平稳，严禁超载、超温使用；意外停机时，应立即关断电动工具的电源开关。

1.5　防止中毒与窒息伤害事故

1.5.1　在沟道（池、井）等有限空间［如电缆沟、污水池、化粪池、排污管道、地沟（坑）、地下室等］内长时间作业时，为防止作业人员缺氧窒息或吸入一氧化碳、硫化氢、二氧化硫、沼气等中毒，必须保持通风良好，并做好以下措施：

（1）打开沟道（池、井）的盖板或人孔门，保持良好通风，严禁关闭人孔门或盖板。

（2）进入沟道（池、井）内施工前，应用鼓风机向内进行吹风，保持空气循环，并检查沟道（池、井）内的有害气体含量不超标，氧气浓度保持在 19.5%～21.0%。

（3）地下维护室至少打开 2 个人孔，每个人孔上放置通风筒或导风板，一个正对来风方向，另一个正对去风方向，确保通风畅通。

（4）井下或池内作业人员必须系好安全带，安全带上的保险绳应由井（池）上的人员负责收放。当作业人员感到身体不适，必须立即撤离现场。在关闭人孔门或盖板前，必须清点人数，并喊话确认无人。

1.5.2　置换容器内的有害气体时，吹扫必须彻底，不残留气体，防止人员中毒。进入容器内作业时，必须先测量容器内部氧气含量，低于规定值不得进入，同时做好逃生措施，并保持通风良好，严禁向容器内输送氧气。容器外设专人监护且与容器内人员定时喊话联系。

1.5.3 进入粉尘较大的场所作业，作业人员必须戴防尘口罩。进入有害气体的场所作业，作业人员必须佩戴防毒面罩。风力发电机组液压系统维护作业应穿防护服、佩戴防冲击化学眼镜、化学防护手套和防护口罩，应避免吸入液压油雾气或蒸汽。

1.5.4 SF_6电气设备室必须装设机械排风装置，其排风机电源开关应设置在门外。排气口距地面高度应小于0.3m，并装有SF_6泄漏报警仪，且电缆沟道必须与其他沟道可靠隔离。

1.5.5 进入SF_6电气设备低位区或电缆沟工作时，应先检测含氧量（不低于18%）和SF_6气体含量（不超过1000μL/L）。SF_6电气设备发生大量泄漏等紧急情况时，人员应迅速撤出现场，开启所有排风机进行排风。未佩戴防毒面具或正压式空气呼吸器人员不应入内。

1.5.6 风力发电机组机舱发生火灾时，禁止通过升降装置撤离，应首先考虑从塔架内爬梯撤离，当爬梯无法使用时方可利用缓降装置从机舱外部进行撤离。使用缓降装置，要正确选择定位点，同时要防止绳索打结。

1.5.7 危险化学品应在具有“危险化学品经营许可证”的商店购买，不得购买无厂家标志、无生产日期、无安全说明书和安全标签的“三无”危险化学品。凡使用清洁剂或化学品，应按说明书正确使用个体防护装备，落实避免污染环境的措施。

1.5.8 危险化学品专用仓库必须装设机械通风装置、冲洗水源及排水设施，并设专人管理，建立健全档案、台账，并有出入库登记。

1.5.9 有毒、致癌、有挥发性等物品必须储藏在隔离房间和保险柜内，保险柜应装设双锁，并双人、双账管理，装设电子监控设备，并挂“当心中毒”警示牌。

1.5.10 食堂实行人员和食品准入制度，保证食品卫生安全。应定期进行生活水质检测，生活水箱或生活水房门应上锁。

1.5.11 食堂储存或使用煤气的场所应安装煤气泄漏报警器，报警器应定期检测维护。煤气使用后要及时关闭阀门。如煤气存放处有异味，应立即开窗强化空气流通，可用涂抹肥皂水等方法进行漏点检测，严禁用点火的办法来检查漏气。

1.5.12 进入机舱作业前，应将机组自动消防系统切换至“维护”状态。

1.6 防止电力生产交通事故

1.6.1 加强对驾驶员的管理和教育，定期组织驾驶员进行安全技术培训，提高驾驶员的安全行车意识和驾驶技术水平，严禁违章驾驶。叉车、翻斗车、起重机，除驾驶员、副驾驶员座位以外，任何位置在行驶中不得有人坐立。

1.6.2 单位用车宜实行准驾资格认定制度，凡未经资格认定的人员，不应驾驶公务及生产车辆；驾驶特种车辆人员应需取得特种设备作业人员证；取得中华人民共和国机动车驾驶证不足3年的，不宜给予公务及生产车辆准驾资格认定。

1.6.3 对于地处山区（丘陵）地带、交通路况复杂的地区，公务及生产用车宜设专职驾驶员。

1.6.4 建立健全交通安全管理规章制度，明确责任，加强交通安全监督及考核。严格执行车辆交通管理规章制度。

1.6.5　加强对各种车辆维修管理，确保各种车辆的技术状况符合国家规定，安全装置完善可靠。定期对车辆进行检修维护，在行驶前、行驶中、行驶后对安全装置进行检查，发现危及交通安全问题，应及时处理，严禁带病行驶。

1.6.6　加强大型活动、作业用车和通勤用车管理，制定并落实防止重特大交通事故的安全措施。

1.6.7　大件运输、大件转场应严格履行有关规程的规定程序，应制定搬运方案和专门的安全技术措施，指定有经验的专人负责，事前应对参加工作的全体人员进行全面的安全技术交底。

1.6.8　风电场场区各主要路口及危险路段内应设置相应的交通安全标志和防护设施。

1.6.9　派车人员要将出车任务、时间、路线、乘车人、安全注意事项向驾驶员进行详尽布置并做好记录。不得安排情绪不稳定或身体不适的驾驶员出车，严禁安排有故障的车辆执行任务。

1.6.10　严禁驾驶员私自改变行车路线，严禁违章驾驶生产车辆，严格执行安全带使用规定。

1.6.11　驾驶员连续驾驶车辆一般不得超过 2h，行驶超过 2h 要适时休息，每日行驶里程一般不超过 600km。

1.6.12　风电场场区的生产车辆应在规定范围内行驶，车速应遵循当地法规要求，且不宜超过 30km/h。车辆应停靠在相对平坦处，车头与主风向成 90°，驾驶人离开车辆应立即落实静止制动。

2　防止风力发电机组火灾事故

2.1 技术措施

2.1.1　风力发电机组内严禁存放易燃物品，保温、隔音材料应选用阻燃材料。

2.1.2　液压系统及润滑系统应采用不易燃烧或者燃点高于风力发电机组运行温度的油品。

2.1.3　风力发电机组内部及其与风机变压器之间的电缆应采用阻燃电缆，电缆穿越的孔洞应用耐火极限不低于 1.00h 的不燃材料进行封堵。

2.1.4　靠近热源的电缆应采取隔热措施；靠近带油设备的电缆槽盒应密封；机舱至塔基电缆应采取分段阻燃措施，在电缆封堵墙体两侧的电缆表面均匀涂刷电缆防火涂料，厚度不小于 1mm，长度不小于 1500mm。

2.1.5　各类电缆按设计图册施工、布线，分层布置，弯曲半径应符合《电气装置安装工程电缆线路施工及验收规范》（GB 50168—2006）要求，并做好电缆防磨措施。

2.1.6　定期监控风力发电机组各部位温度变化，发现温度异常升高时，应立即停机、登机检查，经确认无隐患后方可将风力发电机组恢复运行。

2.1.7　风力发电机组内的母排、并网接触器、励磁接触器、变频器、变压器等电气一次设备连接应选用阻燃电缆，定期对各连接点及螺栓进行力矩检查。

2.1.8　定期对风力发电机组的电缆接线处进行巡检，发现过热、老化等异常时应停电处理。电气回路的端子紧固周期不超过 4 年。

2.1.9　风力发电机组各系统加热器启停定值应符合维护手册要求；应配备可靠的超温保护；严禁使用胶粘、打卡子等方法处理油管泄漏故障，油管破损应更换；油管道应固定牢固，严禁在橡胶材料的油管道外壁直接装设加热装置。

2.1.10　风力发电机组机械刹车系统应配置耐高温材料的防护罩，避免刹车盘摩擦产生的火花或高温碎屑引发火灾。定期检查刹车盘与制动钳的间隙，及时清理刹车盘油污。

2.1.11　风力发电机组机舱的齿轮油、液压油系统应严密、无渗漏，不应使用塑料垫、橡胶垫（含耐油橡胶垫）和石棉纸、钢纸垫，应及时清理渗漏油液。

2.1.12　定期检查、清扫风力发电机组集电环碳粉，及时更换磨损超限的碳刷，防止污闪及环火。

2.1.13　风力发电机组主断路器保护配置应符合设计定值，每年核对一次定值；并网断路器更换时应进行保护校验。各辅助回路的断路器、熔断器应按技术要求进行更换，严禁擅自改变容量。

2.1.14　统计并网断路器、接触器等动力回路开断元件的动作次数，宜按设计次数或周期进行更换。

2.1.15　风力发电机组应按《风力发电机组雷电防护系统技术规范》（NB/T 31039—

2012）配备相应防雷设施，每年应对风力发电机组防雷和接地系统进行检查、测试。

2.1.16　定期检查风力发电机组各部分导雷、接地连接片连接正常，按要求测试导雷回路电阻。每年对风力发电机组接地电阻测量一次，不宜高于 4Ω；每年对轮毂至塔架底部的引雷通道进行检查和测试，电阻值不应高于 0.5Ω；等电位连接及接地装置防腐良好。

2.1.17　风力发电机组叶片至轮毂、轮毂至机舱的导雷回路不宜采用放电间隙方式，应采用碳刷、金属刷等可靠连接。

2.1.18　在寒冷、潮湿和盐雾腐蚀严重地区，停止运行一星期以上的风力发电机组在投运前应检查绝缘，合格后才允许启动。受台风影响停运的风力发电机组，投入运行前必须检查绝缘，合格后方可恢复运行。

2.1.19　新更换的发电机应进行预防性试验，接线前应核对相序，确保接线正确。

2.1.20　加强发电机冷却设备的维护及各部位温度监视，防止通风不良造成超温；机舱天窗应及时关闭、密封良好，避免雨水渗漏造成电气设备短路。

2.1.21　定期清理控制柜内部灰尘，防止污闪引发电气短路；定期清理电缆油污，防止电缆着火。

2.1.22　定期检查导电轨连接可靠，及时更换过热变色的导电轨及连接螺栓；必要时宜在导电轨、电缆转接箱电气连接部位安装温度监测装置。

2.1.23　严禁屏蔽风力发电机组油液、轴承、制动盘等温度监测信号。

2.1.24　低温环境下，应加强监视风力发电机组油系统、机舱、轮毂的加热器运行状态，避免加热器故障造成临近设备起火。

2.1.25　齿轮箱、发电机冷却系统的设备启停与切换定值应满足出厂设计要求。

2.1.26　发电机、变流器冷却系统出现冷却液泄漏时应及时修复，严禁冷却系统带病运行。

2.1.27　定期开展运行分析，同等工况下发电机、齿轮箱及其轴承出现温度越限时应查明原因，严禁修改温度报警及跳闸定值。

2.1.28　定期清理风冷系统过滤装置、定期更换油液滤芯，严禁屏蔽滤网压差报警。

2.1.29　风力发电机组定检或更换轴承后应加强轴承温度监视，确保润滑系统完好，避免回油管堵塞造成轴承超温。

2.1.30　应避免齿轮箱频繁超温限负荷运行，若出现齿轮箱超温缺陷应及时处理。

2.1.31　定期校验风力发电机组偏航扭缆限位保护，防止扭缆保护失效造成动力电缆扭断短路或接地。

2.2 管理措施

2.2.1　建立健全预防风力发电机组火灾的管理制度，在塔基内醒目位置悬挂“严禁烟火”的警示牌，严格管控风力发电机组内动火作业，定期检查风力发电机组防火控制措施。

2.2.2　塔架的醒目部位应悬挂安全警示牌；风力发电机组塔架内动火作业应开具动火工作票，作业前消除动火区域内可燃物；氧气瓶、乙炔气瓶应摆放固定在塔架外，气瓶间距不得小于 5m，不得暴晒；严禁在机舱内油管道上进行焊接作业，作业场所保持良好通风和照明，动火结束后清理火种。

2.2.3 风力发电机组机舱内应装设火灾报警系统（如感烟探测器）和灭火装置。机舱和塔底平台处应设置 2 个手提式消防器材，并定期检验。

2.2.4 进入风力发电机组机舱、塔架内，严禁携带火种（动火作业除外），禁止吸烟。清洗、擦拭设备时，应使用非易燃清洗剂，严禁使用汽油、酒精等易燃物。

2.2.5 新建工程风力发电机组宜配备自动消防系统，已投产且未配备自动消防系统的风力发电机组宜逐步改造增设。

2.2.6 自动消防系统使用的灭火介质应确保适用于当地环境，不发生低温凝固、高温失效等情况；自动消防系统的灭火介质不应使用有毒性气体。

2.2.7 定期对员工开展岗位培训和应急演练，预防火灾风险。

2.2.8 草原防火。

2.2.8.1 风电场风力发电机组、箱式变压器、电缆转接箱等输变电设备应采取可靠的防火设计，防止故障情况下引发森林、草原火灾。

2.2.8.2 风电场生产、生活设备（设施）周围应设置防火隔离带，并定期清除杂草等可燃物。

2.2.8.3 草原、森林防火期内，进入林区、草原的机动车辆，应配备灭火器和防火罩，采取有效措施，严防漏火、喷火和机动车闸瓦脱落引发火灾；严禁在林区、草原路段清理油渣；在草原、森林行驶的各类车辆，司机和乘务人员应当对随乘人员进行防火安全教育，严防随乘人员随意丢弃火种、烟头等引发火灾。

2.2.8.4 组织人员认真学习《中华人民共和国森林法》《中华人民共和国草原法》，建立健全森林、草原防火制度。现场工作人员应熟悉森林和草原防火的有关要求，并熟练掌握森林火灾、草原火灾的扑救方法和自救方法。

2.2.8.5 风电场应与地方政府森林或草原防火部门签订防火协议，建立义务消防队并接受地方政府领导，配置草原、森林消防专用器材；定期对消防器材进行检查和试验；作业人员应熟练掌握使用方法。每年防火期来临前应组织进行火灾应急救援演练。

2.2.8.6 进入地方政府或主管部门规定的林区、草原防火期，风电场人员严禁携带火种，严格禁止野外用火；因特殊情况需要用火的，应经过县级人民政府或者县级人民政府授权的机关批准。防火期外动火作业，应严格执行动火工作票。

2.2.8.7 由外包队伍承担风电场有关森林、草原野外施工作业时，风电企业应与外包队伍签订防火协议书，明确防火职责、防火要求和重点注意事项。

2.2.8.8 进入风电场从事勘察设计、施工作业或检修维护等作业人员，发现违法用火或森林、草原火灾时，应立即拨打火警电话，并采取有效措施及时进行灭火。

2.2.8.9 风电场应在进入森林或草原的路口和施工作业地点设置醒目的防火宣传牌和警告标志，任何人不得擅自移动或撤除。

2.2.8.10 风电场应将森林、草原防火的有关措施列入巡回检查和定期安全检查内容，对于检查存在的隐患及时整改。

2.2.8.11 在林区、草原等环境中作业时，每个作业点至少配备 2 个以上的干粉灭火器或风力灭火机。进行动火作业时，应划定工作范围，清除工作范围内的易燃物品，设置防火隔离带；动火过程中，应设专人监护，并在动火现场周围配置足量的灭火器或风力灭火机，风电场安全监督人员要全过程监督；动火结束后，彻底熄灭余火，待确认无误后方可离开。

2.2.8.12　林区、草原的风电场生活垃圾、固体废弃物等应集中处理，严禁乱堆乱放，严禁焚烧。

2.3　自动消防系统技术要求

2.3.1　风力发电机组消防系统的使用环境应符合常温型、低温型、高温型的设计要求。

2.3.2　在海岸或盐湖临近区域使用灭火系统应符合现行国家标准《环境条件分类　环境参数组分类及其严酷程度分级　船用》（GB/T 4798.6—2012）的有关规定。海拔超过1000m时，风力发电机组采用的消防系统，应符合《特殊环境条件　高原电工电子产品　第1部分：通用技术要求》（GB/T 20626.1—2017）的有关规定。

2.3.3　双馈式风力发电机组机舱宜采用全淹没灭火方式；直驱式风力发电机组宜采用全淹没灭火方式，也可采用局部应用灭火方式；风力发电机组塔底设备宜采用全淹没灭火方式；各类电气柜宜采用全淹没灭火方式。

2.3.4　风力发电机组宜设置火灾报警与灭火控制系统，风电场宜在风力发电场总控制室内设置集中火灾报警控制器，风电场所有风力发电机组的火灾报警信号均应传输到主控室。

2.3.5　新投运风力发电机组宜具备视频、火警、故障报警等报警信息功能，出现火情后应具备向控制系统报警功能。

2.3.6　风力发电机组机舱、设备、电气柜、塔架及竖向电缆桥架宜设置火灾探测器。其探测元件宜采用无源探测原理，动作后应能发出告警信号。

2.3.7　电气设备柜体内宜配置气溶胶灭火介质，其他部位宜采用超细干粉灭火介质。

2.3.8　发电机上部、齿轮箱上部及机舱内壁四周均宜布置感温及感烟测点，当检测到刹车盘、集油盒、高速轴承附近明火或温度超过170℃时，应能自动启动、喷射灭火。

2.3.9　自动消防系统应选择经过认证的安全可靠产品，不应误动、拒动；自动消防系统应独立于控制系统之外，不能因控制系统失电、人为断电和雷击等因素造成误动；自动消防系统宜具备置“维护”功能且有状态提示。

2.3.10　采用气体灭火的电气柜应根据《气体灭火系统设计规范》（GB 50370—2005）要求计算灭火介质用量。

2.3.11　风力发电机组自动消防系统的竣工验收、调试、维护应符合《风力发电机组消防系统技术规程》（CECS 391—2014）的要求。

3 防止风力发电机组倒塔事故

3.1 基 础

3.1.1 风力发电机组地基基础设计前，应进行工程地质勘察，勘察内容和方法应符合《陆地和海上风电场工程地质勘察规范》（NB/T 31030—2012）的规定。地基基础应满足承载力、变形和稳定性的要求。

3.1.2 受洪（潮）水或台风影响的地基基础应满足防洪等要求，洪（潮）水设计标准应符合《风电场工程等级划分及设计安全标准》（FD 002—2007）的规定。对可能受洪（潮）水影响的地基基础，在其周围一定范围内应采取可靠防冲刷措施。

3.1.3 在季节性冻土地区，当风力发电机组地基具有冻胀性时，扩展基础埋深应大于当地的规范设计冻土层厚度。

3.1.4 冰冻地区与外界水分（如雨、水等）接触的露天混凝土构件应按冻融环境进行耐久性设计。

3.1.5 风力发电机组基础确保抗冻性的主要措施应包括防止混凝土受湿、采用高强度混凝土和引气混凝土。

3.1.6 风力发电机组的地基处理、基础设计、混凝土原材料、钢筋规格型号、钢筋网结构等设计应符合《风电场工程等级划分及设计安全标准》（FD 002—2007）的规定。在施工过程中应严格控制地基处理、混凝土施工工艺。

3.1.7 混凝土强度等级，应按照标准方法制作、养护边长为150mm立方体试件、在28天龄期用标准试验方法测得具有95%保证率的抗压强度进行确定。

3.1.8 对于直埋螺栓型风力发电机组基础，地锚笼施工时，所有预埋螺栓应按机组制造厂要求进行力矩检验，并保留记录可追溯，所有预埋螺栓应进行防腐处理。

3.1.9 风力发电机组基础施工时，基础环应注意：法兰水平度满足机组制造厂的设计要求；与混凝土结构接缝应采取防水措施。

3.1.10 风力发电机组吊装前，应保证其基础强度满足设计要求。

3.1.11 陆上风力发电机组应设置不少于4个沉降观测点，基础浇筑完成后第一周观测频次为1次/天；第一周后至吊装前观测频次为1次/月；吊装前后各观测1次，其对比结果作为基础检验的依据，观测记录应及时整理归档。

3.1.12 风力发电机组吊装后沉降观测时间一般不少于3年。第一年内，基础沉降观测频次为每3个月1次；第二年沉降观测频次为每6个月1次；以后每年监测一次。当沉降稳定时，可终止观测，沉降是否稳定应根据沉降量与时间关系曲线判定，当某一台机组沉降速率小于0.02mm/天时（指某台机组所有测点的平均值）且沉降差控制倾斜率小于0.3%时，可认为该风力发电机组基础沉降已稳定，可终止观测，但总观测时间还应满足不小于18个月的要求。

3.1.13　每次沉降监测应记录各点高程、观测时间、风速、风向数据。当发现沉降观测结果异常或遇特殊情况（如地震、台风、长期降雨、回填土沉降或出现裂纹、基础附近地面荷载变化较大）时，应相应加密沉降观测频次。

3.1.14　在地质条件易导致沉降的区域（黄土高原、云贵高原、海上、采矿）及台风、地震、泥石流等自然灾害频发地区，风力发电机组应埋设基础沉降观测点或装设倾斜在线监测装置，宜采取年度定期观测。

3.1.15　海上风力发电机组均应配备塔架形态在线监测系统，实现实时监测基础倾斜、塔架晃动及预警功能。

3.1.16　风力发电机组基础回填应严格按照设计要求施工，基础周围出现回填土沉降、裂缝后应及时补填、夯实。严禁在现役风力发电机组基础周围取土作业；基础加固应履行施工方案审查和批准流程，由具备资质的基础设计单位进行复核后方可施工。

3.1.17　加强风力发电机组基础混凝土检查和保护，混凝土表面严禁倾倒油液、燃烧可燃物等破坏混凝土强度的作业。

3.1.18　应定期检查风力发电机组基础环与混凝土接缝处防水措施完好情况，发现破损渗水等情况应及时采取灌浆、防水措施。

3.1.19　风力发电机组进行叶片加长、塔架加高等变更载荷的技术改进前，应校核基础载荷。

3.1.20　遇地震、台风等特殊情况，应及时开展风力发电机组基础及周围边坡安全检查，发现隐患应立即停机进行处理。

3.2 塔　架

3.2.1　塔架主体（包括筒体、法兰、门框）所用钢材应考虑塔架的强度、运行环境温度、材料的焊接工艺以及经济性，可根据《碳素结构钢》（GB/T 700—2006）和《低合金高强度结构钢》（GB/T 1591—2008）选择使用。非塔架主体用钢与塔架主体焊接时，应与塔架母材相容。

3.2.2　塔架拼焊法兰毛坯不宜超过 6 片拼接，且螺栓孔不能在焊缝上。环锻法兰按照相关国家标准执行，法兰使用的钢材质量等级应等于或高于塔架筒体使用钢材的质量等级。

3.2.3　塔架制造应严格执行《风电机组筒型塔制造技术条件》（NB/T 31001—2010）的有关规定。塔架应由具备资质的单位进行监造和监检，监造报告应和生产厂家出厂资料一并作为原始资料移交业主单位存档。

3.2.4　塔架出厂前应进行 100%检测，检测项目包括钢材尺寸、钢材材质、法兰平面度和法兰焊后变形情况、焊缝内外部及涂装层质量，检测合格后方可出厂。

3.2.5　塔架运输应捆绑牢固，做好防塔架漆膜磨损的措施，塔架两侧法兰应做支撑。

3.2.6　塔架进场存放时，法兰两端应安装专用支脚；塔架两端用防雨布封堵，防止污物等进入筒体。

3.2.7　风力发电机组安装作业应由有资质单位进行，特种作业人员应持证上岗。吊装过程中应防止塔架漆膜破损，如有损坏应及时修补。每节塔架安装时，在法兰结合面应涂刷密封胶，装配过程质量文件可追溯。

3.2.8 风力发电机组基础环和各段塔架法兰水平度不合格、塔架法兰螺栓孔不对应的，严禁吊装。

3.2.9 塔架表面应无油污、锈蚀；在塔架上作业时，应防止破坏塔架漆膜，如破损应及时修复。

3.2.10 日常巡检中应对塔架内焊缝、螺栓进行目视检查。塔架表面出现扩散性漆膜脱落或焊缝周围有漆膜脱落，应检查分析，必要时进行超声波检测；塔架法兰螺栓断裂或塔架本体出现裂纹时，应立即停止风力发电机组运行，同时采取加固措施。

3.2.11 严禁在塔架本体上进行焊接作业（塔架本体焊缝补焊除外），塔架发生因外力撞击造成变形、过火受热的情况，应由具备资质单位鉴定校核，满足强度要求后方可投运。

3.2.12 塔架法兰对接处出现缝隙时，应立即停止风力发电机组运行并进行处理。处理完成后测量法兰水平度、同心度满足要求后，方可运行。

3.2.13 潮间带、沿海地区的风力发电机组塔架内外壁油漆的防腐等级应满足外部 C5、内部 C4 的要求。运行期间应加强腐蚀性监测记录，及时修复漆膜破损部位。

3.3 螺　栓

3.3.1 塔架的高强螺栓连接副应按批配套进场，并附有产品质量检验报告书。高强度螺栓连接副应在同批内配套使用，使用前应由业主独立完成分批次抽样送检，严禁使用检测不合格的同批次产品。

3.3.2 在安装过程中，不得使用螺纹损伤及沾染脏物的高强度螺栓连接副，不得用高强度螺栓兼作临时螺栓。

3.3.3 塔架安装前应取下直埋螺栓型基础的地脚螺栓浇注保护套，并将螺栓根部清理干净。

3.3.4 高强度螺栓紧固前，螺栓螺纹表面应做好润滑，并按规定力矩和紧固工艺进行安装。紧固后的螺母和螺栓表面应完好无损，螺栓头部应露出 2 个～3 个螺距，带有正反方向的螺栓弹簧垫和垫片安装方向应正确，每一颗高强螺栓都应做好安装标记，塔架法兰结合面应密封。

3.3.5 安装高强度螺栓时，严禁强行穿入。不能自由穿入时，该孔可用铰刀进行修整，修整厚度不应大于 1mm，且修孔数量不得超过该节点螺栓数量 10%；修孔前应将两侧螺栓全部紧固。

3.3.6 紧固螺栓所用的力矩扳手等工具，应由具备资质单位定期检验合格。力矩扳手使用前应进行校正，其力矩相对误差应为±5%，合格后方可使用。校正用力矩扳手，其扭矩相对误差应为±3%。

3.3.7 采用外法兰的风力发电机组，在螺栓上部应设置防雨、防腐的保护帽。

3.3.8 应根据风力发电机组制造厂要求，定期进行风力发电机组高强度螺栓外观和力矩检查；螺栓和螺母的螺纹不应有损伤、锈蚀，螺栓力矩应符合要求。

3.3.9 高强度螺栓力矩检查发现螺栓松动时，应认真分析原因并及时处理，做好标记，同时对同部位的螺栓进行力矩检查。

3.3.10 风力发电机组更换的高强度螺栓应有检验合格证，螺栓强度等级应不低于原螺栓强度，安装后应做好区别标记。

3.3.11 应建立风力发电机组螺栓力矩台账，对螺栓进行编号，记录各部位连接螺栓的检查、损坏更换、无损检测（必要时）等情况，实现螺栓全寿命周期管理。

3.3.12 发现塔架螺栓断裂或塔架本体出现裂纹时，应立即将机组停运，并采取加固措施。发生高强度螺栓断裂时，应进行系统性的原因分析，并对相邻螺栓进行检测分析，确定是否更换临近螺栓；因螺栓质量问题的应更换同批次产品，更换螺栓时一次只能拆装一颗螺栓。对频繁发生螺栓断裂的部位宜装设螺栓状态在线监测装置。

3.3.13 风力发电机组经历设计极限风速80%工况或遭受其他非正常受力工况后，应抽检5%的风力发电机组，抽检10%基础环螺栓，如发现问题要进行100%检查。

3.4 叶　片

3.4.1 叶轮气动平衡性和防止叶片打击塔架是避免叶轮引发倒塔的关键，应保证在设计工况下叶片变形后，叶尖与塔架的安全距离不小于未变形时叶尖与塔架间距离的40%。

3.4.2 叶片的固有频率应与风轮的激振频率错开，避免发生共振。

3.4.3 叶片的实际长度与设计长度公差应不大于1.0‰，质量互差应不大于±3.0‰，扭角公差应不大于±0.3°。

3.4.4 叶片出厂检验报告应齐全并及时存档。检验报告至少包括叶片长度、叶根接口尺寸、叶片质量、重心位置和外观质量目视检查、无损检测、定桨距叶片功能性测试结果。

3.4.5 叶片安装应严格执行风力发电机组生产厂家工艺要求，做到叶片零点位置正确、叶片力矩紧固均匀、叶片表面无损伤。

3.4.6 风力发电机组启动前，叶轮表面应无结冰、积雪；叶片出现严重覆冰时，严禁投入运行。

3.4.7 叶片运转中出现异音、叶片表面出现裂纹或雷击痕迹，应停机检查，及时修复。

3.4.8 因叶片角度不一致、桨叶轴承损坏等引发机组振动时，应立即停机处理。

3.4.9 变更叶轮直径等增加载荷的技改工作，施工前应对变桨驱动功率、轮毂强度、风力发电机组载荷进行校验。

3.4.10 风力发电机组长期退出运行时，定桨距风力发电机组应释放所有叶尖阻尼板，机舱尽可能处于侧对风（90°）状态，有条件的应使设备处于自动侧对风状态；变桨距风力发电机组应使所有叶片处于顺桨状态。

3.5 控制系统

3.5.1 风力发电机组安全链的设计应以“失效—安全”为原则。当安全链内部发生任何部件单一失效或动力源故障时，安全链应仍能对风力发电机组实施保护。

3.5.2 安全链应能优先触发制动系统及发电机的断网设备，一旦具备安全链触发条件，即执行紧急停机，使风力发电机组保持在安全状态。

3.5.3 风力发电机组的安全链应包括振动、超速、急停按钮、看门狗、扭缆、变桨系统急停的触发条件，上述触发条件未进入安全链的不得投入运行，严禁在屏蔽安全链条件下将机组投入运行。

3.5.4 风力发电机组控制系统应设计人机接口分级授权使用；用户口令实行权限管理；记录任何远程登录信息和操作。

3.5.5 风力发电机组调试阶段应进行振动、超速、急停按钮、看门狗、扭缆、变桨系统急停等安全链保护功能测试。

3.5.6 风力发电机组应设置振动保护，振动开关量用于触发安全链，模拟量用于实时测量机组振动数据启动软件保护。

3.5.7 风力发电机组投入运行时，严禁将控制回路信号屏蔽；严禁未经授权修改设备参数、电路接线及保护定值。

3.5.8 风力发电机组定检项目中应包括对振动、超速、急停按钮、看门狗、扭缆、变桨系统急停等安全链条件的检验，宜进行整体功能测试，严禁只通过信号短接代替整组试验。

3.5.9 更换安全链回路的传感器、继电器时应进行回路测试，确保更换后的安全回路功能正常。

3.5.10 对于采用重锤单摆形式的振动开关，每年应对单摆的摆长进行测量，符合机组出厂设计要求。

3.5.11 受台风影响地区的风电场，超过切出风速的风力发电机组停运后，应将叶轮处于顺桨状态、偏航处于释放状态。

3.5.12 严禁擅自解除控制系统的保护或改动保护定值，若有调整应经生产副总经理或总工程师批准。

3.5.13 风力发电机组超速保护拒动时，宜具备自动连锁偏航功能。

3.6 紧急收桨失败、机组超速应急措施

电动变桨风力发电机组紧急收桨失败时，建议及时切换到正常变桨回路收桨；如紧急变桨与正常收桨均失败时，应进行偏航操作，偏离主风方向 90°；紧急偏航中，应防止叶轮转速及振动超过安全范围；机组处于增速、变桨失效时，严禁采取重启 PLC 等可能导致机组脱网的措施。

4 防止风力发电机组轮毂（桨叶）脱落事故

4.1 轮毂、主轴的监造与安装

4.1.1 主轴和轮毂生产制造过程中应委托具备资质单位进行监造、监检，主轴及轮毂所用材质应满足设计要求，出厂时应逐套进行出厂检验并提供出厂质量证明书，业主单位应及时向风力发电机组制造厂索取并存档。

4.1.2 主轴轴承及胀紧套在运输过程中应固定牢固，外观无裂纹、划痕、位移，主轴连接轮毂法兰面水平度应满足工艺要求。

4.1.3 轮毂与主轴应装配牢固，螺栓紧固时按设计要求避免发生应力集中的情况。

4.1.4 主轴连接轮毂用高强度螺栓连接副应按批配套进场，并附有产品质量检验报告书。高强度螺栓连接副应在同批内配套使用，使用前应分批次进行抽样，并经具备资质单位检测合格。

4.1.5 固定主轴用的胀紧套安装工艺应符合设计要求，胀紧套螺栓应按预紧力比例对角逐步紧固，防止胀紧套受力不均；液压胀紧套在紧固完毕后应锁紧高、低压注油口。

4.1.6 轮毂安装时，应严格执行风力发电机组整机厂家的技术要求，轮毂固定螺栓在安装前应涂抹二硫化钼并按预紧力要求进行紧固。

4.2 主轴、轮毂的日常维护

4.2.1 风电场运行维护人员应加强主轴承温度、风力发电机组振动等运行参数监测，发现异常应分析原因并组织处理。

4.2.2 定期开展主轴和轮毂的检查和维护，按制造厂维护手册要求，定期按计量补充主轴承润滑油脂，紧固轮毂连接螺栓，定期检查主轴轴承是否有窜动情况。

4.2.3 长期限负荷的风电场，应轮换选择降负荷的风力发电机组，避免同一台风力发电机组负荷频繁波动。

4.2.4 巡检中目测轮毂或主轴出现裂纹，主轴承发生移位、损坏时，应立即停止风力发电机组运行。

4.2.5 每年视风电场具体情况可按一定比例抽检机组，对轮毂及叶片固定螺栓进行超声检测，发现问题可扩大抽检比例。

4.2.6 单支撑主轴在风力发电机组机舱上分解时，应利用专用工装固定主轴，防止主轴受力变形甚至轮毂脱落。

4.2.7 禁止在主轴、轮毂的金属结构上进行钻孔、焊接等破坏应力的作业。

4.2.8 海上风力发电机组、陆上 2MW 及以上风力发电机组应装设固定式振动监测系统；陆上 2MW 以下风力发电机组可选择半固定或便携式振动监测系统。定期对监测装置进行检查维护及数据分析，保证其可靠性和报告的指导性。

4.2.9　每年定检中，应检测机组偏航驱动与偏航齿圈的间隙，出现偏航齿圈变形、间隙过大、偏航刹车盘变形情况应及时停机处理。

4.3 叶片监造及安装

4.3.1　叶片制造应由具备资质单位进行监造、监检，叶片制造过程中应注意不能出现气泡、夹层、分层、变形、贫胶等情况，叶片出厂应逐片进行检查，并提供叶片使用维护说明书。

4.3.2　叶片运输宜要求出厂时加装运输状态记录仪（卫星定位及加速度传感器），用以评价运输过程中是否发生撞击等情况。

4.3.3　叶片运输或存放中发生倾倒、撞击等情况时，应对叶片表面采用目测和敲击，内部采用超声波检测等无损检测方法进行检验，合格后方可使用。

4.3.4　叶轮在地面组装完成未起吊前，应可靠固定；起吊叶轮和叶片时至少有 2 根导向绳，导向绳长度、强度应满足要求。

4.3.5　起吊变桨距风力发电机组叶轮时，叶片桨距角应处于逆顺桨位置，并可靠锁定。叶片吊装前，应检查叶片引雷线连接是否良好，叶片各接闪器至根部引雷线阻值应不大于该风力发电机组规定值。

4.3.6　叶轮组装时应严格执行风力发电机组制造厂的技术要求，保证叶片排水孔畅通，前后缘无开裂；叶片轴承润滑部位应畅通，轴承转动应无异音，固定螺栓在安装前应涂抹 MoS_2 并按预紧力要求进行紧固。

4.3.7　叶轮吊装就位后应及时连接避雷引下线，并保证与风力发电机组机舱、塔架避雷引下线、接地网可靠连接。

4.4 叶片日常维护

4.4.1　风电场每年应对叶片运行声音和外观检查，对叶片排水孔、叶片表面裂纹、胶衣脱落、前后缘磨损、增功组件缺失情况进行检查评估，出具叶片评估报告。

4.4.2　风电场出现雾、霜、冻雨等可能导致叶片覆冰的天气，应加强对风力发电机组叶片的检查，叶片覆冰应立即停机，直至覆冰消除后方可启动风力发电机组。

4.4.3　风力发电机组发生变桨系统故障停机后，应登塔查明原因，故障未消除或未经就地检查的风力发电机组禁止投入运行。

4.4.4　发现叶片根部裂纹或桨叶角度偏差大于 2° 时，应及时停机。

4.4.5　定期检查变桨轴承润滑及磨损情况，及时清除变桨轴承密封胶圈灰尘及泄漏油脂。

4.4.6　发生变桨轴承出现裂纹、桨叶螺栓断裂、变桨驱动断齿时，风力发电机组应停止运行。

4.4.7　发生桨叶断裂、桨叶螺栓断裂时应查清原因，针对情况开展同批次产品排查，必要时开展超声波探伤检测、叶片零度角校准、叶片载荷测试。

4.4.8 定期进行叶轮螺栓力矩检查，若发现螺栓松动或损坏，应查明原因并处理。

4.4.9 按规定周期对叶片轴承进行润滑，每年测量一次叶片驱动齿轮与大齿圈的间隙，注意观察 0° 角附近齿形的变化，磨损超过风力发电机组制造厂标准时应及时修复或更换。

4.4.10 变桨减速机、偏航减速机润滑油宜每 3 年进行一次取样检测，不合格时应更换新油。

4.4.11 定桨距风力发电机组应定期对甩叶尖装置进行检测维护，禁止风力发电机组在甩叶尖装置异常时投入运行。

4.4.12 叶片损坏修复时，应控制修补材料重量，保证修复后叶轮动平衡不被破坏。更换叶片时，应尽可能成组更换，叶片重量和外形尺寸增加后应进行强度校核。

4.4.13 宜定期开展风力发电机组叶片零度角校准抽检工作，每年视风电场实际情况按比例校验风力发电机组叶片零度角。

4.4.14 实施叶片延长等技术改进后，应缩短叶片螺栓巡检周期，必要时应加装螺栓断裂在线监测装置。

5 防止风力发电机组超速事故

5.1 变 桨 系 统

5.1.1 变桨系统应选择性能可靠、业绩良好的配套厂家；应配置可靠的元器件，满足风力发电机组控制要求；技术资料应与主机同步移交。

5.1.2 电动变桨系统应设置后备电源，并具备充电、温控和监测功能。后备电源系统的电池组容量应能满足在叶片规定载荷情况下完成 3 次紧急顺桨动作的要求；电容后备电源系统的电容器组容量应满足在叶片规定载荷情况下完成 1 次以上紧急顺桨动作的要求。

5.1.3 液压变桨风力发电机组，变桨系统应配置储能装置，在液压油泵电源消失后应能满足在叶片规定载荷情况下完成 1 次紧急顺桨动作的要求。

5.1.4 变桨电源开关跳闸应查明原因，不得盲目送电。变桨系统维护消缺后需进行紧急变桨测试，并做好试验记录。

5.1.5 低温地区，新建项目风力发电机组的电动变桨系统应配置超级电容作为变桨后备电源，现役机组建议进行改造。

5.1.6 机组变桨系统首次调试时，应采取单支桨叶调试及变桨测试，新更换的变桨系统经调试后方可投入运行。

5.1.7 变桨距风力发电机组的叶片位置应设置编码器，实时计算桨叶角度；在桨距角 90° 附近应设置限位开关。

5.1.8 定桨距风力发电机组的甩叶尖装置，应能在紧急停机触发后可靠释放钢丝绳甩出叶尖。

5.1.9 变桨控制柜的防护等级应达到 IP54，控制柜内应有防止结露或受潮的加热器。

5.1.10 变桨系统应按照风力发电机组制造厂的技术要求进行检查和调试。在变桨通信信号中断、变桨控制器电源消失等紧急情况下，能自动触发停机实现顺桨；变桨系统控制柜内电源开关跳闸及开关柜门甩开等情况宜能触发报警。

5.1.11 采用蓄电池、超级电容驱动的电动变桨风力发电机组应具备后备电源电压实时监测功能，并具备低电压、充电异常、温度异常报警功能。

5.1.12 每年对蓄电池组单体电池内阻和端电压进行测试，标准工况下，建议对内阻超过额定值的 100%、单体蓄电池端电压低于额定 90%或整组容量低于 70%的蓄电池，宜进行整组更换。

5.1.13 半年定检项目中应包括变桨回路元件完好性、回路连接可靠性检查测试内容。

5.1.14 直流驱动变桨风力发电机组正常变桨与紧急变桨的主电源回路应相互独立，不得共用同一电气连接元件。

5.1.15 电动变桨系统的主要空气断路器、均流电阻、驱动器等元器件失效后，应具备即时报警功能。

5.1.16　机组变桨系统报警后应登机检查，查明原因，处理完毕并测试正常、验收合格后方可恢复运行，严禁盲目复位启机。

5.1.17　紧急变桨测试程序应记录蓄电池（超级电容）端电压、顺桨时间、顺桨速率，以评判蓄电池（超级电容）的剩余容量是否满足要求。

5.1.18　定期测试安全链保护回路，确保安全链动作时桨叶能快速、准确回到预定位置。

5.1.19　风力发电机组宜具备紧急变桨测试功能，自动紧急变桨测试宜设置在白天进行，且设置紧急变桨测试应满足风速小于 9m/s、叶片起始角度大于 60° 时的条件驱动紧急变桨；手动紧急变桨测试应在小风天气、停机、侧对风状态下进行。紧急变桨测试失败应能跳出测试程序执行正常停机。

5.1.20　风电运行维护人员应加强变桨距风力发电机组叶片角度监视，任意两支叶片角度偏差超过 2° 时应停止机组运行。

5.1.21　定期检查对比变桨电动机温度、减速机油位、驱动轮与大齿圈的间隙以及变桨编码器的紧固情况。

5.1.22　采用齿形皮带传动的变桨系统，应定期对皮带的外观进行检查，对于开裂、腐蚀、磨损超标的皮带应立即更换；每年利用皮带振动频率计进行测试，超出风力发电机组制造厂维护手册标准的应进行调整或更换。

5.1.23　每年至少对变桨滑环清洗一次，滑环内应无灰尘、金属屑，并无放电、过热痕迹，对于磨损严重、有放电痕迹的变桨滑环应及时更换。

5.1.24　风力发电机组运行过程中，严禁退出变桨系统的自动保护装置或改变保护定值，自动保护装置应定期检查和校验。

5.2 制 动 系 统

5.2.1　风力发电机组应设置风轮的锁定装置。

5.2.2　风力发电机组制动系统应具备信号反馈功能，与控制系统相匹配；机械摩擦制动应设置磨损极限报警值，提醒维护人员更换刹车片，刹车盘表面应有防护罩。

5.2.3　机械刹车盘、刹车片的尺寸及材料应满足适用温度及强度要求，并应具有力矩调整、间隙补偿等功能。

5.2.4　在制动系统具有多个摩擦副的情况下，同一级制动装置各个摩擦副之间的最大静态制动力矩差值不应大于 10%。

5.2.5　在非制动状态下，摩擦副的调整间隙在任何方向上均应在 0.1mm～0.2mm；制动状态下，摩擦副工作表面的贴合面积应不小于有效面积的 80%。

5.2.6　驱动机构产生推力值的变化范围不应超过额定值的 5%，动作应灵活可靠、准确到位。采用液压驱动的机构及管路应具有可靠的密封性能。

5.2.7　制动系统应按照风力发电机组制造厂的技术要求进行调试和定期检查，制动系统制动时间应满足要求。

5.2.8　液压变桨驱动的后备蓄能压力应具备实时监测、低压报警闭锁启机功能。

5.2.9　定桨距甩叶尖机组投运前应进行甩叶尖功能测试，同步性和速度均应满足出厂设计要求。

5.2.10 定期检查液压刹车系统液压油泄漏情况、系统蓄能器压力情况，液压油泵应能够按照设计压力实现自动补压。

5.2.11 定检中应对刹车时间、刹车间隙、刹车油泵的自动启停进行测试，不满足要求时禁止风力发电机组投运。

5.2.12 刹车盘平面度应满足设计要求，刹车间隙应调整适当；出现裂纹及磨损超标的刹车盘、刹车片要及时更换。

5.2.13 刹车盘表面有油污或结冰情况时应清理干净再启动机组，刹车盘受高温烘烤后应进行更换。

5.2.14 刹车执行装置、转速检测元件应保证外观完好，动作无异常，且反馈信号与动作执行指令状态应保持一致。

5.2.15 定期对制动系统进行检查和校验，液压系统有缺陷时，严禁将风力发电机组投入运行。

5.2.16 在主轴与胀紧套间应进行标记，用以检查主轴在胀紧套内是否打滑，出现胀紧套变位时应停机处理。

5.2.17 巡检时应检查弹性联轴器处是否有过力矩情况，若存在过力矩，应做好标记及监测，在更换发电机或定检中应进行纠正。

5.3 控制系统

5.3.1 风力发电机组应配备两套独立的转速监测系统，其中至少有一个转速传感器应直接设置在风轮上。任一路转速信号出现异常，应停止机组运行。

5.3.2 超速继电器定值设置完毕后应进行检查。对设置完毕的拨码开关宜设置标签，用于设备巡检时核对。

5.3.3 风力发电机组超速保护软件和硬件应分开设计，软件超速源于程序计算，硬件超速独立串联于风力发电机组安全链中。软件超速保护的设计应采用两级定值，一级超速用于告警，二级超速用于风力发电机组停机。

5.3.4 控制系统设计应有备用电源，在电网突然失电的情况下应能独立供电不少于30min，保证机组安全停机，并对重要数据实现保存。

5.3.5 风力发电机组应具备应对阵风变化、突然甩负荷情况下抑制转速突升的变桨控制策略；在机组额定风速段附近应采取可靠算法避免超速。

5.3.6 应定期检查风力发电机组转速传感器和码盘是否固定可靠、无油污破损和间隙过大情况。

5.3.7 每半年应对风力发电机组的变桨系统、液压系统、刹车机构、机组安全链等重要安全保护装置进行检测试验一次。

5.3.8 更换超速模块或超速继电器时应进行检验，确认定值正确、动作时间满足设计要求。

5.3.9 每年应对超速保护进行一次校验，宜用波形发生器的方法对检测元件、逻辑元件、执行元件进行联动测试，禁止通过短接信号测试。

5.3.10 更换安全模块时应重新进行安全链的调试，确认全部触发条件及命令输出正确无误后，方可投运。

5.3.11　控制系统程序升级应履行审批程序并做好记录，包括程序版本、时间、操作人员。程序升级前应对原程序进行备份，并保存风力发电机组历史数据。程序升级后的风力发电机组应进行全面的测试，确认无误后方可投运。

5.3.12　风力发电机组故障处理过程中，严禁通过屏蔽控制系统的自动保护功能或改变保护定值的方式，使机组恢复运行。

6　防止全场停电的反事故措施

6.1　完善变电站一、二次设备

6.1.1　站用电系统应设置备用电源，且引接方式宜符合下列规定：① 风电场变电站仅有 1 回送出线路时，备用电源宜从站外接引。② 当变电站有 2 回及以上送出线路时，站用工作电源和备用电源宜分别从不同主变压器低压侧母线接引；当只有 1 台主变压器时，备用电源宜从站外接引。③ 当无法从站外取得备用电源或站外电源的可靠性无法满足时，可采用柴油发电机作为备用电源。

6.1.2　风电场宜配备相应容量的自备应急电源，保证全场事故停电后的用电负荷。

6.1.3　严格按照有关标准进行开关设备选型，加强对变电站断路器开断容量的校核，对短路容量增大后造成开断容量不满足要求的断路器要及时进行改造，在改造前应加强对设备的运行监视和试验。

6.1.4　为提高继电保护的可靠性，重要线路和设备按双重化原则配置相互独立的保护。传输两套独立的主保护通道相对应的电力通信设备也应为两套完整独立的、两种不同路由的通信系统，其告警信息应接入相关监控系统。

6.1.5　在确定各类保护装置电流互感器二次绕组分配时，应考虑消除保护死区。分配接入保护的互感器二次绕组时，还应特别注意避免运行中一套保护退出时可能出现的电流互感器内部故障死区问题。

6.1.6　继电保护及安全自动装置应选用抗干扰能力符合有关规程规定的产品。在保护装置内，直跳回路开入量应设置必要的延时防抖回路，防止由于开入量的短暂干扰造成保护装置误动。

6.1.7　定期对隔离开关、母线支柱绝缘子进行超声波探伤，及时发现缺陷并处理，避免发生支柱绝缘子断裂。母线至 TV、避雷器引下线金具要检查是否有裂纹。

6.1.8　架构、管式母线、载流导线空心接头、隔离开关等设备设施，应做好防水措施，避免积水冬季结冰膨胀造成设备损坏。

6.1.9　升压站周围建筑设施外护板、宣传栏、条幅等要固定牢固，防止大风天气脱落。周边杂物要及时清理。严禁在输变电设备附近放风筝。

6.1.10　应采取有效措施，防止小动物、鸟类筑巢造成设备操作卡涩拒动、短路接地等故障。

6.1.11　严禁从控制箱、端子箱内引接检修电源。控制箱宜装设加热器，防止受潮、结露。

6.1.12　加强全场接地网、设备接地引下线、独立避雷针接地体的检测和维护工作。

6.2 防止污闪造成风电场全停

6.2.1 变电站外绝缘配置应以污区分布图为基础，综合考虑环境污染变化因素，并适当留有裕度，爬距配置应不低于 d 级污区要求。

6.2.2 对于伞形合理、爬距不低于三级污区要求的瓷绝缘子，可根据当地运行经验，采取绝缘子表面涂覆防污闪涂料的补充措施。其中防污闪涂料的综合性能应不低于线路复合绝缘子所用高温硫化硅橡胶的性能要求。

6.2.3 硅橡胶复合绝缘子（含复合套管、复合支柱绝缘子等）的硅橡胶材料综合性能应不低于线路复合绝缘子所用高温硫化硅橡胶的性能要求；树脂浸渍的玻璃纤维芯棒或玻璃纤维筒应参考线路复合绝缘子芯棒材料水扩散试验进行检验。

6.2.4 对于易发生黏雪、覆冰的区域，支柱绝缘子及套管在采用大小相间的防污伞形结构基础上，每隔一段距离应采用一个超大直径伞裙（可采用硅橡胶增爬裙），以防止绝缘子上出现连续黏雪、覆冰。110kV、220kV 绝缘子串宜分别安装 3 片、6 片超大直径伞裙。支柱绝缘子所用伞裙伸出长度 8cm～10cm；套管等其他直径较粗的绝缘子所用伞裙伸出长度 12cm～15cm。

6.3 加强电缆管理

6.3.1 动力电缆和控制电缆应分层敷设，严禁两种电缆混合敷设。

6.3.2 升压站双重化保护的控制电缆应经各自独立的通道敷设。

6.3.3 在电缆竖井、隧道连接处等电缆密集区应加强防火封堵。

6.3.4 电缆线路跳闸时，要查明原因，消除缺陷。防止合闸至故障点，造成电缆冲击损坏、着火。

6.3.5 电缆夹层、电缆竖井和电缆沟应设置火灾报警装置并定期检测。

6.4 加强直流系统配置及运行管理

6.4.1 在新建、扩建和技改工程中，应按《电力工程直流电源系统设计技术规程》（DL/T 5044—2014）和《蓄电池施工及验收规范》（GB 50172—2012）的要求进行交接验收工作。所有已运行的直流电源装置、蓄电池、充电装置、微机监控器和直流系统绝缘监测装置都应按《蓄电池直流电源装置运行与维护技术规程》（DL/T 724—2000）和《电力用高频开关整流模块》（DL/T 781—2001）的要求进行维护、管理。

6.4.2 直流系统配置应充分考虑设备检修时的冗余，重要的 220kV 变电站应采用 3 台充电/浮充电装置，2 组蓄电池组的供电方式。每组蓄电池和充电机应分别接于一段直流母线上，第三台充电装置（备用充电装置）可在两段母线之间切换，任一工作充电装置退出运行时，手动投入第三台充电装置。直流电源供电质量应满足微机保护运行要求。

6.4.3 采用 2 组蓄电池供电的直流电源系统，每组蓄电池组的容量，应能满足同时带两段直流母线负荷的运行要求。

6.4.4 直流系统的馈出网络应采用辐射状供电方式，严禁采用环状供电方式。

6.4.5 变电站直流系统对负荷供电，应按电压等级设置分屏供电方式，不应采用直流小母线供电方式。

6.4.6 直流母线单母线供电时，应采用不同位置的直流开关，分别带控制用负荷和保护用负荷。

6.4.7 新建或改造的直流电源系统选用充电、浮充电装置，应满足稳压精度优于0.5%、稳流精度优于1%、输出电压纹波系数不大于0.5%的技术要求。在用的充电、浮充电装置如不满足上述要求，应逐步更换。

6.4.8 新建、扩建或改造的直流系统应采用具有自动脱扣功能的直流断路器，严禁使用普通交流断路器。

6.4.9 蓄电池组保护用电器，应采用熔断器，不应采用断路器，以保证蓄电池组保护电器与负荷断路器的级差配合要求。

6.4.10 除蓄电池组出口总熔断器以外，逐步将现有运行的熔断器更换为直流专用断路器。当负荷直流断路器与蓄电池组出口总熔断器配合时，应考虑动作特性的不同，对级差做适当调整。

6.4.11 直流系统的电缆应采用阻燃电缆，两组蓄电池的电缆应分别铺设在各自独立的通道内，尽量避免与交流电缆并排铺设，在穿越电缆竖井时，两组蓄电池电缆应加穿金属套管。

6.4.12 及时消除直流系统接地缺陷，同一直流母线段，当出现同时两点接地时，应立即采取措施消除，避免由于直流同一母线两点接地，造成继电保护或断路器误动故障。当出现直流系统一点接地时，应及时消除。

6.4.13 2组蓄电池组的直流系统，应满足在运行中两段母线切换时不中断供电的要求，切换过程中允许2组蓄电池短时并联运行，禁止在两个系统都存在接地故障情况下进行切换。

6.4.14 充电、浮充电装置在检修结束恢复运行时，应先合交流侧断路器，再带直流负荷。

6.4.15 新安装的阀控密封蓄电池组，应进行全核对性放电试验。以后每隔2年进行一次核对性放电试验。运行4年后的蓄电池组，每年做一次核对性放电试验。

6.4.16 浮充电运行的蓄电池组，除制造厂有特殊规定外，应采用恒压方式进行浮充电。浮充电时，严格控制单体电池的浮充电压上、下限，每个月至少一次对蓄电池组所有的单体浮充端电压进行测量记录，防止蓄电池因充电电压过高或过低而损坏。

6.4.17 加强直流断路器上、下级之间的级差配合的运行维护管理。新建或改造的变电站的直流电源系统，应进行直流断路器的级差配合试验。

6.4.18 严防交流窜入直流，雨季前，加强现场端子箱、机构箱封堵措施的巡视，及时消除封堵不严和封堵设施脱落缺陷。现场端子箱不应交、直流混装，现场机构箱内应避免交、直流接线在同一段（串）端子排上。

6.4.19 新投入或改造后的直流绝缘监测装置，不应采用交流注入法测量直流电源系统绝缘状态。在用的采用交流注入法原理的直流绝缘监测装置，应逐步更换为直流原理的直流绝缘监测装置。直流绝缘监测装置应具备检测、监测蓄电池组和单体蓄电池绝缘状态的功能。

6.4.20 新建或改造的变电站，直流电源系统绝缘监测装置，应具备交流窜直流故障的测记和报警功能。原有的直流电源系统绝缘监测装置，应逐步进行改造，使其具备交流窜直流故障的测记和报警功能。

6.4.21 同一直流系统的两段直流母线不得长时间合环运行。应逐一排查所有直流负荷，防止在两路直流供电的负荷内部将两段直流母线合环。一组蓄电池因故退出时，两段母线可通过联络开关并列运行。

6.5 加强场用电系统配置及运行管理

6.5.1 对于新安装、改造的场用电系统，应要求场用电屏制造厂出具完整的试验报告，确保其过流跳闸、瞬时特性满足系统运行要求。

6.5.2 加强场用（厂用）电高压侧保护装置、场用电屏总路和馈线空气开关的保护定值管理和保护校验，确保故障时各级开关正确动作，防止场用电故障越级动作。

6.5.3 系统图、模拟图要根据变电站设备间隔实际布置，绘制成单线图，严防走错间隔。

6.5.4 母差保护因故停运时，禁止该母线上进行倒闸操作。

6.5.5 母差保护动作后，应检查确认故障设备，原因不明时严禁进行送电操作。

6.5.6 场用各段母线负荷应均匀分配，各段母线电流在正常范围。

6.5.7 场用电系统应有防止非同期并列的技术措施。

6.5.8 加强备用电源（如农电）和自备应急电源（如柴油发电机）的维护管理，严格执行备用电源和柴油发电机定期试验制度，确保柴油发电机多次启动情况下蓄电池容量充足；北方寒冷地区应加强柴油发电机房的保暖措施。

6.6 加强变电站的运行、检修管理

6.6.1 运行人员必须严格执行运行有关规程、规定。操作前要认真核对接线方式，检查设备状况。严格执行“两票三制”制度，操作中禁止跳项、倒项、添项和漏项。运行倒闸操作属于重要或复杂的操作，相关技术人员、领导应现场给予指导和监护。

6.6.2 加强防误闭锁装置的运行和维护管理，确保防误闭锁装置正常运行。闭锁装置的解锁钥匙必须按照有关规定严格管理。

6.6.3 对于双母线接线方式的变电站，在一条母线停电检修及恢复送电过程中，必须做好各项安全措施。对检修或事故跳闸停电的母线进行试送电时，具备空余线路且线路后备保护齐备时，应首先考虑用外来电源送电。

6.6.4 隔离开关和硬母线支柱绝缘子，应选用高强度支柱绝缘子，定期对变电站支柱绝缘子，特别是母线支柱绝缘子、隔离开关支柱绝缘子进行检查，防止绝缘子断裂引起母线事故。

6.6.5 定期对全场停电的事故预案进行预演。要明确预案启动后的汇报、检查、处理流程；专业管理人员要对班组的事故预想记录本进行检查，及时纠正事故预想的错误和偏差；要加强应急演练，组织开展不打招呼的实战性演练，提高应急响应和处置能力。

6.6.6 加强对运行工器具管理，按照设备台账标准对工器具进行管理，并严格执行交接班制度。

6.7 加强输电线路管理

6.7.1 在特殊地形、极端恶劣气象环境条件下，重要输电通道宜采取差异化设计，适当提高重要线路防冰、防洪、防风等设防水平。

6.7.2 线路设计时应预防不良地质条件引起的倒塔事故，避让可能引起杆塔倾斜、沉陷的矿场采空区；不能避让的线路，应进行稳定性评估，并根据评估结果采取地基处理（如灌浆）、合理的杆塔和基础型式（如大板基础）、加长地脚螺栓等预防塌陷措施。

6.7.3 对于易发生水土流失、洪水冲刷、山体滑坡、泥石流等地段的杆塔，应采取加固基础、修筑挡土墙（桩）、截（排）水沟、改造上下边坡等措施，必要时改迁路径。分洪区和洪泛区的杆塔必要时应考虑冲刷作用及漂浮物的撞击影响，并采取相应防护措施。

6.7.4 对于河网、沼泽、鱼塘等区域的杆塔，应慎重选择基础型式，基础顶面应高于 5 年一遇洪水位。

6.7.5 新建 35kV 及以上架空输电线路在农田、人口密集地区不宜采用拉线塔。已使用的拉线塔如果存在盗割、碰撞损伤等风险应按轻重缓急分期分批改造，其中拉 V 塔不宜连续超过 3 基，拉门塔等不宜连续超过 5 基。

6.7.6 基建阶段隐蔽工程应留有影像资料，并经监理单位和业主单位质量验收合格后方可掩埋。

6.7.7 新建 35kV 及以上线路不应选用混凝土杆；新建线路在选用混凝土杆时，应采用在根部标有明显埋入深度标识的混凝土杆。

6.7.8 线路杆塔螺栓应加装防松帽，投运后一年应进行逐个检查紧固。线路巡检时，要加强对铁塔各部位连接螺栓的检查，每年大风季前要全面检查铁塔各部位连接螺栓，确保螺栓紧固，无缺失。

6.7.9 应对遭受恶劣天气后的线路进行特巡，当线路导线、地线发生覆冰、舞动时应做好观测记录，并进行杆塔螺栓松动、金具磨损等专项检查及处理。

6.7.10 加强铁塔基础的检查和维护，对塔腿周围取土、挖沙、采石、堆积、掩埋、水淹等可能危及杆塔基础安全的行为，应及时制止并采取相应防范措施。

6.7.11 应用可靠、有效的在线监测设备加强特殊区段的线路运行监测；积极推广无人机航巡。

6.7.12 开展金属件技术监督，加强铁塔构件、金具、导线、地线腐蚀状况的观测，必要时进行防腐处理；对于运行年限较长、出现腐蚀严重、有效截面损失较多、强度下降严重的，应及时更换。

第二部分

风力发电生产六项重点反事故措施释义

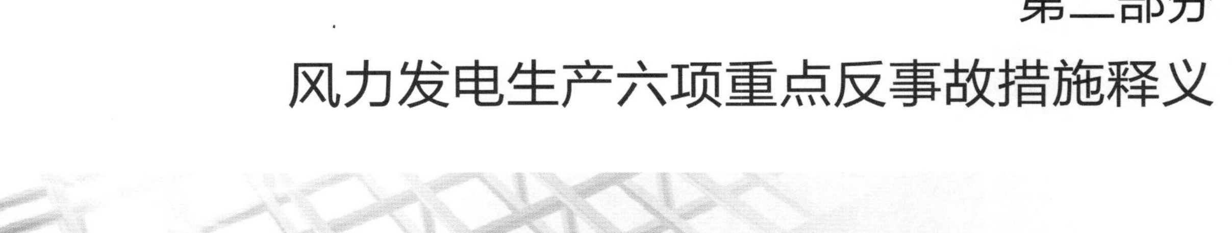

1 防止人身伤亡事故措施释义

总体情况说明

党的十九大报告提出要“树立安全发展理念，弘扬生命至上、安全第一的思想”。习近平总书记强调“发展决不能以牺牲人的生命为代价，这必须作为一条不可逾越的红线”。与传统火电企业相比，风电企业存在地处偏远、交通不便、工作空间小、带电设备多、触电风险高、吊装和高处作业频繁等特点，人身安全风险十分突出。

为切实保障风电从业者的生命安全，本书将防止人身伤亡事故作为风电反事故措施的第一项，从防止高处坠落、触电人身伤亡、起重伤害、机械伤害和物体打击、中毒与窒息伤害、电力生产交通事故六个方面制定措施，逐项解释，选取典型案例，提高作业人员的安全意识，促进各级人员严格落实各项反事故措施，全面执行操作规程，扎实开展安全教育培训，强化作业现场安全风险管控，杜绝人身伤亡事故发生。

摘　要

体健证全技合格，办票措施细斟酌；
工作范围内容定，监护交底仪式明；
手指目视加口述，辨识风险要正确；
遇有疑惑立即停，重新核查再进行；
电气作业三要点，停电验电挂地线；
线路作业想全面，坠落打击防触电；
有限空间纪律明，吊装出舱限制严；
安全带锁加双钩，高处作业不能丢；
机械作业重防护，工具旋转防落物；
煤气乙炔六氟化，检测通风不能落。

条文说明

条文 1.1　防止高处坠落事故

条文 1.1.1　风电场作业人员应没有妨碍工作的病症，患有高血压、恐高症、癫痫、晕厥、心脏病、美尼尔病、四肢骨关节及运动功能障碍等病症的人员，不应从事高处作业。作业人员（包括安全生产管理人员）应经过高处作业安全技能、高处救援与逃生培训，并经考试合格，持证上岗。

【释义】该条文引用了《风力发电场安全规程》（DL/T 796—2012）5.1.1 条和《风力发电场高处作业安全规程》（NB/T 31052—2014）4.2.2 条规定。

5.1.1 风电场工作人员应没有妨碍工作的病症，患有高血压、恐高症、癫痫、晕厥、心脏病、美尼尔病、四肢骨关节及运动功能障碍等病症的人员，不应从事风电场的高处作业。

4.2.2 作业人员应经过高处作业安全技能、高处救援与逃生培训，并经考试合格，持证上岗。

《安全生产法》规定，生产经营单位的特种作业人员必须按照国家有关规定经专门的安全作业培训，取得相应资格，方可上岗作业。根据《特种作业人员安全技术培训考核管理规定》（国家安监总局令第 30 号）规定，高处作业指专门或经常在坠落高度基准面 2m 及以上有可能坠落的高处进行的作业，高处作业分为 2 个操作项目：登高架设作业和高处安装、维护、拆除作业。

登高架设作业指在高处从事脚手架、跨越架架设或拆除的作业；高处安装、维护、拆除作业指在高处从事安装、维护、拆除的作业，适用于利用专用设备进行建筑物内外装饰、清洁、装修，电力、电信等线路架设，高处管道架设，小型空调高处安装、维修，各种设备设施与户外广告设施的安装、检修、维护以及在高处从事建筑物、设备设施拆除作业。

风力发电机组出舱、集电线路维护等作业频繁，高处坠落风险突出，相关检修人员应取得特种作业操作证（高处作业）。安全生产管理人员亦应取得特种作业操作证（高处作业），以加强对出舱、集电线路维护等小作业现场的监管。

检修人员应熟练掌握坠落悬挂安全带、防坠器、安全帽、防护服和工作鞋等个体防护装备的正确使用方法，具备高处作业、高空逃生及高空救援相关知识和技能，并经过考试合格方可开展工作。临时用工人员应进行现场安全教育和培训，掌握作业现场和工作岗位存在的危险因素、防范措施及事故紧急处理措施后，方可参加指定工作。

【案例 1】2017 年 7 月 6 日，某风电场外委人员在完成风力发电机组的风速风向仪更换后，未按要求正确使用防坠器，在下塔过程中发生高处坠落，造成 1 人死亡。

【案例 2】2017 年 6 月 26 日，某风电场外委人员在清洗塔筒作业时，因承重绳断裂在空中受困。在等待救援时，该外委人员擅自解开安全带发生高处坠落，经抢救无效死亡。

条文 1.1.2 对起重机具、登高用具（包括防坠器）、安全工器具，按规定周期进行定期检测、试验工作，保证其合格。

【释义】起重用具、登高用具、安全工器具须经具有相应资质的单位检测试验合格后方可使用。登高用具、安全工器具试验应执行《电力安全工器具预防性试验规程》（DL/T 1476—2015）规定的周期及标准；起重机、吊索检验应执行《起重机械定期检验规则》（TSGQ 7015—2016）规定的周期及标准。

【案例】1995 年 6 月 20 日，某公司在使用起重机吊装作业时，由于起重机未定期检验、司机无证操作，随意拆除安全防护装置，导致起重机的力矩限制器、超载限制器、变幅限制器、行走限制器等安全防护装置失灵，起重机在吊装过程中发生倾翻，司机从驾驶室内摔出，经抢救无效死亡。

条文 1.1.3 风力发电机组塔架内宜安装符合设计、制造要求的助爬器、免爬器、电控升降机等辅助登塔设备。辅助登塔设备应按相关要求进行安装、验收和定期检测，合格后方可使用。

【释义】该条文引用了《风力发电机组 塔架》（GB/T 19072—2010）5.4 条规定。

5.4 塔架内部部件的设计和安装应满足操作人员能安全地进行安装、作业维护和进入机舱的要求，必要时应设有助爬器、提升机、电梯等。

风力发电机组塔架宜安装符合设计、制造要求的助爬器、免爬器、电控升降机等辅助登塔设备，以节省检修人员体力，提高工作效率。由于辅助登塔设备与人身安全密切相关，风电场应加强辅助登塔设备管理，建立健全设备台账、图纸资料、试验记录、消缺记录、检验报告等技术档案。

条文 1.1.4 每半年应对风力发电机组塔架内安全钢丝绳、爬梯、工作平台、门防风挂钩检查维护一次。爬梯油污应及时清理。

【释义】该条文引用了《风力发电场安全规程》（DL/T 796—2012）7.3.6 条规定。

7.3.6 每半年对塔架内安全钢丝绳、爬梯、工作平台、门防风挂钩检查一次。

风力发电机组爬梯、工作平台、安全钢丝绳应无油污、锈蚀，安全钢丝绳无错位、断股，安全导轨固定可靠。爬梯如有油污，应及时清理，防止使用时打滑，危及人身安全。塔架门防风挂钩应完好，功能正常。

【案例】2016 年 4 月 20 日，某风电场检修人员在完成风力发电机组检修工作后，在出塔架门时，由于缺少防风挂钩，因阵风塔架门突然关闭，造成 1 人左手食指第一节骨折。

条文 1.1.5 凡在距离坠落基准面 1.5m 及以上高处作业，必须使用符合作业环境要求的安全带。

【释义】该条文引用了《电业安全工作规程 第 1 部分：热力和机械》（GB 26164.1—2010）15.1.7 条规定。

15.1.7 在没有脚手架或者在没有栏杆的脚手架上工作，高度超过 1.5m 时，必须使用安全带，或采取其他可靠的安全措施。

风力发电机组高处作业宜使用坠落悬挂安全带，集电线路高处作业宜使用围杆式安全带。

【案例】2016 年 7 月 6 日，美国某风电场 2 名检修人员进行叶片修复工作时，由于外因导致吊篮倾覆，其中 1 名检修人员由于未系安全带，从 38.4m 高处坠落造成重伤。另 1 名检修人员则正确使用安全带，被悬挂在半空中，最终自行移动到施工吊篮并安全着地。

条文 1.1.6 风力发电机组塔架内、机舱内的照明设施应满足现场工作需要。

【释义】该条文引用了《风力发电场安全规程》（DL/T 796—2012）5.2.5 条规定。

5.2.5 塔架内照明设施应满足现场工作需要，照明灯具选用应符合 GB 7000.1 的规定，灯具的安装应符合 GB 50016 的要求。

检修人员在良好的照明条件下作业，便于调整精神状态，提高工作效率；反之，如果照明条件不好，检修人员在工作中需要反复辨认工作对象，易造成视觉疲劳，降低工作效率，甚至引发事故。

【案例】2007 年 11 月 6 日 21 时，某风电场使用起重机将旧齿轮箱移至挂车过程中，起重机司机在照明不足的情况下，转杆时不慎将司索人员从挂车刮落至地面，造成人身轻伤。

条文 1.1.7　风电场高处作业在执行行业相关标准的同时，应落实《电业安全工作规程　第 1 部分：热力和机械》（GB 26164.1—2010）关于高处作业的相关规定。

【释义】《电业安全工作规程　第 1 部分：热力和机械》（GB 26164.1—2010）“15　高处作业”部分规定，对于风电场检修人员高处作业同样适用，应在工作中严格执行。

【案例】2018 年 1 月 15 日，某风电场在处理风力发电机组偏航故障时，为便于搬运偏航电机，检修人员将吊装口围栏拆除。在工作过程中，1 名检修人员不慎从吊装口坠落到地面（落差 70m），经抢救无效死亡。

条文 1.1.8　风速超过 10m/s 时，不应使用塔架外部提升机提升物品；风速超过 12m/s 时，不应打开机舱盖（含天窗）；风速超过 14m/s 时，应关闭机舱盖；风速超过 12m/s 时，不应在机舱外和轮毂内工作；攀爬风力发电机组时，风速不得高于该机型允许登塔风速，但风速超过 18m/s 及以上时，禁止任何人员攀爬风力发电机组；风速超过 18m/s 时，不得在机舱内工作；风速超过 25m/s 时，禁止人员户外作业。

【释义】该条文引用了《风力发电机组　安全手册》（GB/T 35204—2017）8.7.2 条规定和《风力发电场安全规程》（DL/T 796—2012）5.3.5、7.1.2 条规定。

8.7.2　遇到大雾、沙尘造成可见度低，或 10min 内平均风速大于 10m/s 时严禁使用提升机作业。

5.3.5　风速超过 25m/s 及以上时，禁止人员户外作业；攀爬风力发电机组时，风速不应高于该机型允许登塔风速，但风速超过 18m/s 及以上时，禁止任何人员攀爬机组。

7.1.2　风速超过 12m/s 时，不应打开机舱盖（含天窗），风速超过 14m/s 时，应关闭机舱盖。风速超过 12m/s，不应在轮毂内工作，风速超过 18m/s 时，不应在机舱内工作。

风速超过 10m/s，使用塔架外部提升机时，可能造成提升机链条（钢丝绳）与集电线路触碰或吊物与塔架碰撞，引发人身伤害或设备损坏。风力发电机组以风能作为动力来源，其工作状态与风速密切相关，在超出规定风速的条件下强行开展作业，可能会危及人身安全。

条文 1.1.9　进入现场应戴安全帽，登高作业应系安全带，登塔作业应穿防护鞋、戴防滑手套、使用防坠落保护装置。登高作业所用安全带、防坠落保护装置等劳动防护用品应检测合格，外观检查不合格的禁止使用。

【释义】该条文引用了《风力发电场安全规程》（DL/T 796—2012）5.3.3、5.3.4 条相关规定。

5.3.3　进入工作现场必须戴安全帽。登塔作业必须系安全带、穿防护鞋、戴防滑手套、使用防坠落保护装置，登塔人员体重及负重之和不宜超过 100kg。身体不适、情绪不稳定，不应登塔作业。

5.3.4　安全工器具和个人安全防护装置应按照 GB 26859 规定的周期进行检查和测试；坠落悬挂安全带测试应按照 GB/T 6096 的规定执行；禁止使用破损及未经检验合格的安全工器具和个人防护用品。

检修人员应正确使用个体防护装备。使用前对防护装备进行认真检查，禁止使用破损及未经检验合格的个体防护装备。个体防护装备保管应符合相关要求。安全带使用见表 2－1－1，导轨式防坠器使用见表 2－1－2，个体防坠落装置的检查与保管见表 2－1－3。

表 2－1－1　　　　　　　　　　　安 全 带 使 用

	① 握住安全带背部 D 形环，抖动安全带，使所用的编织带回到原位		② 如果胸带、腿带或腰带被扣住，需要松开编织带并解开带扣
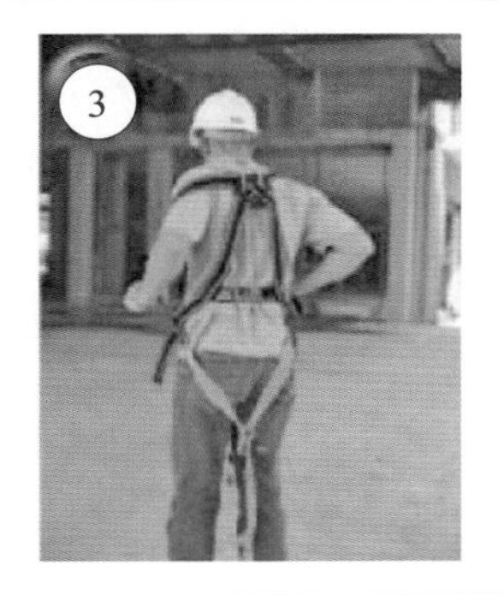	③ 把肩带套到肩膀上，让 D 形环处于两膀之间的位置	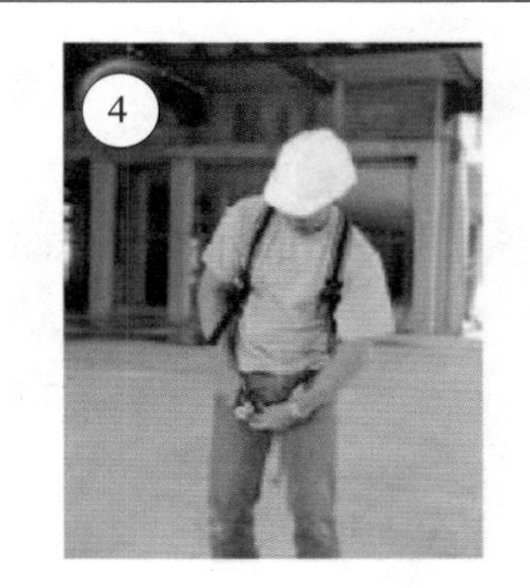	④ 从两腿之间拉出腿带，扣好双腿的带扣。如果有腰带，要先扣好腿带再扣腰带
	⑤ 扣好胸带并将其固定在胸部中间位置，拉紧肩带将多余肩带穿过带夹，防止松脱	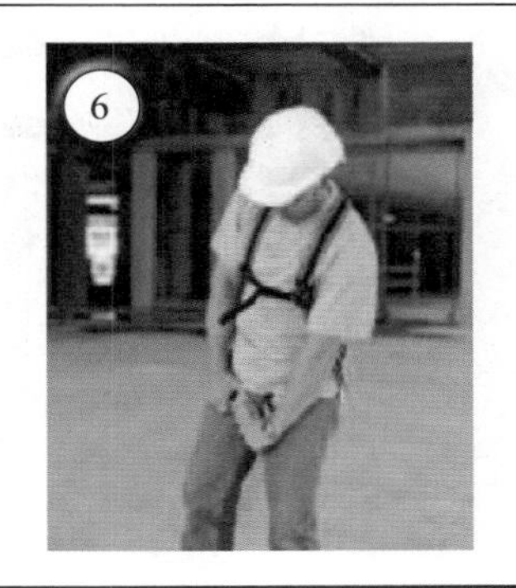	⑥ 收紧所有带子，调整安全带至合适的松紧度，安全带和身体以一掌厚为距，将多余肩带穿过带夹，防止松脱

表 2－1－2　　　　　　　　　　导 轨 式 防 坠 器 使 用

防坠器结构	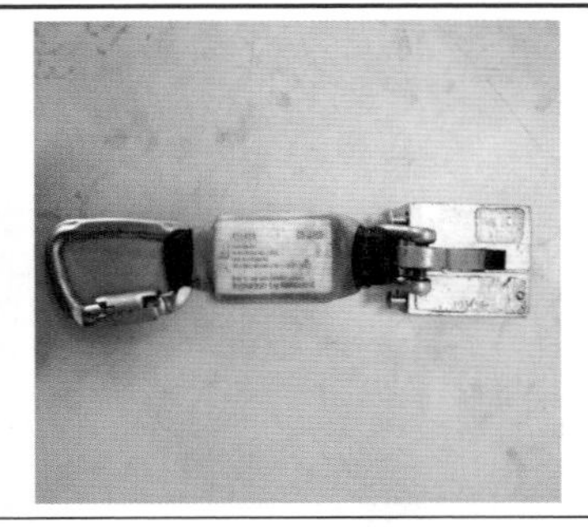	安全锁扣、减震器、滑行装置
防坠器使用功能	整个系统由安装在梯子上的安全导轨和卡在导轨上的滑行装置组成。人员借助减震器和安全锁扣将滑行装置系在安全带上。爬梯过程中，万一人员坠落，滑行装置将锁在安全导轨上以防坠落	

续表

	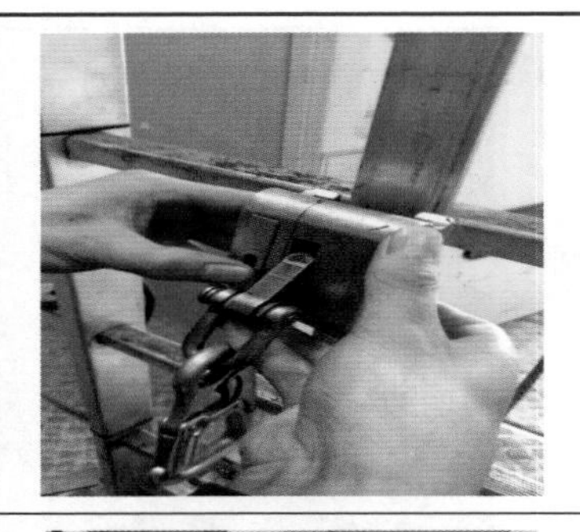	（1）按下左边底部的钢质旋塞打开滑行装置，将滑行装置的左、右边拉开。滑行装置箭头指向上方，将滑行装置的左、右边放入各自对应的安全导轨左右边
防坠器使用步骤 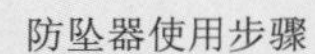		（2）提起制动杆，使滑行装置倾斜，将滑行装置的两边围住安全导轨
	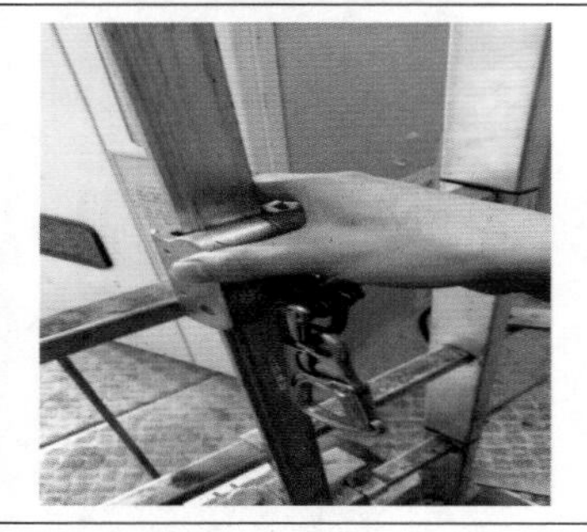	（3）将滑行装置的两部分压在一起，使左边底部的钢质旋塞锁弹回到原来的位置，锁住滑行装置。确保滑行装置被正确锁住
防坠器使用注意事项	（1）安全锁扣必须与安全带直接连接； （2）滑行装置安装好后，不得扭弯减震器，应将其笔直置于滑行装置及锁扣之间	

表 2-1-3　　个体防坠落装置的检查与保管

个体防坠落装置	描　述
个人防坠装置构成	防坠落装置一般由安全帽、导轨或钢丝绳、防坠器、坠落悬挂安全带、限位工作绳和V形安全绳组成
安全帽使用前检查	（1）核实是否在有效期内； （2）是否有认证标志； （3）帽体无裂纹、老化、破损等； （4）帽衬、帽带等附件功能是否正常
安全帽维护与保管	（1）使用者不能随意在安全帽上拆卸或添加附件，以免影响其原有的防护性能； （2）使用者应按自己头型调节安全帽帽衬到合适位置，将帽内弹性带系牢。使用者不能随意调节帽衬的尺寸，防止落物冲击时，安全帽因佩戴不牢脱出或因冲击后触顶直接伤害佩戴者； （3）不能私自在安全帽上打孔，不要随意碰撞安全帽，不要将安全帽当板凳坐，以免影响其强度； （4）经受过一次冲击或做过试验的安全帽应作废，不能再次使用； （5）安全帽不能在有酸、碱或化学试剂污染的环境中存放，不能放置在高温、日晒或潮湿的场所中，以免其老化变质

续表

个体防坠落装置	描　述
其他个人防坠装置使用前检查	（1）检查生产日期标签，核实是否在有效期内； （2）是否有认证标志； （3）金属扣件有无磨损、锈蚀； （4）金属锁扣连接是否异常； （5）安全锁是否正常； （6）织带、绳索有无破损、发霉、开线等； （7）缓冲部位是否正常，有无曾经经受冲击
其他个人防坠装置的维护和保养	（1）使用者不能随意在个人防坠装置上拆卸或添加附件，以免影响其原有的防护性能； （2）不能私自改变个人防坠装置的用途，一旦超出其功用范围，立即停用； （3）经受过一次冲击或做过试验的个人防坠装置应作废，不能再次使用； （4）不能在有酸、碱或化学试剂污染的环境中存放，不能放置在高温、日晒或潮湿的场所中，以免其老化变质； （5）使用中性清洁剂清洗个人防坠装置； （6）禁止堆放； （7）不建议使用其他工作人员的个人防坠装置

【案例 1】2014 年 5 月 22 日 17 时，某风电场外委人员清洗风力发电机组塔架时，由于未锁定叶轮，偏航过程中叶轮转动，叶片将其中 1 名外委人员挂在主绳上的安全带挂钩拉直，由于未挂安全副绳，发生高处坠落，经抢救无效死亡。

【案例 2】2018 年 6 月 9 日，某风电场检修人员紧固风力发电机组塔架螺栓力矩时，由于未使用安全带，从第三平台电梯口坠落至第二平台，造成 1 人死亡。

条文 1.1.10　登塔作业前要确保作业人员精神状态及身体健康状况良好；工作负责人在开工前必须针对现场的作业环境讲清危险点，做好防坠安全措施。

【释义】该条文引用了《风力发电场安全规程》（DL/T 796—2012）5.1.1 条和《风力发电机组　安全手册》（GB/T 35204—2017）4.1.5 条规定。

5.1.1　风电场工作人员应没有妨碍工作的病症，患有心脏病、眩晕症、癫痫病、恐高症等病症的人员，不得从事风电场的高处作业。

4.1.5　现场工作负责人应确认工作班组成员精神状态是否良好，是否可以完成项目工作。

高处作业时，若检修人员精神恍惚、疲倦乏困、注意力不集中，在工作中反应迟钝，影响工作效率，易发生高处坠落事故。开工前，工作负责人应告知工作现场存在的危险因素及防范措施，检修人员应熟知并在工作中落实。

【案例】2015 年 5 月 12 日 10 时，某风电场在进行集电线路铁塔消缺工作时，由于检修人员睡眠不足 3h，工作中精神恍惚、体力不支，在攀爬过程中失手从铁塔 5m 处摔下，造成人身重伤。

条文 1.1.11　攀爬风力发电机组时，应将机组置于停机状态；禁止两人在同一段塔架内同时攀爬；上爬梯必须逐档检查爬梯是否牢固（如有隐患及时消除），上下爬梯必须抓牢，严禁两手同时抓握同一梯阶；通过塔架平台盖板后，应立即随手关闭盖板；随身携带工具人员应后上塔、先下塔，工具袋应完整封闭并与安全绳相连。

【释义】该条文引用了《风力发电场安全规程》（DL/T 796—2012）5.3.7 条规定。

5.3.7　攀爬风电机组时，应将机组置于停机状态；禁止两人在同一段塔架内同时攀爬；上下攀爬机组时，通过塔架平台盖板后，应立即随手关闭；随身携带工具人员应后上塔、先下塔。

攀爬塔架前，检修人员应确认天气符合要求，当出现超风速、雷雨、闪电等恶劣天气时，禁止攀爬风力发电机组；冬季或雨雪天气，应清除梯子上和脚底下的冰雪后方可进入塔架。攀爬塔架时应注意个人保暖和腰部防护，背部和腰部不宜紧靠冰冷的部件。

在手动攀爬过程中，检修人员应时刻保证双手双脚中的至少 3 个点与爬梯有实质性接触，严禁两手同时抓握一个梯阶，途中体力不支应短暂休息，通过塔架平台盖板时，应立即随手关闭盖板。随身携带工具的检修人员应将工具袋与安全绳相连，防止在攀爬过程中工具袋或工具脱落。

条文 1.1.12　到达塔架顶部平台或工作位置，应先挂好安全绳，关闭平台盖板，然后解除防坠器。在塔架爬梯上作业，应系好安全绳和定位绳，安全绳严禁低挂高用。

【释义】该条文引自《风力发电场安全规程》（DL/T 796—2012）5.3.7 条规定。

5.3.7　到达塔架顶部平台或工作位置，应先挂好安全绳，后解防坠器；在塔架爬梯上作业，应系好安全绳和定位绳，安全绳严禁低挂高用。

检修人员攀爬到达爬梯顶部或工作位置，应将安全绳挂于爬梯侧壁并将塔架平台盖板关闭，若未系好安全绳便解除防坠器，检修人员因短时间丧失保护可能导致高处坠落。在塔架爬梯上作业时，应系好安全绳和定位绳，转移作业时不应失去保护。安全绳不应固定在爬梯梯阶上。安全绳的挂点不应低于检修人员的肩部，严禁低挂高用。

【案例】某年 6 月 1 日，某风电场检修人员更换风力发电机组塔架内照明灯具，长时间在爬梯上工作，因疲劳且未系安全带导致高处坠落至塔架平台，造成重伤。

条文 1.1.13　使用助爬器或免爬器登塔时，同一时段塔架内只允许一人攀爬，到达顶部后应及时关闭顶层盖板。

【释义】使用助爬器或免爬器登塔前，检修人员应认真阅读使用说明书，掌握安全注意事项，熟练使用个体防护装备。从风力发电机组紧急撤离时，禁止使用助爬器或免爬器等辅助登塔设备。

条文 1.1.14　塔架爬梯有油、雪、水、冰覆盖时，应确定无高处落物风险并将其清除后再攀爬。使用塔架提升机时，若吊装口处平台有油、雪、水、冰，须将平台上和附着鞋底的油、雪、水、冰清理干净后再开启吊装口。

【释义】该条文引用了《风力发电机组　安全手册》（GB/T 35204—2017）8.2.2 条规定。

8.2.2　冬季或雨雪天气，应清除梯子上和脚底下的冰雪后方可进入塔架。

塔架爬梯或吊装口有油、雪、水、冰覆盖时，检修人员应穿戴好个体防护装备，及时将油、雪、水、冰等清理干净，防止发生跌倒、摔伤、坠落。

条文 1.1.15　风力发电机组检修人员必须熟练掌握高空逃生装置的使用方法，按厂家规定的周期进行检查、检测，到期应及时更换。

【释义】检修人员应经过专门培训，熟练掌握高空逃生装置的使用方法，具体见表 2－1－4。高空逃生时，应合理选择逃生路线，正确选取锚点，熟练掌握连接锚点方法。如确无可靠的锚点，宜选取合适的承重钢结构，对于锐利棱边应采取防护措施。

检修人员应掌握高空逃生装置的承重标准，确保在使用时不超过承重标准，尤其是两人同时使用。在缓降过程中应特别注意风速，防止因缓降绳缠绕造成缓降过程中断。

每次使用前应对高空逃生装置进行直观检查，外壳表层上质量保证标识和检测标识完整，如发现部件损坏停止使用。高空逃生装置检测标准和周期以厂家提供的技术手册为准，检测记录及时存档；达到规定返厂检测条件时，及时返厂检测，将相关检测记录存档。

高空逃生装置应储存在阴凉、干燥处，不受紫外线照射，避免与雨、雪、水、油或酸、腐蚀性液体接触。绳索受潮应自然干燥，不得使用热源烘干。在环境温度低于 0℃时使用，应检查绳索是否存在结冰现象。

表 2-1-4　　高空逃生装置使用说明

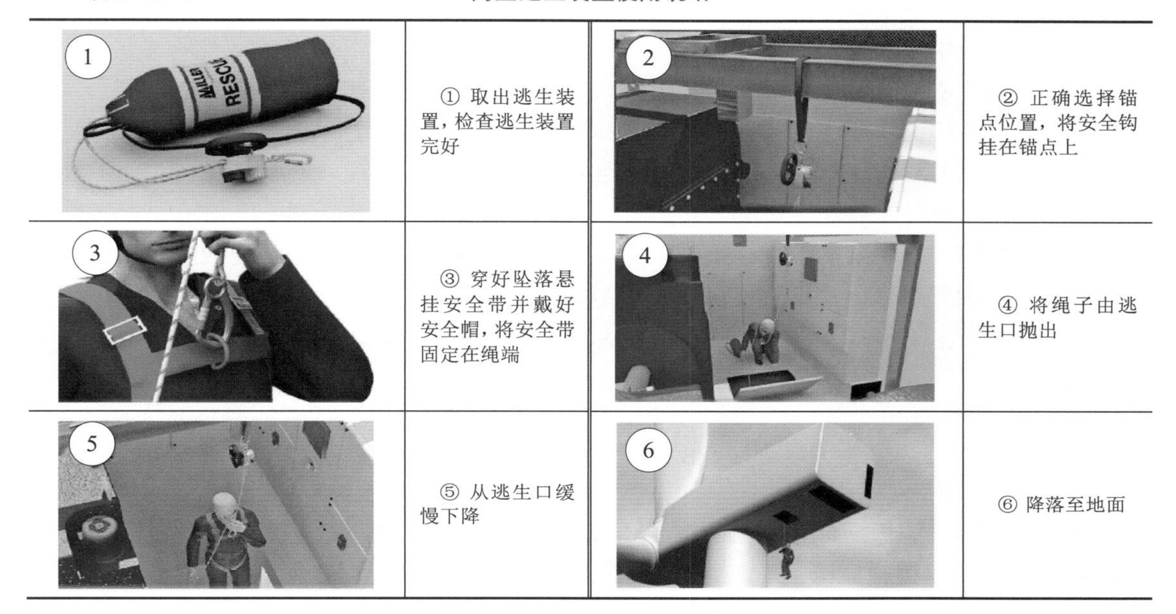

图	说明	图	说明
1	① 取出逃生装置，检查逃生装置完好	2	② 正确选择锚点位置，将安全钩挂在锚点上
3	③ 穿好坠落悬挂安全带并戴好安全帽，将安全带固定在绳端	4	④ 将绳子由逃生口抛出
5	⑤ 从逃生口缓慢下降	6	⑥ 降落至地面

条文 1.1.16　现场作业时，必须保持可靠通信，随时保持各作业点、监控中心之间的联络，禁止人员在风力发电机组内单独作业。

【释义】 该条文引自《风力发电场安全规程》（DL/T 796—2012）5.3.10 条规定。

5.3.10　现场作业时，必须保持可靠通信，随时保持各作业点、监控中心之间的联络，禁止人员在机组内单独作业。

风电场多地处偏远，远离城镇等人口密集区，且面临的自然环境十分恶劣，外出作业应保证 2 人及以上，保持可靠通信。在风力发电机组不同工作面交叉作业时，应按照一定的时间间隔与工作负责人或其他指定的联系人联系，通话间隔不宜超过 15min。突发紧急情况，作业组须及时与风电场取得联系，获取有效救援，避免事故扩大。

【案例】 2014 年 12 月 21 日 16 时，某风电场 3 名检修人员在完成风力发电机组消缺工作后，驾车返回风电场途中，被大风暴雪围困，无法通行，立即用随身携带的通信工具与风电场取得联系。风电场安排铲车携带应急物资赶到现场。由于救援及时，未发生人员冻伤事件。

条文 1.1.17　出舱作业至少 2 人进行，其中一人作为工作监护人。出舱作业必须使用安全带，系两根安全绳，且两根安全绳不得挂在同一固定点。在机舱顶部作业时，应站在防滑表面，使用机舱顶部栏杆作为安全绳挂钩定位点时，每段栏杆最多悬挂两个挂钩。工作监护人检查各项安全措施正确后，才允许出舱作业。

【释义】 该条文引用了《风力发电场安全规程》（DL/T 796—2012）5.3.8 条规定。

5.3.8　出舱工作必须使用安全带，系两根安全绳；在机舱顶部作业时，应站在防滑表面；安全绳应挂在安全绳定位点或牢固构件上，使用机舱顶部栏杆作为安全绳挂钩定位点时，每个栏杆最多悬挂 2 个。

检修人员在完全打开机舱顶部天窗时，应避免身体全部出舱。出机舱前应将两根安全绳挂在机舱顶部的安全挂点（水平生命线）或牢固构件上，使用机舱顶部的安全挂点（水平生命线）作为安全绳挂钩定位点时，每个安全挂点（每段水平生命线）最多悬挂 2 个挂钩；在机舱顶部至少使用 2 根安全绳，确保在机舱顶部时任何时候至少有一根安全绳固定在安全挂点，严禁同时取下安全绳的两个挂钩。

检修人员在机舱顶部行走时，应在安全区域中间位置行走，尽量保持低重心原则；工作时，检修人员应将工具或备件放入工具袋，并确保与其可靠连接，严防高处落物；离开机舱顶部时，检修人员应确保身体进入机舱后方可解除安全绳挂钩。关闭机舱天窗时，机舱顶部无滞留人员或工具。

条文 1.1.18　脚手架的设计、搭设、验收、使用和拆除应严格执行《电业安全工作规程　第 1 部分：热力和机械》（GB 26164.1—2010）的相关规定。

【释义】《电业安全工作规程　第 1 部分：热力和机械》（GB 26164.1—2010）对脚手架设计、搭设、验收、使用和拆除的部分规定，应在工作中严格执行。

【案例】2014 年 6 月 24 日 8 时，某电厂 4 名外委人员利用炉膛升降平台拆除屏式过热器脚手架，2 人负责拆除，2 人负责钢架板接卸堆放。由于未制定拆除方案、未系安全带，拆除过程中，平台发生倾斜、塌陷，2 名堆放钢架板人员从 32m 坠落至炉底脚手架上，造成 1 死 1 伤。

条文 1.1.19　洞口应装设盖板并盖实，表面涂刷黄黑相间的安全警示线，以防人员行走踏空坠落；洞口盖板掀开后，应装设刚性防护栏杆，悬挂安全警示牌；夜间应将洞口盖实并装设红灯警示，以防人员失足坠落。

【释义】该条文引自《防止电力生产事故的二十五项重点要求》（国能安全〔2014〕161 号）1.1.6 条规定。

1.1.6　洞口应装设盖板并盖实，表面涂刷黄黑相间的安全警示线，以防人员行走踏空坠落；洞口盖板掀开后，应装设刚性防护栏杆，悬挂安全警示牌；夜间应将洞口盖实并装设红灯警示，以防人员失足坠落。

风电场生产、生活场区内的井、坑、孔、洞或沟道，应覆以与地面齐平的坚固盖板，盖板表面涂刷黄黑相间的安全警示线；在检修工作中如需将盖板取下，检修人员应装设刚性防护栏杆，悬挂安全警示牌；夜间应将洞口盖实并装设红灯警示，以防人员失足坠落；临时打的孔、洞，施工结束后，必须恢复原状。

【案例】2003 年 8 月 6 日 20 时，某电厂项目负责人到现场检查工作，行至 B 厂房时，由于地面有一宽 0.5m、长 2.5m 的孔洞，未装设刚性防护栏杆、未悬挂安全警示牌，不慎失足坠落，7 号凌晨被值班人员发现，由于伤势过重，经抢救无效死亡。

条文 1.1.20　登高作业应使用两端装有防滑套的合格梯子，梯阶的距离不应大于 40cm，并在距梯顶 1m 处设限高标志；使用单梯工作时，梯子与地面的斜角度为 60° 左右，梯子有人扶持，以防失稳坠落；梯子放置地点应坚实、可靠。

【释义】该条文引自《防止电力生产事故的二十五项重点要求》（国能安全〔2014〕161 号）1.1.7 条规定。

1.1.7　登高作业应使用两端装有防滑套的合格梯子，梯阶的距离不应大于 40cm，并在距梯顶 1m 处设限高标志；使用单梯工作时，梯子与地面的斜角度为 60° 左右，梯子有人扶持，以防失稳坠落；梯子放置地点应坚实、可靠。

使用梯子进行登高作业时，应把梯子安置稳固，不可使其动摇或倾斜过度，严禁登在距梯顶少于 1m 的梯蹬上工作；梯子放在门前使用时，应采取防止门突然开启的措施；在水泥或光滑坚硬的地面上使用梯子时，其下端安置橡胶套或橡胶布，用绳索将梯子下端与固定物缚住；在木板或泥地上使用梯子时，其下端须装有带尖头的金属物，用绳索将梯子下端与固定物缚住；在通道上使用梯子时，应设监护人或设置临时围栏；梯子有人扶持时，应做好防止落物伤人的安全措施；梯子应能承受作业人员携带工具攀登时的总重量。

【案例】2006 年 6 月 10 日，检修人员在进行 35kV 变电站消缺过程中，在无人扶梯的情况下登上 2m 高梯子粘贴试温蜡片时，身体失稳，从高处摔下，安全帽脱落，右脑撞击设备基础右角处，导致颅脑损伤并大量出血，经抢救无效死亡。

条文 1.1.21　禁止登在不坚固的结构上（如石棉瓦、彩钢板屋顶）进行工作。为了防止误登，应在这种结构的必要地点挂上警告牌。

【释义】该条文引自《电业安全工作规程　第 1 部分：热力和机械》（GB 26164.1—2010）15.1.16 条规定。

15.1.16　禁止登在不坚固的结构上（如石棉瓦、彩钢板屋顶）进行工作。为了防止误登，应在这种结构的必要地点挂上警告牌。

【案例】2017 年 3 月 20 日，某发电厂 6 号炉省煤器故障，检修人员在现场确认脚手架搭设方案时，从防雨棚彩钢瓦顶坠落，造成 1 人死亡。

条文 1.1.22　架空线路检修工作中，登高作业人员必须选用质量合格的安全带和专用脚扣，不准穿光滑的硬底鞋；转移作业位置时不应失去安全带保护；如需要转移工作地点或工作间断后重新开工，必须重新开展危险点分析。

【释义】该条文引用了《电力安全工作规程　电力线路部分》（GB 26859—2011）9.2.1 条规定。

9.2.1　高处作业应使用安全带，安全带应采用高挂低用的方式，不应系挂在移动或不牢固的物件上。转移作业位置时不应失去安全带保护。

攀登杆塔前，应检查杆根、基础和拉线牢固，脚扣、安全带、脚钉、爬梯等登高工具、设施完整牢固；攀登有覆冰、积雪的杆塔时，应采取防滑措施；新立杆塔在杆基未完全牢固或做好拉线前，不应攀登。禁止利用绳索、拉线上下杆塔或顺杆下滑。

横担工作前，应检查横担联结牢固，将安全带系在主杆或牢固的构件上；杆塔上移位或作业时，不应失去安全保护；在导线、地线作业时，应采取防止坠落的后备保护措施；相分裂导线工作时，安全带可挂在一根子导线上，后备保护绳应挂在整组相导线上。工作环境、条件发生改变时，工作负责人必须重新进行危险点分析，向检修人员讲任务、讲风险、讲措施，并抓好落实。

【案例 1】2012 年 3 月 29 日 11 时，某风电场线路维护人员更换 35kV 门形构架电缆头，在转移作业位置时，失去安全带保护，从距离地面 6m 高处坠落，造成人身重伤。

【案例 2】2007 年 6 月 29 日，某风电场线路维护人员修剪 10kV 线下树木。修剪完毕下移时，由于未系安全带，不慎踩断枯枝从约 3.5m 高的树上坠落。坠落过程中安全帽脱落，头部直接着地，经抢救无效死亡。

条文 1.1.23　使用吊篮应经过设计和验收。吊篮平台、悬挂机构、提升机构、主制动器、辅助制动器、安全保护装置等必须符合《高处作业吊篮》（GB/T 19155—2017）的要求。

【释义】该条文引自《电业安全工作规程　第 1 部分：热力和机械》（GB 26164.1—2010）

15.6.3 条规定。

15.6.3　使用悬吊式脚手架或吊篮应经过设计和验收。吊篮平台、悬挂机构、提升机构、主制动器、辅助制动器、安全保护装置等必须符合《高处作业吊篮》（GB/T 19155）的要求。

安全绳和安全带等特种劳动防护用品应为合格产品。吊篮平台、悬挂机构、提升机构、主制动器、辅助制动器、安全保护装置等应经过可靠设计计算和各项验算，符合规定的技术条件和设计要求。吊篮应由专业人员安装，按照说明书要求进行检查和空载试验，做好记录。

条文 1.1.24　吊篮所用钢丝绳的安全系数应不小于 9。工作钢丝绳最小直径应不小于 6mm。安全钢丝绳必须独立于工作钢丝绳另行悬挂，其型号、规格宜与工作钢丝绳相同。

【释义】该条文引自《电业安全工作规程　第 1 部分：热力和机械》（GB 26164.1—2010）15.6.4 条规定。

15.6.4　钢丝绳的安全系数应不小于 9。工作钢丝绳最小直径应不小于 6mm。安全钢丝绳必须独立于工作钢丝绳另行悬挂，其型号、规格宜与工作钢丝绳相同。

吊篮使用的工作钢丝绳和安全钢丝绳应经过镀锌或其他防腐处理，其性能应符合《重要用途钢丝绳》（GB/T 8918—2006）的规定。

【案例】2001 年 7 月 30 日 15 时，某施工队伍使用吊篮安装房屋落水管。工作钢丝绳直径与原厂标准相差 2mm，钢丝绳与提升机滑轮严重磨损。作业过程中，钢丝绳突然断裂，吊篮倾斜，造成 3 人死亡。

条文 1.1.25　吊篮平台上应装有固定式的安全护栏，靠工作面一侧的高度应不小于 800mm，后侧及两边高度应不小于 1100mm，护栏应能承受 1000N 水平移动的集中载荷。吊篮平台如装有门，其门不得向外开，门上应装有电气连锁装置。

【释义】该条文引自《电业安全工作规程　第 1 部分：热力和机械》（GB 26164.1—2010）15.6.5 条规定。

15.6.5　吊篮平台上应装有固定式的安全护栏，靠工作面一侧的高度应不小于 800mm，后侧及两边高度应不小于 1100mm，护栏应能承受 1000N 水平移动的集中载荷。吊篮平台如装有门，其门不得向外开，门上应装有电气连锁装置。

条文 1.1.26　吊篮每天使用前，应核实配重和检查悬挂机构，并进行空载运行以确认设备处于正常状态。

【释义】该条文引自《电业安全工作规程　第 1 部分：热力和机械》（GB 26164.1—2010）15.6.7 条规定。

15.6.7　悬吊式脚手架或吊篮每天使用前，应经过安全检查员核实配重和检查悬挂机构，并进行空载运行，以确认设备处于正常状态。

遇有雷雨、大雨（暴雨）、浓雾等恶劣天气，禁止塔外高处作业；如已开工，应立即停止，撤离作业现场。夜间、照明不足和工作温度低于零下 20℃禁止使用吊篮作业；工作地点 10min 内平均风速大于 8m/s 时不宜进行吊篮作业。吊篮每天使用前，应核实配重、检查悬挂机构和空载运行试验，升降过程应平稳，提升机无异常声响，制动器动作灵活、可靠，连接部件无松动。

吊篮作业使用的工具、器材、电缆等应有可靠的防坠措施。作业人员之间的交流应制定清晰的规则（可以包括手势和对讲机/电话联系）。高处作业区域下方应设置警戒线，设专人监护，在醒目位置设置安全标示牌。严禁在同一垂直方向上下同时作业。距离高压线 10m 区域内无特殊安全防护措施禁止作业。

【案例】2003 年 6 月 20 日，某建筑公司在综合楼外更换玻璃时，因左侧电动提升机故障，吊篮倾斜，3 名作业人员从距地面约 60m 高的吊篮中滑出，坠落地面，当场死亡。

条文 1.1.27 吊篮操作人员应配置独立于悬吊平台的安全绳及安全带或其他安全装置，应严格遵守操作规程。

【释义】该条文引自《电业安全工作规程 第 1 部分：热力和机械》（GB 26164.1—2010）15.6.8 条规定。

15.6.8 吊篮上的操作人员应配置独立于悬吊平台的安全绳及安全带或其他安全装置，应严格遵守操作规程。

吊篮作业人员应正确、熟练使用个人防护装备，系坠落悬挂安全带，将自锁器安装在独立于吊篮的安全绳上。工作钢丝绳与安全绳应独立挂在不同的安全锚点上。使用时安全绳应基本保持垂直于地，自锁器的挂点应高于作业人员肩部。无特殊安全措施，禁止两人同时使用一条安全绳。

【案例】2002 年 10 月 17 日，某公司使用吊篮安装玻璃窗。吊篮中心距离安装位置相差 3m，作业人员斜拉吊篮进行安装。此时，吊篮的悬挂结构突然坠落，由于未使用安全带，3 名作业人员从 67.2m 处坠落地面，全部丧生。

条文 1.2 防止触电事故

条文 1.2.1 对电气设备进行运行、维护、安装、检修、改造、施工、调试、试验的作业人员必须经培训合格并取得特种作业操作证，方可上岗。

【释义】该条文引用了《防止电力生产事故的二十五项重点要求》（国能安全〔2014〕161 号）1.2.1 条规定。

1.2.1 凡从事电气操作、电气检修和维护人员（统称电工）必须经专业技术培训及触电急救培训并合格方可上岗，其中属于特种工作的需取得“特种作业操作证”。带电作业人员还应取得“带电作业资格证”。

根据《国务院关于取消一批行政许可事项的决定》（国发〔2017〕46 号），取消电工进网作业许可证核发行政许可事项，由安全监管部门考核发放“特种作业操作证（电工）”。

2018 年 1 月 23 日，国家安监总局印发《关于做好特种作业（电工）整合工作有关事项的通知》（安监总人事〔2018〕18 号），将特种作业电工作业目录调整为以下 6 个操作项目：低压电工作业、高压电工作业、电力电缆作业、继电保护作业、电气试验作业和防爆电气作业。

低压电工作业指对 1kV 以下的低压电气设备进行安装、调试、运行操作、维护、检修、改造施工和试验的作业；高压电工作业指对 1kV 及以上的高压电气设备进行运行、维护、安装、检修、改造、施工、调试、试验及绝缘工器具试验的作业；电力电缆作业指对电力电缆进行安装、检修、试验、运行、维护等作业；继电保护作业指对电力系统中的继电保护及自动装置进行运行、维护、调试及检验的作业；电气试验作业指对电力系统中的电气设备专门进行交接试验及预防性试验等的作业；防爆电气作业指对各种防爆电气设备进行安装、检修、维护的作业。

特种作业人员必备的条件：① 年满 18 周岁，且未超过国家法定退休年龄；② 经社区或者县级以上医疗机构体检健康合格，并无妨碍从事相应特种作业的器质性心脏病、癫痫病、美尼尔氏症、眩晕症、癔病、震颤麻痹症、精神病、痴呆症以及其他疾病和生理缺陷；③ 具有初中及以上文化程度；④ 具备必要的安全技术知识与技能；⑤ 具备相应特种作业规定的其他条件。

特种作业人员必须经专门的安全技术培训并考核合格，取得《中华人民共和国特种作业操作证》（以下简称特种作业操作证）后，方可上岗作业。

【案例】2009 年 10 月 19 日 10 时，某风电场在调试风力发电机组变压器时，发现变压器高压侧 B 相引线松动。检修人员李某无证上岗，擅自爬上变压器检查引线松动程度。此时另一名检修人员将变压器送电，造成李某触电死亡。

条文 1.2.2　凡从事电气作业人员应佩戴合格的个体防护装备：高压绝缘鞋（靴）、高压绝缘手套等必须选用具有国家“劳动防护品安全生产许可证书”资质单位的产品且在检验有效期内。作业时必须穿好工作服、戴安全帽，穿绝缘鞋（靴）、戴绝缘手套。

【释义】该条文引自《防止电力生产事故的二十五项重点要求》（国能安全〔2014〕161 号）1.2.2 条规定。

1.2.2　凡从事电气作业人员应佩戴合格的个体防护装备：高压绝缘鞋（靴）、高压绝缘手套等必须选用具有国家“劳动防护品安全生产许可证书”资质单位的产品且在检验有效期内。作业时必须穿好工作服、戴安全帽，穿绝缘鞋（靴）、戴绝缘手套。

从事电气作业人员应正确佩戴合格的个体防护装备，以使在劳动过程中免遭受或减轻事故伤害及职业危害。工作服材质应合格，禁止使用尼龙、化纤或棉、化纤混纺的衣料制作，衣服和袖口必须扣好，以防遇火燃烧加重烧伤程度。绝缘手套、绝缘靴等安全工器具在使用前，应检查外观良好，试验标签无破损，在检验合格期内。绝缘手套还应进行气密性检查，将手套从口部向上卷，用力将空气挤压至手掌及手指部分，如漏气则不能使用。在使用绝缘手套时，应将外衣袖口塞进手套的袖筒里。

【案例】2016 年 5 月 21 日，某变电站运行人员在巡检 6kV 配电室时，发现室内有猫进入，在驱赶过程中，猫钻入开关柜，造成电气短路，由于该运行人员当时身着半袖，弧光将上肢暴露部分严重灼伤。

条文 1.2.3　检修后，应对五防闭锁装置进行验证试验，如发现问题立即安排检修，确保五防闭锁装置良好。

【释义】五防闭锁装置是防止作业人员电气误操作的重要措施。对五防闭锁装置应严格管理，确保其安装率和完好率全部达标。故障检修完毕后，应对其进行验证试验，确保五防闭锁功能正常。

条文 1.2.4　高压试验期间，应做好隔离措施，保持足够安全距离，并设专人把守，无关人员严禁进入试验区。操作人员应站在绝缘物上。

【释义】该条文引用了《防止电力生产事故的二十五项重点要求》（国能安全〔2014〕161 号）1.2.7 条规定。

1.2.7　在做高压试验时，必须装设围栏，并设专人把守，非工作人员禁止入内。操作人员应站在绝缘物上。

在同一电气连接部分，许可高压试验前，应将其他检修工作暂停；试验完成前不应许可其他工作。如加压部分与检修部分断开点之间满足试验电压对应的安全距离，且检修侧有接地线时，应在断开点装设“止步，高压危险！”标示牌后方可工作。试验现场应装设遮栏，遮栏与试验设备高压部分应有足够的安全距离，向外悬挂“止步，高压危险！”标示牌。

被试设备两端不在同一地点时，一端加压，另一端采取防范措施。试验装置的金属外壳应可靠接地。加压前应通知所有人员离开被试设备，并取得试验负责人许可后方可加压。操作人应站在绝缘物上。变更接线或试验结束时，应断开试验电源，将升压设备的高压部分放电、短路接地。试验结束后，试验人员应拆除自装的短路接地线，并检查被试设备，恢复试验前的状态。

【案例】2018 年 5 月 20 日，某供电公司 220kV 线路参数测试。试验人员未将试验线路接地，未按规定使用绝缘手套、绝缘鞋、绝缘垫等劳动防护用品。拆除试验引线时，线路感应电导致试验人员触电，工作负责人盲目施救，造成 2 人触电死亡。

条文 1.2.5　针对电气作业特点，采取加强绝缘、电气隔离、保护接地、使用安全电压、自动断开电源（包括保护接零、剩余电流动作保护器）等措施，防止触电。

【释义】触电可分为直接触电和间接触电。直接触电指直接接触或过分接近正常运行的带电体而造成的触电；间接触电是指触及正常时不带电、因故障而带电的金属导体而造成的触电。加强绝缘、电气隔离、使用安全电压、剩余电流动作保护器可有效防止直接触电；保护接地、保护接零等可有效防止间接触电。采取不同的防护措施，有效防止不同种类的触电事故。

条文 1.2.6　电气作业应严格执行工作票制度。工作前检查安全措施已按要求全部完成，工作地点放置“在此工作！”标示牌；工作中严格执行工作监护制度；工作结束应就地检查设备状况、状态。

【释义】该条文引用了《电力安全工作规程　发电厂和变电站电气部分》（GB 26860—2011）6.5.8 条规定。

6.5.8　工作地点应设置“在此工作!”的标示牌。

工作票是准许在电气设备上工作的书面安全要求之一。工作票签发人或工作负责人，应根据现场的安全条件、施工范围、工作需要等具体情况，增设专责监护人并确定被监护的人员。工作得到许可后，工作负责人、专责监护人应向工作班成员交代工作内容和现场安全措施，工作班成员履行确认手续后方可开始工作。

工作负责人、专责监护人应始终在工作现场，对工作班人员的安全进行监护。工作负责人在全部停电时，确无触电危险的情况下参加工作；部分停电时，只有在安全措施可靠，人员集中在一个工作地点，不致误碰有电部分的情况下，方可参加工作。变更工作班成员或工作负责人时，应履行变更手续。

全部工作完毕后，工作负责人应向运行人员交代所修项目状况、试验结果、发现的问题和未处理的问题等，并与运行人员共同检查设备状况、状态，在工作票上填明工作结束时间，经双方签名后，表示工作终结。

【案例】2004 年 8 月 15 日，某电厂进行 10kV 备用线路改造工作。工作负责人因其他工作临时离开，未指定临时工作负责人。改造的备用线路在穿越带电线路时，误碰触到带电线路，放线人员触电，造成 2 人死亡，5 人受伤。

条文 1.2.7　禁止工作班成员擅自扩大工作范围，禁止非工作班成员参加工作。

【释义】在工作票停电范围内增加工作任务时，若无需变更安全措施范围，应由工作负责人征得工作票签发人和工作许可人同意，在原工作票上增填工作项目；若需变更或增设安全措施，应填用新的工作票，严禁擅自扩大工作范围。

工作负责人在工作中应加强监督，严禁非工作班成员及其他人员参加工作。如工作班成员需增加或更换人员时，应严格执行人员变更手续，对增加或更换人员重新开展讲任务、讲风险、讲措施，并抓好落实。

【案例】2006年3月12日，某变电站运行人员操作10kV线路侧隔离开关时，发现该隔离开关三相均合不到位。在未做安全措施、未办理检修工作票的情况下，擅自扩大工作范围，爬上绝缘梯进行处理。此时线路突然倒送电，造成该运行人员触电死亡。

条文1.2.8　工作负责人、工作许可人任何一方，不得擅自变更安全措施。作业过程中设置的临时接地线、短接线应做好记录，工作负责人在工作结束后指定专人拆除和核实。

【释义】该条文引用了《电力安全工作规程　发电厂和变电站电气部分》（GB 26860—2011）5.5.2条规定。

5.5.2　工作许可后，工作负责人、工作许可人任何一方不应擅自变更安全措施。

作业过程中设置的临时接地线、短接线，工作负责人应详细记录接地线编号、装设地点、数量等信息。工作结束后，工作负责人应指定专人负责拆除和核实。

临时接地线应顺序编号，统一存放在安全工器具柜。使用临时接地线时，工作许可人在开工前向工作负责人发放，记录日期、接地线编号及工作任务；工作结束后，工作负责人将借用的接地线交回，工作许可人确认无误后，放回安全工器具柜，并做好记录。

【案例】2012年3月31日，某变电站10kV手车开关检修后未拆除母线侧动触头短接线。运行人员未做检查将手车开关推至“工作”位，造成母线侧相间短路，电弧瞬间产生的高温和爆炸，造成1人死亡，2人重伤。

条文1.2.9　使用合格的安全工器具。验电或测绝缘时要佩戴电压等级合适的绝缘手套；绝缘操作杆的电压等级应等于或高于设备的运行电压。

【释义】该条文引用了《电力安全工作规程　发电厂和变电站电气部分》（GB 26860—2011）6.3.2条规定。

6.3.2　高压验电应戴绝缘手套，人体与被验电设备的距离应符合安全距离要求。

测量设备绝缘电阻，应戴绝缘手套，将被测量设备各侧断开，验明无压，确认设备无人工作，方可进行。在测量中不应让他人接近被测量设备。测量前后，应将被测设备对地放电；测量线路绝缘电阻，若有感应电压，应将相关线路同时停电，取得许可，通知对侧后方可进行。使用绝缘操作杆操作设备时，绝缘操作杆的电压等级应等于或高于设备的运行电压，如果绝缘操作杆的电压等级小于设备的运行电压，会使运行人员面临触电风险。

条文1.2.10　在电感、电容性设备上作业或进入其围栏前，应将设备充分接地放电。

【释义】电感、电容性设备属于储能设备，停电后仍存有剩余电荷，对地存在电位差。因此，在电感、电容性设备上作业或进入其围栏前，应将设备逐相充分放电，星形接线电容器的中性点应接地。

条文1.2.11　当操作机构有卡塞或不灵活时，应立即停止操作，查明原因，然后确定下一步正确的操作方案再进行操作。手车断路器、TV等设备由“检修”转“运行”操作前，应认真检查开关设备、柜体内有无异物。

【释义】当操作机构卡塞或不灵活时，不应强行操作，应全面检查支持销子、操作杆等各部位，找出阻力增加的原因并进行处理。手车开关、TV等设备检修完毕后，应认真检查开关、柜体内有无异物，清点检修工具及备件的数量，防止送电时引起短路或接地故障，发生人身伤亡和设备损坏。

条文1.2.12　倒闸操作必须由两人执行（单人值班的变电站倒闸操作可由一人执行），其中一人对设备较为熟悉者做监护。操作前，应认真开展危险点分析，制定并落实控制措

施；操作中，应严格执行监护复诵制；全部操作完毕后进行复查。

【释义】该条文引用了《电业安全工作规程　发电厂和变电所电气部分》（DL 408—1991）2.3.5、2.3.6条规定。

2.3.5　开始操作前，应先在模拟图板上进行核对性模拟预演，无误后，再进行设备操作。操作前应核对设备名称、编号和位置，操作中应认真执行监护复诵制。发布操作命令和复诵操作命令都应严肃认真，声音洪亮清晰。必须按操作票填写的顺序逐项操作。每操作完一项，应检查无误后做一个"√"记号，全部操作完毕后进行复查。

2.3.6　倒闸操作必须由两人执行，其中一人对设备较为熟悉者做监护。单人值班的变电站倒闸操作可由一人执行。

在接受调度员正式操作命令时，值班负责人应明确操作任务、范围、时间、安全措施及被操作设备的状态，并向调度员全文复诵无误。值班负责人根据操作任务指定操作人和监护人，由操作人逐项填写操作票，操作人、监护人核对无误后签名。值班负责人组织监护人和操作人根据操作任务、运行方式、操作环境、操作程序、使用工具、人员身体状况、技术水平等开展危险点分析，制定并落实控制措施。

倒闸操作时，操作人携带操作工具、绝缘手套等工器具在前，监护人携带操作票和五防钥匙在后，走向操作地点。到达操作地点后，操作人和监护人面向被操作设备标示牌，监护人按照操作票顺序高声唱票，操作人手指设备标示牌，高声复诵。监护人确认标示牌与复诵内容相符后，下达"正确，执行！"指令，将钥匙交给操作人实施操作，操作完毕后，操作人回答"操作完毕！"。监护人在操作人回令后，在"执行情况栏"打"\"，监护人检查确认后，在"\"上加"/"，完成一个"√"。对于检查项目，监护人唱票后，操作人应认真检查，确认无误后复诵；监护人确认复诵内容正确后，在"执行情况栏"打"\"，同时进行检查，确认无误后，在"\"上加"/"，完成一个"√"。

倒闸操作结束，监护人应核对操作命令、五防机和监控机系统图与设备实际状态一致，逐项完成台账记录、物品摆放、汇报等工作，填写终结时间，签字确认。

条文 1.2.13　操作中发生疑问或发现异常时，应立即停止操作，查明原因。待疑问或异常消除后，方可继续操作。

【释义】该条文引用了《电业安全工作规程　发电厂和变电所电气部分》（DL 408—1991）2.3.7条规定。

2.3.7　操作中发生疑问时，应立即停止操作并向值班调度员或值班负责人报告，弄清问题后，再进行操作。不准擅自更改操作票，不准随意解除闭锁装置。

在操作过程中，如发生疑问，应立即停止操作并向值班负责人报告，弄清问题后，再进行操作。如发现操作票存在错误，应立即停止执行，根据实际情况重新填写操作票，经模拟、审核无误后，重新开始操作；如设备发生异常，应由专业人员检查处理恢复正常后，再继续操作。不准擅自更改操作票，不准随意解除闭锁装置。一份电气倒闸操作票应由一组人员执行，中途不应换人。

【案例1】2017年4月19日10时，某变电站高压开关柜检修工作结束，恢复送电操作。由于监控系统显示隔离开关信号仍为分闸状态，运行人员张某未执行报告制度，也未向生产调度中心核实，强力扭开开关柜门，探身进入柜内，造成触电死亡。

【案例2】1992年3月13日，某变电站倒闸操作，操作人发现从隔离开关上掉落一个金属件。在未请示报告、无人监护和未做安全措施的情况下，擅自攀登构架检查，误触 35kV 带电设备，发生高处坠落，造成重伤。

条文 1.2.14　停电时，所有能够对检修设备送电的各侧线路，要全部断开，并采取防止误合闸的措施，每处至少要有一个明显的断开点（高压断路器小车和低压抽屉必须拉至检修位）。与停电设备有关的变压器和电压互感器，应将设备各侧断开，防止向停电检修设备反送电。对不能与电源完全断开的检修设备，应拆除设备与电源之间的电气连接线。

【释义】该条文引用了《电力安全工作规程　发电厂和变电站电气部分》（GB 26860—2011）6.2.2 条规定。

6.2.2　停电设备的各段应有明显的断开点，或应有能反映设备运行状态的电气和机械等指示，不应在只经断路器断开电源的设备上工作。

在检修设备或集电线路时，应将可能来电各侧线路全部停电，各侧应有明显的断开点，或具备反映设备状态的电气和机械等指示，不应在只经断路器断开电源的设备上工作。断开断路器、隔离开关的控制电源和合闸电源，闭锁隔离开关操作机构。在变压器和电压互感器停电时，检修人员应将设备的一、二次侧全部断开，防止二次侧向一次侧设备反送电。对不具备完全断开电源设备，检修人员应拆除电气连接线。

条文 1.2.15　对已停电的线路或设备，作业前必须进行验电。验电应选用相应电压等级的验电器并确认其工作良好。直接验电应使用相应电压等级验电器在设备的接地处逐相验电；在恶劣气象条件时，对户外设备及其他无法直接验电的设备，可间接验电。

【释义】该条文引用了《电力安全工作规程　发电厂和变电站电气部分》（GB 26860—2011）6.3.1 条规定。

6.3.1　直接验电应使用相应电压等级验电器在设备的接地处逐相验电。验电前，应先在有电设备上确证验电器良好。在恶劣气象条件时，对户外设备及其他无法直接验电的设备，可间接验电。330kV 及以上的电气设备可采用间接验电方法进行验电。

高压验电应戴绝缘手套，选用相应电压等级且合格的验电器；验电前应先在有电设备上验证验电器良好。伸缩式验电器的绝缘棒长度应拉足，验电时手应握在手柄处不得超过护环，人体与被验电设备的距离应符合安全距离要求。

雨、雪等恶劣天气及无法进行直接验电的户外设备，可间接验电。即通过设备的机械指示位置、电气指示、带电显示装置、仪表及各种遥测、遥信等信号的变化来判断，判断时应有 2 个及以上的指示同时发生相应的状态变化，才能确认该设备已无电。

【案例 1】2011 年 10 月 9 日，某风电场计划检修甲断路器（35kV）。检修人员未验电、未核对断路器名称、编号和位置，误登邻近运行带电的乙断路器，发生人身触电事故，抢救无效死亡。

【案例 2】2004 年 3 月 11 日 15 时，某变电站计划拆除避雷器。运行人员操作时停错线路，检修人员未办理工作票，未采取验电、装设接地线等安全措施，直接拆除避雷器，发生人身触电事故，造成 1 人死亡。

条文 1.2.16　可能送电至停电设备的各侧均应装设临时接地线或合上接地开关。装设接地线时，必须先用验电器验明设备无电后方可进行。装设时必须先接接地端，后接导体端；拆除接地线时，先拆导体端，后拆接地端。

【释义】该条文引用了《电力安全工作规程　发电厂和变电站电气部分》（GB 26860—

2011）6.4.4、6.4.9 条规定。

6.4.4 可能送电至停电设备的各侧都应接地。

6.4.9 装设接地线时，应先装接地端，后装导体端，接地线应接触良好，连接应可靠。拆除接地线的顺序与此相反。

为防止停电设备突然来电，应在各侧装设临时接地线或合上接地开关。接地前应在检修设备的接地处逐相验电，验明确无电压后，方可操作。装、拆接地线时，不宜单人进行，应使用绝缘棒、戴绝缘手套，人体不得碰触接地线或未接地的导线。接地线应采用三相短路式；若使用分相式接地线时，应设置三相合一的接地端。禁止用缠绕的方法进行接地。接地时，先接接地端可以限制地线上的电位；拆除接地线时，若先行拆除接地端，感应电荷通路被隔断，存在触电的危险。

【案例】2014 年 9 月 17 日 15 时，某供电站开展 10kV 线路抢修恢复送电工作。检修人员发现配电变压器跌落式熔断器故障，在未验电、未装设接地线、未戴绝缘手套和安全帽的情况下，擅自登上变压器台架触碰接线柱，造成触电死亡。

条文 1.2.17 在一经合闸即可送电到工作地点的断路器和隔离开关的操作把手上，均应悬挂“禁止合闸，有人工作！”的标示牌。在显示屏上进行操作的断路器和隔离开关的操作处均应设置相应标示牌。

【释义】该条文引用了《电力安全工作规程 发电厂和变电站电气部分》（GB 26860—2011）6.5.1、6.5.2 条规定。

6.5.1 在一经合闸即可送电到工作地点的隔离开关操作把手上，应悬挂“禁止合闸，有人工作！”或“禁止合闸，线路有人工作！”的标示牌。

6.5.2 在计算机显示屏上操作的隔离开关操作处，应设置“禁止合闸，有人工作！”或“禁止合闸，线路有人工作！”的标记。

在显示屏、断路器和隔离开关操作把手上悬挂标示牌，可有效防止误分误合设备，避免人员触电。

【案例】2010 年 4 月 9 日 11 时，某电厂整改员工宿舍供电线路。由于电源总开关操作把手处未悬挂“禁止合闸，有人工作！”标示牌，检修人员误合电源开关送电，造成另 1 名检修人员触电，经抢救无效死亡。

条文 1.2.18 低压不停电工作时，应站在干燥的绝缘物上，使用有绝缘柄的工具，穿绝缘鞋和全棉长袖工作服，戴手套和护目眼镜。

【释义】该条文引自《电力安全工作规程 发电厂和变电站电气部分》（GB 26860—2011）12.3 条规定。

12.3 低压不停电工作时，应站在干燥的绝缘物上，使用有绝缘柄的工具，穿绝缘鞋和全棉长袖工作服，戴手套和护目眼镜。

在低压不停电工作时，检修人员应佩戴好个体防护装备，工具外观检查和试验合格，外观破损或试验不合格者不得使用。严禁使用锉刀、金属尺和带有金属的毛刷、毛掸等工具。在低压配电装置上工作，应采取防止相间短路和单相接地的隔离措施。检修人员不得同时接触两根线头。

【案例】2011 年 3 月 27 日 10 时，某风电场检修人员使用塔尺测量 35kV 集电线路 C 相回路对地距离。由于塔尺为铝合金材质，在测量过程中，塔尺与线路距离小于安全距离放电，发生人身触电，经抢救无效死亡。

条文 1.2.19　高压开关柜内手车开关拉至“检修”位置，隔离带电部位的挡板封闭后禁止开启，并用五防锁将柜门锁好。

【释义】该条文引用了《电力安全工作规程　发电厂和变电站电气部分》（GB 26860—2011）7.3.6.7 条规定。

7.3.6.7　*在高压开关柜的手车开关拉至“检修”位置后，应确认隔离挡板已封闭。*

高压开关柜在检修工作时，检修人员应确认开关柜内隔离带电部位的挡板已封闭，将柜门关闭并用五防锁锁好，在柜门操作把手处悬挂标示牌，防止人员误入间隔。

【案例】2005 年 8 月 8 日，某变电检修公司在对 110kV 变电站电容器开关柜间隔试验时（10kV 母线带电），开关柜内有异音。检修人员打开开关柜内带电部位栏板，检查异音原因。在恢复挡板过程中，意外跌倒，右手触及 10kV 母线侧静触头，发生触电，抢救无效死亡。

条文 1.2.20　在室外高压设备上工作，应在工作地点四周装设遮栏，遮栏上悬挂适当数量朝向里面的“止步，高压危险！”标示牌，遮栏出入口要围至临近道路旁边，并设有“从此进入！”的标示牌。若室外只有个别地点设备带电，可在其四周装设全封闭遮栏，遮栏上悬挂适当数量朝向外面的“止步，高压危险！”标示牌，禁止越过围栏。

【释义】该条文引用了《电力安全工作规程　发电厂和变电站电气部分》（GB 26860—2011）6.5.6、6.5.7 条规定。

6.5.6　*在室外高压设备上工作，应在工作地点四周装设遮栏，遮栏上悬挂适当数量朝向里面的“止步，高压危险！”标示牌，遮栏出入口要围至临近道路旁边，并设有“从此进入！”的标示牌。*

6.5.7　*若室外只有个别地点设备带电，可在其四周装设全封闭遮栏，遮栏上悬挂适当数量朝向外面的“止步，高压危险！”标示牌。*

根据工作内容和危险因素的具体情况，悬挂相应数量和种类的标示牌。标示牌设置在工作现场醒目位置或指示的目标物附近，使进入现场人员易于识别，起到警告、提醒的目的。

条文 1.2.21　部分停电的工作，工作人员与未停电设备安全距离不符合表 1 规定时，应装设临时遮栏，其与带电部分的距离应符合表 2 的规定。临时遮栏应装设牢固，并悬挂“止步，高压危险！”标示牌。35kV 及以下设备可用与带电部分直接接触的绝缘隔板代替临时遮栏。

表 1　　设备不停电时的安全距离表

电压等级（kV）	10 及以下	35	110	220
最小安全距离（m）	0.7	1	1.5	3.0

表 2　　人员工作中与设备带电部分的安全距离表

电压等级（kV）	10 及以下	35	110	220
最小安全距离（m）	0.35	0.6	1.5	3.0

【释义】该条文引自《电力安全工作规程　发电厂和变电站电气部分》（GB 26860—2011）6.5.3 条规定。

6.5.3 部分停电的工作，工作人员与未停电设备安全距离不符合表1规定时应装设临时遮栏，其与带电部分的距离应符合表2的规定。临时遮栏应装设牢固，并悬挂“止步，高压危险!”的标示牌。35kV及以下设备可用与带电部分直接接触的绝缘隔板代替临时遮栏。

在大于表1安全距离的相关场所和带电设备外壳上的工作以及不可能触及带电设备导电部分的工作，应填用第二种工作票；与工作人员在工作中的距离小于表2规定的设备必须停电；工作人员在35kV及以下的设备的距离大于表2规定的安全距离，但小于表1规定的安全距离，同时又无绝缘隔板、安全遮栏措施的设备，必须停电后方可作业。

【案例】2000年9月8日14时，某风电场运行人员在变电站巡检过程中，发现某开关（110kV）C相外壳下部有油迹。在未采取安全措施的情况下，擅自登上该开关支架（2m左右）检查。由于与带电设备安全距离不足，开关对人体放电，造成人身重伤。

条文1.2.22 在室内高压设备上工作，应在工作地点两旁及对侧运行设备间隔的遮栏上和禁止通行的过道遮栏上悬挂“止步，高压危险！”的标示牌。

【释义】该条文引自《电力安全工作规程 发电厂和变电站电气部分》（GB 26860—2011）6.5.4条规定。

6.5.4 在室内高压设备上工作，应在工作地点两旁及对侧运行设备间隔的遮栏上和禁止通行的过道遮栏上悬挂“止步，高压危险!”的标示牌。

条文1.2.23 现场临时用电的检修电源箱必须安装自动空气断路器、剩余电流动作保护器、接线柱或插座，专用接地铜排和端子、箱体必须可靠接地，接地（接零）标识应清晰、固定牢固。临时电源的拆接必须由专业人员进行。临时电源箱必须做好防雨雪措施。

【释义】临时检修电源箱应具备正常接通和分断电路，以及短路、过负荷、接地故障等保护功能，因此必须安装自动空气断路器、剩余电流动作保护器、接线柱或插座。临时电源箱箱体必须可靠接地，接地、接零接线牢固、标识清晰；室外临时检修电源箱应采取防雨雪、防尘等措施，防止端子排发生短路或接地。接引电源时宜遵循就近原则，临时电源安装和拆除人员必须经培训合格，方可上岗。

【案例】2000年3月12日16时，某风电场在进行生活厂区修缮工作时，临时检修电源箱进线端电缆因无穿管保护，被电源箱进线口割破绝缘，造成电源箱箱体、PE线和构架等处带电。当作业人员准备断开电源时遭电击，经抢救无效死亡。

条文1.2.24 电气设备必须装设保护接地（接零），不得将接地线接在金属管道上或其他金属构件上。雨天操作室外高压设备时，绝缘棒应有防雨罩，应穿绝缘靴。雷电时严禁进行就地倒闸操作。

【释义】该条文引自《防止电力生产事故的二十五项重点要求》（国能安全〔2014〕161号）1.2.8条规定。

1.2.8 电气设备必须装设保护接地（接零），不得将接地线接在金属管道上或其他金属构件上。雨天操作室外高压设备时，绝缘棒应有防雨罩，应穿绝缘靴。雷电时严禁进行就地倒闸操作。

电气设备外壳应接地良好，防止绝缘损坏发生触电。如通过金属管道或其他金属构件接地，既可能因接地不良导致电气设备外壳带电，也可能使正常不带电的金属管道或其他金属构件带电危及人身安全。

雨天操作室外高压设备时，绝缘棒加装防雨罩，防止绝缘棒表面受潮发生闪络；穿绝缘靴可防止导电回路通过脚部。

雷电天气，一方面雷电行波通过母线向线路之间馈散，雷电流峰值很高，高压断路器遮断容量有限，就地操作会遭遇开断雷电流。另一方面，就地操作大大增加雷击风险。

条文 1.2.25　同塔双回或多回架设输电线路的杆塔，应将杆塔顶部按回涂以不同颜色进行区分。

【释义】同塔双回或多回输电线路，在部分停电作业时，一旦误登带电侧线路或与带电线路安全距离不足，可能导致触电。在杆塔顶部按回涂以不同颜色，可以区分不同线路，通过与设备标识相配合，对检修人员起到提示、警示作用。

【案例】2000 年 7 月 12 日，某供电所拆除 10kV 架空线路。该杆塔有二回线路，两者未以不同颜色区分，一回在上方，处于运行状态，待拆除线路在下方。由于检修人员未验电，登杆装设接地线，误碰运行线路触电死亡。

条文 1.2.26　风电场内架空线路及自建送出线路在线路每基铁塔、首杆、终端杆悬挂线路名称、杆号牌，其他混凝土杆可喷涂线路名称、杆号；文字内容应依次包含电压等级、线路名称和杆塔编号三要素；线路名称应以调度部门下发的设备调度命名为准，杆号从“01”号开始顺序编号（紧邻升压站的杆塔编号为“01”号）。

【释义】风力发电机组地理位置分散，集电线路杆塔基数多、分布广，线路维护人员很难掌握每基杆塔的编号和位置，在工作中容易走错间隔，误登带电杆塔。

【案例】2017 年 5 月 24 日 6 时，某风电场检修部开展 35kV 五回线预防性试验作业。由于杆塔标识不全，检修人员走错间隔，误登运行中的 35kV 四回线 53 号杆，导线对人体放电，线路保护动作，断路器跳闸。该检修人员被电弧严重烧伤。

条文 1.2.27　每基杆塔应悬挂“禁止攀登、高压危险”标示牌。

【释义】在每基杆塔悬挂“禁止攀登、高压危险”标示牌，可以准确、清晰地向生产人员和周边居民传达警示信息，履行危险告知义务，防止误登带电杆塔造成人身伤亡。

条文 1.2.28　对杆塔跌落熔断器进行编号，并就地悬挂名称、编号牌。

【释义】多数风电场在风力发电机组变压器高压侧加装了跌落熔断器。由于跌落熔断器位置分散且远离地面，部分单位对其疏于管理，没有按相关标准要求落实双重名称，形成管理真空，埋下安全隐患，故提出此项要求。

条文 1.2.29　配电盘、配电柜内容易触电的裸露带电部分，必须采取防护措施，确保盘柜前后门防护闭锁装置可靠有效。

【释义】配电盘、配电柜内设备结构紧凑，活动空间有限，容易误触、误碰带电部分。对配电盘、配电柜裸露的电缆线芯应进行绝缘处理；对容易触电的裸露带电部分，应采取必要的防护措施；进线和出线电缆宜设在箱体底部，与金属尖锐断口接触时应有保护措施；箱门与箱体间的跨接地线应连接完整、接触良好；箱体、设备外壳等应通过汇流排可靠接地。

条文 1.2.30　10kV 及以上开关柜，柜门处应加装五防锁。

【释义】根据开关柜五防锁安装位置的不同，主要作用一是防止误分、合接地开关；二是防止断路器在合闸状态时，强行摇出手车开关的工作位置，造成带负荷拉闸。

【案例】2013 年 4 月 12 日，某供电公司在处理 10kV 开关柜缺陷时，由于检修人员违章打开柜门五防锁，造成人身触电，经抢救无效死亡。

条文 1.2.31 绝缘安全用具（绝缘操作杆、验电器、携带型短路接地线等）应选用具有“生产许可证”“产品合格证”“安全鉴定证”的产品，使用前应检查是否贴有“检验合格证”标签、是否在检验有效期内且完好无损。

【释义】该条文引用了《防止电力生产事故的二十五项重点要求》（国能安全〔2014〕161号）1.2.3 条规定。

1.2.3 绝缘安全用具—绝缘操作杆、验电器、携带型短路接地线等必须选用具有“生产许可证”“产品合格证”“安全鉴定证”的产品，使用前应检查是否贴有“检验合格证”标签、是否在检验有效期内。

绝缘安全用具应选用具有“生产许可证”“产品合格证”“安全鉴定证”的产品。使用前，应检查绝缘安全用具外观、绝缘、传动部件、受力部件是否完好，是否在检验有效期内。未经检验合格或超过检验周期的绝缘安全用具严禁使用，且不得与合格的绝缘安全用具一起存放。

条文 1.2.32 选用的手持电动工具应具有国家认可单位发的“产品合格证”，使用前应检查工具上贴有“检验合格证”标识且在检验有效期内。使用时应接在装有动作电流不大于 30mA、一般型（无延时）的剩余电流动作保护器的电源上，并不得提着电动工具的导线或转动部分使用，严禁将电缆金属丝直接插入插座内使用。

【释义】该条文引用了《防止电力生产事故的二十五项重点要求》（国能安全〔2014〕161号）1.2.4 条规定。

1.2.4 选用的手持电动工具应具有国家认可单位发的“产品合格证”，使用前应检查工具上贴有“检验合格证”标识，检验周期 6 个月。使用时应接在装有动作电流不大于 30mA、一般型（无延时）的漏电保护器的电源上，并不得提着电动工具的导线或转动部分使用，严禁将电缆金属丝直接插入插座内使用。

选用的手持电动工具应具有国家强制性认证标志、产品合格证和使用说明书，电动工具在使用前，应认真阅读产品使用说明书或安全操作规程，详细了解工具的性能，掌握正确使用方法，检查“检验合格证”齐全且在检验有效期内，检验周期为 6 个月。

在一般作业场所应选用Ⅱ类电动工具，装设额定动作电流小于 30mA，一般型（无延时）的剩余电流动作保护器；若需使用Ⅰ类电动工具时，还应做接零保护，检修人员戴绝缘手套、穿绝缘鞋或站在绝缘垫上。电动工具的电源线不得任意接长或拆换，当工作地点较远而电源线长度不够时，应采取耦合器进行连接。电动工具电源线的插头不得随意拆除或调换，严禁在插头、插座内用导线直接将保护接地极与工作中性线连接。

【案例】2013 年 7 月 13 日，某电厂在进行污水池内作业时，由于电动工具使用不当割破电缆，造成 1 名检修人员触电，另 4 名人员因施救不当，相继触电。事故共造成 2 人死亡、3 人受伤。

条文 1.2.33 高压电气设备带电部位对地距离不满足设计标准时，四周应装设防护围栏，门应加锁，并挂好安全警示牌。

【释义】该条文引自《防止电力生产事故的二十五项重点要求》（国能安全〔2014〕161号）1.2.7 条规定。

1.2.7 高压电气设备带电部位对地距离不满足设计标准时，四周应装设防护围栏，门应加锁，并挂好安全警示牌。

条文 1.2.34　高压设备发生接地故障时，室内人员进入接地点 4m 以内，室外人员进入接地点 8m 以内，均应穿绝缘靴。接触设备的外壳和构架时，还应戴绝缘手套。当发觉有跨步电压时，应立即将双脚并拢或单腿跳离导线断落地点。

【释义】该条文引自《防止电力生产事故的二十五项重点要求》（国能安全〔2014〕161 号）1.2.6、1.2.9 条规定。

1.2.6　高压设备发生接地故障时，室内人员进入接地点 4m 以内，室外人员进入接地点 8m 以内，均应穿绝缘靴。接触设备的外壳和构架时应戴绝缘手套。

1.2.9　当发觉有跨步电压时，应立即将双脚并拢或单腿跳离导线断落地点。

条文 1.2.35　在地埋电缆附近开挖土方时，严禁使用机械开挖。

【释义】该条文引用了《电业安全工作规程　第 1 部分：热力和机械》（GB 26164.1—2010）17.1.4 条规定。

17.1.4　在接近地下电缆、管道及埋设物的地方施工时，不准使用铁镐、铁撬棍或铁楔子等工具进行挖土，也不准使用机械挖土。

在地埋电缆附近开挖土方时，不准使用铁镐、铁撬棍或铁楔子等工具进行挖土，也不准使用机械挖土，防止挖断电缆，发生人身触电。

【案例】2010 年 10 月 6 日，某施工单位使用机械开挖土方。由于未对现场地下设备、设施勘查盲目开挖，导致某工厂高压电缆被挖断，造成 1 人触电死亡。

条文 1.2.36　线路检修作业前应核实所在线路杆塔色环（标示牌底色）与工作票所列一致。线路中各工作地点必须悬挂“在此工作！”标示牌。

【释义】线路检修作业前，应依据工作票就地核对杆塔色环，核对无误后，在线路各工作地点悬挂“在此工作！”标示牌，防止走错间隔。

条文 1.2.37　在杆塔、线路上发生人身触电后，应立即通知现场运行人员将所在线路停电，并采取防止断路器误合措施，尽快将所在线路断路器转检修。验明无电压后方准施救，避免出现因施救不当造成的群伤事件。

【释义】在杆塔、线路发生人身触电时，运行人员应立即将所在线路停电，断开断路器控制电源和合闸能源，并悬挂“禁止合闸，有人工作！”标示牌。救援人员应验明线路确无电压后，方可施救。如触电者在高空时，救援人员应采取防止高处坠落的措施，避免对触电者造成二次伤害。

【案例】2008 年某月某日，某建筑公司检修人员张某在移动登高架上对管道进行电焊补漏，江某负责监护。9 时 40 分左右，江某听到张某猛叫了一声，见张某拿着电焊钳的手在颤抖，江某迅速爬下移动登高架，关掉电焊机电源，张某随即从移动登高架上掉落下来，经抢救无效死亡。经诊断，张某死于严重颅脑伤和电击伤。

条文 1.2.38　加强外包队伍管理，严格审查参加作业人员资质。无相应资质人员严禁参加工作。工作前工作负责人应向外包人员交代清楚周围的带电设备，确认对方熟知后方准其参加工作。

【释义】加强外包队伍管理，严把“单位和人员资质审查、签订安全协议、入场安全教育、安全技术交底、三措两案和现场安全监督”六道关口。对长期外包队伍实施一体化管理，班前班后会、安全活动和安全教育培训应全员参与。开工前，工作负责人应交待清楚作业点周围的带电设备和安全注意事项，工作班成员履行确认手续后，方可参加工作。

条文 1.2.39 在风力发电机组故障消除后进行测试时，作业人员应远离转动设备、电气屏柜；机组测试工作结束，应核对机组各项保护参数，恢复正常设置。

【释义】风力发电机组故障消除后测试时，应确认转动设备防护罩完好；电气屏柜柜门关闭，外壳可靠接地。超速试验时，检修人员应在塔架底部控制柜进行操作，不应滞留在机舱与爬梯上，并应设专人监护。测试结束，应核对机组各项保护参数，恢复正常设置。启动运行前应经工作负责人、工作许可人确认。

条文 1.2.40 雷雨天气不得安装、检修、维护和巡检风电机组，发生雷雨天气后 1h 内禁止靠近风电机组。

【释义】该条文引自《风力发电场安全规程》（DL 796—2012）5.3.6 条规定。

5.3.6 雷雨天气不得安装、检修、维护和巡检风电机组，发生雷雨天气后 1h 内禁止靠近风电机组。

发生雷雨天气，工作负责人应下令停止工作，组织工作班成员有序撤离；来不及撤离时，应双脚并拢站在塔架平台中间，不得触碰任何金属物体。

条文 1.2.41 风力发电机组内所有可能被触碰的 220V 及以上低压配电回路电源，应装设满足要求的剩余电流动作保护器。剩余电流动作保护器必须每年进行一次检验，每次使用前应手动试验合格。36V 及以上带电设备，应在醒目位置设置“当心触电”标识。

【释义】该条文引用了《风力发电场安全规程》（DL 796—2012）5.2.2、5.2.8 条规定。

5.2.2 36V 及以上带电设备应在醒目位置设置“当心触电”标识。

5.2.8 机组内所有可能被触碰的 220V 及以上低压配电回路电源，应装设满足要求的剩余电流动作保护器。

剩余电流动作保护器投入运行后，应定期操作试验按钮，检查动作是否正常，雷击活动期和用电高峰期增加试验次数。根据电子元器件有效工作寿命，剩余电流动作保护器工作年限一般为 6 年，超过规定年限时应进行全面检测，根据检测结果，决定可否继续运行。

为检验剩余电流动作保护器在运行中的动作特性及其变化，应使用经国家有关部门检测合格的专用测试设备，定期进行动作特性试验，严禁利用相线直接对地短路或利用动物作为试验物的方法。剩余电流动作保护器动作后，经检查未发现原因时，允许试送电一次；如果再次动作，应查明原因找出故障，不得连续强行送电。必要时对其进行动作特性试验，经检查确认本身发生故障时，应在最短时间内予以更换。

【案例】2001 年 3 月 1 日，某电厂生活潜水泵安装完毕启动运行后，剩余电流动作保护器动作，电源开关跳闸。经检查未见异常，试送再次跳闸。检修人员擅自将潜水泵电源线直接接在电源上，合闸时触电，经抢救无效死亡。

条文 1.2.42 测量风力发电机组网侧电压和相序时必须佩戴绝缘手套，并站在干燥的绝缘台或绝缘垫上；启动并网前，应确保电气柜柜门关闭，外壳可靠接地；检查和更换电容器前，应将电容器充分放电。

【释义】该条文引自《风力发电场安全规程》（DL 796—2012）7.1.3 条规定。

7.1.3 测量机组网侧电压和相序时必须佩戴绝缘手套，并站在干燥的绝缘台或绝缘垫上；启动并网前，应确保电气柜柜门关闭，外壳可靠接地；检查和更换电容器前，应将电容器充分放电。

风力发电机组网侧电压多为 690V，且机舱内空间狭窄，人员活动空间有限，测量电压和相序时，操作仪表接触电气回路，触电风险很高，故必须佩戴绝缘手套，并站在干燥的绝缘台或绝缘垫上。

条文1.3　防止起重伤害事故

条文1.3.1　使用塔架提升机时，检查提升机是否工作正常，重点检查电气接线、链条是否完好。

【释义】严禁饮酒或服用精神类药品人员操作提升机。操作人员应熟知提升机使用方法及注意事项，掌握危险点及应急处置方法。检查电气接线、链条、附件等是否完好。电源接通后，手动测试提升机上、下、急停功能是否正常。

条文1.3.2　作业人员应使用单钩或双钩将人与机舱内固定点可靠连接，找好重心后方可打开吊装口。所有吊装物品必须放入吊袋内。

【释义】打开吊装口盖板前，应穿戴好个体防护装备，安全绳挂在可靠位置。将提升机围栏固定牢固。吊装物品应放入吊袋内，防止落物伤人。

条文1.3.3　在塔架外起吊物品时，应使链条及起吊物件与周围带电设备保持足够的安全距离，将机舱偏航至与带电设备最大安全距离后方可起吊作业。

【释义】该条文引自《风力发电机组　安全手册》（GB/T 35204—2017）8.7.7条规定。

8.7.7　使用机组提升机从塔架底部运送物件到机舱时，应使吊链和起吊物件与周围带电设备保持足够的安全距离，应将机舱偏航至带电设备最大安全距离后方可进行提升机作业。

使用塔架提升机时，应将机舱偏航至与带电设备最大安全距离，使链条背离集电线路。操作人员应使用对讲机复核吊物绑扎是否牢固，载荷是否超过要求，缆风绳是否系牢后，方可试吊、起吊。

提升过程中，操作人员严禁离开，严禁触碰运行的链条，应时刻关注链条导向，严防链条打结，注意链条不能夹杂铁丝、碎石子等异物，防止损坏提升机。底部检修人员应站在吊物的侧方上风向位置，注意观察提升过程中的风向变化与吊物状态。提升物品到达机舱或抵达地面，及时提醒对方注意操作。吊装孔盖板未盖好严禁将吊物脱钩。

提升机使用完毕，及时关闭吊装孔与提升机电源，锁紧提升机吊轨锁紧螺钉，防止提升机在风力发电机组运行时在吊轨上滑动。

【案例】2014年3月19日，某风电场检修人员在使用风力发电机组塔架提升机运送工具时，由于未将机舱偏航至最大安全距离，提升过程中风速突然增大至18m/s，造成提升机链条与集电线路瞬间搭接，集电线路保护动作，线路断路器跳闸。

条文1.3.4　起重设备、吊具应经专业机构检验检测合格；吊装作业前应认真审查起重设备资质，检查索具是否完整，合格证是否齐全，特种设备作业人员是否持证上岗；起重机械、吊具、索具的工作负荷，不准超过铭牌规定。

【释义】该条文引用了《防止电力生产事故的二十五项重点要求》（国能安全〔2014〕161号）1.6.1条规定。

1.6.1　起重设备经检验检测机构监督检验合格，并在特种设备安全监督管理部门登记。

起重机械由特种设备检验机构按照《起重机械定期检验规则》（TSGQ 7015—2016）规定的周期和标准进行检验。起重机械指挥人员、司机应经专业机构培训，并经考试合格取得特种设备作业人员证后，方可上岗作业。吊装作业前，应检查起重机械力矩限制器、起升高度限位器、幅度指示器、风速风级报警器等安全防护装置正常，严禁带病运行。对于未按周期检验、检验不合格和安全附件装置失灵的起重机械，严禁入场。

【案例】 2010 年 11 月 22 日，某风电场吊装风力发电机组齿轮箱作业。由于起重机械未经检验，吊装过程中，主臂拉板断裂，致使主臂、齿轮箱严重损坏。

条文 1.3.5　吊装作业必须设专人指挥，指挥人员不得兼做司索（挂钩）以及其他工作，应认真观察起重作业周围环境，确保信号正确无误，严禁违章指挥或指挥信号不规范。

【释义】 该条文引自《防止电力生产事故的二十五项重点要求》（国能安全〔2014〕161号）1.6.3 条规定。

1.6.3　吊装作业必须设专人指挥，指挥人员不得兼做司索（挂钩）以及其他工作，应认真观察起重作业周围环境，确保信号正确无误，严禁违章指挥或指挥信号不规范。

吊装作业时，指挥人员应站在司机可以看清信号的安全位置，注意观察周围环境，指挥物件避开人员或障碍物，不得兼做司索（挂钩）或参加现场作业。物件降落时，指挥人员应确认降落区域内安全，方可发出降落信号。

条文 1.3.6　起吊重物之前，必须清楚物件的实际重量，不准起吊不明物和埋在地下的物件。当重物无固定死点时，必须按规定选择吊点并捆绑牢固，使重物在吊运过程中保持平衡和吊点不发生移动。

【释义】 该条文引自《防止电力生产事故的二十五项重点要求》（国能安全〔2014〕161号）1.6.5 条规定。

1.6.5　起吊重物之前，必须清楚物件的实际重量，不准起吊不明物和埋在地下的物件。当重物无固定死点时，必须按规定选择吊点并捆绑牢固，使重物在吊运过程中保持平衡和吊点不发生移动。

起吊重物前，应结合起重机的额定重量和起升高度曲线表，确定额定起吊重量，严禁超载作业。在吊装过程中，不应斜拉和斜吊。严禁使用起重机械吊拔重量不清的埋置物体，冬季不得吊拔冻住的物体。当重物无固定死点时，司索（挂钩）人员必须按规定选择吊点并捆绑牢固，单腿索具起吊点应垂直位于重物重心正上方；双腿索具吊挂点应位于重物两边，起吊点在重心上方；三腿和四腿索具吊挂点应均匀的位于重物水平线上，且在被吊物重心上方，保证重物在吊装过程中保持平衡。

【案例】 2000 年 6 月 20 日，某施工现场 50t 汽车起重机吊装作业时，司机在力矩限制器失灵、未核对吊物重量的情况下盲目作业，吊装过程中起重机倾翻折臂。事后经测量，该起重机作业半径 20m 时，净起重重量为 2.2t，而吊物的实际重量为 3.8t，属超载作业。

条文 1.3.7　严禁吊物上站人或放有活动的物体。吊装作业现场必须设警戒区域，设专人监护。严禁吊物从人的上方越过或停留。

【释义】 该条文引自《防止电力生产事故的二十五项重点要求》（国能安全〔2014〕161号）1.6.6 条规定。

1.6.6　严禁吊物上站人或放有活动的物体。吊装作业现场必须设警戒区域，设专人监护。严禁吊物从人的上方越过或停留。

在起重机作业半径外应设立安全警戒区域，悬挂安全警示牌，设专人监护，非工作人员不得入内。吊物下方作业时，应采取防止吊物突然落下的措施，尽量减少人员数量，有效防止发生重特大人身伤亡。

条文 1.3.8　遇有大雾、照明不足、指挥人员看不清各工作地点或起重机司机看不见指挥人员等情况时，不准进行起重工作。起重应有统一的信号，司机应根据指挥人员的信号（旗语、哨音、手势）进行操作；司机未接到指挥信号时，除规避危险之外不准操作。

【释义】该条文引自《电业安全工作规程　第 1 部分：热力和机械》（GB 26164.1—2010）16.1.10、16.2.10 条规定。

16.1.10　遇有大雾、照明不足、指挥人员看不清各工作地点或起重驾驶人员看不见指挥人员时，不准进行起重工作。

16.2.10　起重工作应有统一的信号，起重机操作人员应根据指挥人员的信号（旗语、哨音、手势）来进行操作；操作人员未接到指挥信号时，除规避危险之外不准操作。

遇到大雪、暴雨、大雾及 6 级以上大风等恶劣天气时，应立即停止露天起重作业。指挥人员应与司机密切配合，执行规范的指挥信号。起重作业时，司机应听从指挥人员指挥，当信号不清或错误时，司机有权拒绝执行。作业过程中，无论是谁发出的紧急停车信号，司机均应立即停车。

条文 1.3.9　带棱角、缺口的物体无防割措施不得起吊。

【释义】该条文引自《防止电力生产事故的二十五项重点要求》（国能安全〔2014〕161 号）1.6.8 条规定。

1.6.8　带棱角、缺口的物体无防割措施不得起吊。

若吊物有棱角、缺口或光滑的部分，应在棱角、缺口或滑面与索具接触面加以包垫，防止索具断裂或打滑，造成吊物脱落。

条文 1.3.10　在带电的电气设备或高压线下起吊物体，起重机应可靠接地，保持与输电线的安全距离，必要时制订好防范措施，并设专人监护。

【释义】该条文引自《防止电力生产事故的二十五项重点要求》（国能安全〔2014〕161 号）1.6.9 条规定。

1.6.9　在带电的电气设备或高压线下起吊物体，起重机应可靠接地，注意与输电线的安全距离，必要时制订好防范措施，并设电气监护人专人监护。

风力发电机组大部件吊装作为风电场经常性工作，由于起重机吊臂长、吊件尺寸大、形状不规则，且作业现场存在突然起风的可能，一旦与集电线路的安全距离不足，就可能引发触电事故。触电通常是由吊臂或起吊物，碰到或接近到带电高压线路（设备），电流再传到金属车身、吊物上，电击到附近人体。故障大电流还会击穿车轮胎至大地，烧毁轮胎及车身。

在带电的电气设备或输电线路附近作业时，起重机应可靠接地。依据《电业安全工作规程　第 1 部分：热力和机械》（GB 26164.1—2010）规定，起重机械的起重臂、吊具、索具、钢丝绳、缆风绳和吊物等，与输电线路的最小距离必须符合安全要求，并设专人负责监护。起重机接地要求见表 2－1－5，起重设备（包括起吊物）与输电线路（在最大偏斜时）的最小距离见表 2－1－6。

表 2-1-5　　起重机接地要求

图示	接地要求
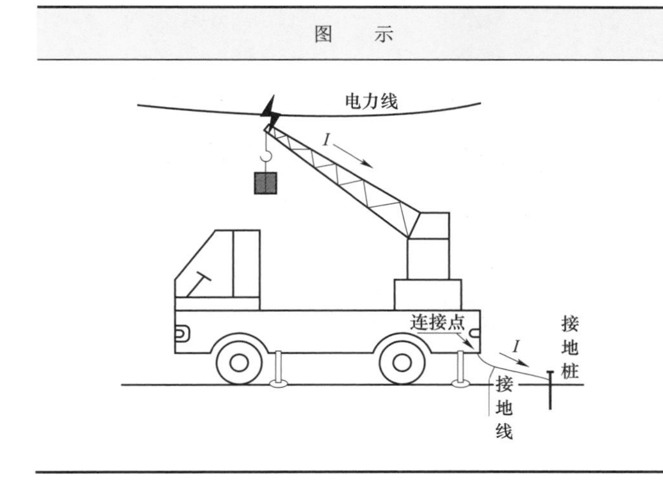	起重机选好位置后，接地点选择宜遵循“就近原则”，无接地点使用临时接地体。临时接地体的截面积不应小于 190mm²，埋深不应小于 0.6m，土壤电阻率较高的地方应采取措施改善接地电阻。 接地线两端应分别固定在接地点和起重机车体，车体连接点应为无油漆的金属面。接地良好后，方可进行起重作业。作业完毕，吊臂就位放好后，方可拆除接地线

表 2-1-6　　起重设备（包括起吊物）与输电线路（在最大偏斜时）的最小距离

供电线路电压（kV）	<1	1～20	154	220	330	500	750
与供电线路在最大偏斜时的最小间隔距离（m）	1.5	2	5	6	7	8	11

【案例】2011 年 10 月 22 日 13 时，某施工队伍在起重作业过程中，汽车起重机吊臂不慎触碰到上方高压线路，由于起重机未接地，造成 1 人触电死亡。

条文 1.3.11　塔架、机舱、叶轮、叶片等部件吊装时，风速不应高于该机型安装技术规定；未明确相关吊装风速的，风速超过 8m/s 时，不宜进行叶片和叶轮吊装；风速超过 10m/s 时，不宜进行塔架、机舱、轮毂、发电机等设备吊装。

【释义】该条文引自《风力发电场安全规程》（DL/T 796—2012）6.1.2 条规定。

6.1.2　塔架、机舱、叶轮、叶片等部件吊装风速不得高于该机型安装技术规定。未明确相关吊装风速的，风速超过 8m/s 时，不宜进行叶片和叶轮吊装；风速超过 10m/s 时，不宜进行塔架、机舱、轮毂、发电机等设备吊装工作。

塔架、机舱、叶轮、叶片等部件吊装时，如该机型的技术手册对风速有明确规定，应遵从其规定；如无明确规定，则应执行本条风速要求。叶片、叶轮表面积大，形状不规则，吊装过程中易受风速影响，故对风速要求较高；塔架、机舱、轮毂、发电机等设备重量大，受风速影响相对较小。

【案例】2009 年 6 月 3 日，某风电场吊装风力发电机组叶轮，风速 3.7m/s。叶轮与机舱对接时，风速急剧变化，最高达到 20m/s。紧急落钩过程中，一支叶片导向绳突然断裂，风轮失去平衡，发生旋转，撞击第三节塔筒及吊臂，造成一支叶片插入地面后折断，另两支叶片及轮毂导流罩严重损坏。如图 2-1-1 所示。

条文 1.3.12　起重机检修时，应将吊钩降放在地面。

【释义】该条文引自《电业安全工作规程　第 1 部分：热力和机械》（GB 26164.1—2010）16.1.12 条规定。

图 2－1－1　轮毂及叶片损坏照片

16.1.12　各种起重机检修时，应将吊钩降放在地面。

起重机检修时，将吊钩降放在地面，可防止吊钩意外降落造成人身伤害。

条文 1.3.13　未经司机允许，任何人不准擅自登上起重机或起重机的轨道。

【释义】该条文引自《电业安全工作规程　第 1 部分：热力和机械》（GB 26164.1—2010）16.2.1 条规定。

16.2.1　没有得到司机的同意，任何人不准擅自登上起重机或起重机的轨道。

起重机体积庞大，结构复杂，起重机司机很难对车辆、现场的各个部位、各个角落做到全面掌控，未经允许登上起重机或起重机轨道，可能会在作业过程中受到伤害。

条文 1.3.14　起重物品必须绑牢，吊钩应挂在物品的重心上，吊钩钢丝绳应保持垂直，禁止使吊钩斜着拖吊重物。在吊钩已挂上而被吊物尚未提起时，禁止起重机移动或做旋转动作。

【释义】该条文引自《电业安全工作规程　第 1 部分：热力和机械》（GB 26164.1—2010）16.2.13 条规定。

16.2.13　起重物品必须绑牢，吊钩应挂在物品的重心上，吊钩钢丝绳应保持垂直。禁止使吊钩斜着拖吊重物。在吊钩已挂上而被吊物尚未提起时，禁止起重机移动或作旋转动作。

起吊前，应用索具（钢丝绳或铁链）将吊物牢固绑住，索具不应打结或扭劲；吊物稍一离地，应再次检查捆绑情况，可靠后方可继续起吊。起吊过程中，提升速度应均匀平稳，不宜忽快忽慢，以免吊物在空中摇晃，如发现绳扣不良或吊物有倾倒危险，应立即停止起吊。放下吊物速度不宜太快，防止吊物突然下落而损坏。

条文 1.3.15　起重机在起吊大的或不规则的构件时，应在构件上系以牢固的拉绳，使其不摇摆、不旋转。

【释义】该条文引自《电业安全工作规程　第 1 部分：热力和机械》（GB 26164.1—2010）16.2.16 条规定。

16.2.16　起重机在起吊大的或不规则的构件时，应在构件上系以牢固的拉绳，使其不摇摆不旋转。

起吊大的或不规则的构件时，司索人员应准确选择构件吊点，系以两根牢固的缆风绳，保证吊物在提升过程中不发生摆动或旋转。缆风绳应由非导电材料制成，确保足够的强度。

【案例】2004 年 6 月 12 日，某电厂库房起吊架管。起吊离地后，司索未再次检查捆绑情况。在吊装过程中，起吊点重心向左偏移，架管在空中散落，造成2人死亡，3人轻伤。

条文1.3.16 与工作无关人员禁止在起重工作区域内行走或停留。起重机正在吊物时，任何人不准在吊杆和吊物下停留或行走。

【释义】该条文引自《电业安全工作规程 第1部分：热力和机械》(GB 26164.1—2010) 16.2.20条规定。

16.2.20 与工作无关人员禁止在起重工作区域内行走或停留。起重机正在吊物时，任何人不准在吊杆和吊物下停留或行走。

【案例】某年12月7日，某变电站设备改造。检修人员使用未经检验的电动葫芦，并拆除上升限位，当吊物提升到顶时，钢丝绳被拉断，吊物坠落。由于作业地点位于人行通道，且未设围栏和警告标识，吊物将途经人员砸死。

条文1.3.17 起吊重物不准让其长时间悬在空中。有重物暂时悬在空中时，严禁驾驶人员离开驾驶室或做其他工作。

【释义】该条文引自《电业安全工作规程 第1部分：热力和机械》(GB 26164.1—2010) 16.2.21条规定。

16.2.21 起吊重物不准让其长期悬在空中。有重物暂时悬在空中时，严禁驾驶人员离开驾驶室或做其他工作。

严禁将吊物长时间悬在空中，如需暂时悬在空中，指挥人员或司机应发出警示信号，通知现场人员不得在吊物下面站立或通过。司机和指挥人员不得随意离开工作岗位或做其他工作。在停工或休息时，严禁将吊物悬在空中。

条文1.3.18 重物应稳妥地放置在地面，防止倾倒或滚动，必要时应用绳固定。

【释义】该条文引自《电业安全工作规程 第1部分：热力和机械》(GB 26164.1—2010) 16.2.22条规定。

16.2.22 重物应稳妥地放置放在地上，防止倾倒或滚动，必要时应用绳绑住。

条文1.3.19 移动式悬臂起重机（履带式和汽车起重机），应有随吊杆起落高度而定的最大负荷指示器，并应在驾驶员操作台附近设有吊杆起落高度与其最大允许负荷的对照表格，使驾驶人员能正确地知道吊杆起升到某一个高度时所能提升的最大负荷。

【释义】该条文引自《电业安全工作规程 第1部分：热力和机械》(GB 26164.1—2010) 16.2.42条规定。

16.2.42 移动式悬臂起重机（履带式、铁路和汽车起重机），应有随吊杆起落高度而定的最大负荷指示器，并应在驾驶员操作台旁边，挂有吊杆起落高度与其最大允许负荷的对照表格，使驾驶人员能正确地知道吊杆起升到某一个高度时所能提升的最大负荷。

【案例】2018年1月13日，某电厂使用履带式起重机吊装高备变。由于临时改变施工方案，扩大起重机作业半径超载作业。在吊装过程中，起重机塔臂突然折断，造成1人死亡。

条文1.3.20 悬臂式起重机吊杆升起的仰角不应大于75°。起吊前应检查仰角指示器的位置是否符合实际。

【释义】该条文引自《电业安全工作规程 第1部分：热力和机械》(GB 26164.1—2010) 16.2.45条规定。

16.2.45 悬臂式起重机吊杆升起的仰角不应大于75°。起吊前应检查仰角指示器的位置是否符合实际。

条文 1.3.21　使用汽车起重机起吊重物时，必须将支座盘牢靠地连接在支腿上，支腿应可靠地支撑在坚实可靠的地面上。如在松土地面上工作时，应在支座盘下垫置枕木、钢板、路基箱等。

【释义】该条文引自《电业安全工作规程　第 1 部分：热力和机械》（GB 26164.1—2010）16.2.49 条规定。

16.2.49　使用汽车起重机起吊重物时，必须将支座盘牢靠地连接在支腿上，支腿应可靠地支承在坚实可靠的地面上。如在松土地面上工作时，应在支座盘下垫置枕木、钢板、路基箱等。

【案例】某年 7 月 18 日，某风电项目使用汽车起重机吊装风力发电机组机舱。旧机舱装车时，起重机右前支腿突然下沉，起重机倾翻，吊臂直接砸在机舱和板车上，造成机舱和板车严重损坏。如图 2－1－2 所示。

图 2－1－2　吊车倾翻事故照片

条文 1.4　防止机械伤害和物体打击事故

条文 1.4.1　高处作业应使用工具袋，较大的工具应予固定。上下传递物件应用绳索拴牢传递，不应上下抛掷。

【释义】该条文引自《电力安全工作规程　电力线路部分》（GB 26859—2011）9.2.2 条规定。

9.2.2　高处作业应使用工具袋，较大的工具应予固定。上下传递物件应用绳索拴牢传递，不应上下抛掷。

风力发电机组和架空输电线路的检修维护工作多为高处作业。携带、传递工器具或小型器件必须使用工具袋，较大的工具应予以固定，以避免高空落物伤及地面检修人员。

【案例 1】2014 年 5 月 20 日，某工厂李某、王某分别在车间一层、二层平台维修设备。李某因工作需要向王某借用扳手，王某看下面没人，将扳手直接从二层平台扔下。前来接班的杨某（未戴安全帽）正好从此处路过，金属扳手砸中杨某头部，致其头部受伤。

条文 1.4.2　进入生产现场人员必须接受安全培训教育，掌握相关安全防护知识。运行和检修人员必须经过专业技能培训，掌握现场操作规程和安全防护知识。从事手工作业的人员，必须掌握工器具的正确使用方法及安全防护知识。

【释义】该条文引用了《防止电力生产事故的二十五项重点要求》（国能安全〔2014〕161

号）1.3.1、1.4.1 条规定。

1.3.1　进入工作现场人员必须进行安全培训教育，掌握相关安全防护知识，从事手工加工的作业人员，必须掌握工器具的正确使用方法及安全防护知识，从事人工搬运的作业人员，必须掌握撬杠、滚杠、跳板等工具的正确使用方法及安全防护知识。

1.4.1　操作人员必须经过专业技能培训，并掌握机械（设备）的现场操作规程和安全防护知识。

不同区域的生产现场可能存在不同类型的安全风险。进入生产现场人员，必须开展有针对性的安全教育培训，掌握必要的安全防护知识；现场运行人员、检修人员必须经过专业技能培训，掌握相应操作规程，能准确辨识工作中可能涉及的危险点，熟知相应控制措施和应急措施；工作中需要使用工器具的，必须掌握相关工器具的正确使用方法和安全防护知识。

条文 1.4.3　进入现场人员必须戴好安全帽。人工搬运的作业人员必须戴好安全帽、防护手套，穿好防砸鞋，必要时戴好披肩、垫肩和护目镜。

【释义】该条文引自《防止电力生产事故的二十五项重点要求》（国能安全〔2014〕161号）1.3.2 条规定。

1.3.2　进入现场的作业人员必须戴好安全帽。人工搬运的作业人员必须戴好安全帽、防护手套，穿好防砸鞋，必要时戴好披肩、垫肩、护目镜。

【案例】2012 年 1 月 18 日 14 时，某风电场处理塔架电缆护套缺陷。检修人员在塔架作业时未使用工具袋，随手将扳手放入连体服裤兜中，不慎脱落，砸在另一名检修人员手臂处，造成 1 人轻伤。

条文 1.4.4　高处作业时，必须做好防止物件掉落的防护措施，下方设置警戒区域，并设专人监护，不得在工作地点下面通行和逗留。上、下层垂直交叉同时作业时，中间必须搭设严密牢固的防护隔板、罩栅或其他隔离设施。

【释义】该条文引自《防止电力生产事故的二十五项重点要求》（国能安全〔2014〕161号）1.3.3 条规定。

1.3.3　高处作业时，必须做好防止物件掉落的防护措施，下方设置警戒区域，并设专人监护，不得在工作地点下面通行和逗留。上、下层垂直交叉同时作业时，中间必须搭设严密牢固的防护隔板、罩栅或其他隔离设施。

依据《电业安全工作规程　第 1 部分：热力和机械》（GB 26164.1—2010）规定，高处作业地点的下方应设置隔离区，并设置明显的警告标志；防止落物伤人。隔离区域为 R 与起吊工件最大长度之和。隔离区应按以下原则划分：h 为作业位置至其底部的垂直距离，R 为半径。当 $2m \leqslant h \leqslant 5m$ 时，$R=2m$；当 $5m < h \leqslant 15m$ 时，$R=3m$；当 $15m < h \leqslant 30m$ 时，$R=4m$；当 $h > 30m$ 时，$R=5m$。

原则上应尽量避免上、下层垂直交叉同时作业；如必须开展此类作业，应在中间层搭设严密牢固的防护隔板、罩栅或其他隔离设施，将上、下层可靠隔离，防止上层落物危及下层检修人员安全。

【案例】2013 年 5 月 17 日，某公司减压装置改造工程，承包单位某建设公司、某机电公司同时开展工作。建设公司工人吕某在 35m 平台用钢管套在扳手上紧固螺栓，钢管不慎从手中滑落，砸中机电公司正在安装仪表的工人蔡某头部，致其死亡。

条文 1.4.5　高处临边不得堆放物件；空间小必须堆放时，必须采取防坠落措施；高处

场所的废弃物应及时清理。

【释义】该条文引自《防止电力生产事故的二十五项重点要求》（国能安全〔2014〕161号）1.3.4条规定。

1.3.4　高处临边不得堆放物件，当空间小必须堆放时，必须采取防坠落措施，高处场所的废弃物应及时清理。

临边作业是指现场工作面边沿无围护设施或围护设施高度低于80cm时的高处作业。临边作业时极易发生堆放的物件、暂时不使用的工器具、作业产生的废弃物等从高处坠落，危及下方人员安全，必须采取有效防坠落措施。

【案例】2011年10月5日，某电厂外委人员李某从1号炉厂房入口，由南向北前往1号炉捞渣机西侧处理故障。当李某走到1号炉渣斗下方时，从高处坠落一钢管（长约2m，重约6.1kg），击中李某安全帽，李某当即倒地。经医院抢救无效死亡。

条文1.4.6　从事人工搬运的作业人员，必须掌握撬杠、滚杠、跳板等工具的正确使用方法及安全防护知识。风力发电机组检修人员搬运重物时，单人徒手搬运的重量不应大于30kg。

【释义】该条文引用了《防止电力生产事故的二十五项重点要求》（国能安全〔2014〕161号）1.3.1条和《风力发电机组　安全手册》（GB/T 35204—2017）8.16.1条规定。

1.3.1　从事人工搬运的作业人员，必须掌握撬杠、滚杠、跳板等工具的正确使用方法及安全防护知识。

8.16.1　机组工作人员搬运重物时应检查核实重物的重量、体积与重心，制定搬运方案，应优先采用搬运工具进行搬运，单人徒手搬运的重量不应大于30kg。

撬杠的长短大小要符合现场具体情况。操作时，撬杠应放在身体一侧，两腿叉开，两手用力。不准站在或骑在撬杠上面工作，不准将撬杠放在肚子下。

使用滚杠应由专人负责指挥。管子应能承受重压，直径相同。管子承受重物后两端各露出约30cm，以便调节转变。在重物滚动搬运中，放置管子应在重物移动的前方，并应有一定距离。移动中需要增加滚杠时，必须停止移动。在移动中需要调正方向时，应用锤击，禁止用手去拿受压的管子，以防压伤手指。重物上坡时应用木楔垫牢管子，以防管子滚下；下坡时，必须用绳子拉住重物的重心，防止下滑过快。

跳板厚度应大于50mm，凡腐朽、扭纹、破裂的跳板，不得使用。单行跳板宽度不得小于0.6m。双行跳板宽度不得小于1.2m。跳板坡度不得大于1:3。凡超过5m长的跳板，下部应设支撑。跳板两头应包扎铁箍，以防裂开。

【案例】2007年10月17日，某公司3名维修工搬运电机通过厂房中间过道。1名维修工用撬杠撬电机时，由于撬杠选择不当，撬杠脱手滑向其脸部，导致颧骨骨折。

条文1.4.7　操作人员必须穿好工作服，衣服、袖口应扣好，不得戴围巾、领带，长发必须盘在帽内。操作时必须戴防护眼镜，必要时戴防尘口罩、穿绝缘防砸鞋。操作钻床时，不得戴手套，不得在开动的机械设备旁换衣服。

【释义】该条文引自《防止电力生产事故的二十五项重点要求》（国能安全〔2014〕161号）1.4.2条规定。

1.4.2　操作人员必须穿好工作服，衣服、袖口应扣好，不得戴围巾、领带，女同志长发必须盘在帽内，操作时必须戴防护眼镜，必要时戴防尘口罩、穿绝缘鞋。操作钻床时，不得戴手套，不得在开动的机械设备旁换衣服。

【案例】2017 年 12 月 26 日，某机械厂一女职工在使用高速钻机时，长发被卷入机器，巨大的拉力把该职工的长发连带着头皮和耳朵整个撕脱了下来，部分颅骨外露，大量出血导致失血性休克。紧急送医后，经医护人员全力抢救，最终脱离了生命危险。

条文 1.4.8 大锤和手锤的锤头必须完整，且表面光滑，不得有歪斜、缺口和裂纹等缺陷，手柄应安装牢固。不准戴手套或单手抡锤，抡锤时周围不准有人靠近。

【释义】该条文引用了《电业安全工作规程　第 1 部分：热力和机械》(GB 26164.1—2010) 3.6.1.2 条规定。

3.6.1.2 大锤和手锤的锤头应完整，其表面应光滑微凸，不应有歪斜、缺口、凹入及裂纹等缺陷。大锤及手锤的柄应用整根的硬木制成，且头部用楔栓固定。楔栓宜采用金属楔，楔子长度不应大于安装孔的 2/3。锤把上不应有油污。严禁戴手套或用单手抡大锤，使用大锤时，周围不准有人靠近。

【案例】2012 年 4 月某日，某单位进行轴承装配工作。由于轴与轴承装配过盈量较小，作业班 2 人采用敲击法进行装配。在锤击过程中，锤头从锤把上松脱，坠落的锤头正好砸在另一名检修人员的脚面上，造成 1 人身轻伤。

条文 1.4.9 机械设备各转动部位（如弹性联轴器、高速轴刹车盘等）必须装设防护装置。机械设备必须装设紧急制动装置；加工机械附近要设有明确的操作注意事项。

【释义】风力发电机组弹性联轴器、高速轴刹车盘正常运行时一般转速超过 1000r/min，设置安全防护罩可以防止联轴器连接件损坏甩出伤人，刹车盘崩裂或油液甩出伤人。

【案例】2014 年 4 月 25 日，某电厂清洁工独自一人在 2 号炉 B 空气预热器处清扫卫生。由于该空气预热器靠背轮未安装防护罩，也未设置临时防护措施，清洁工右臂衣服被转动的靠背轮绞住，空气预热器主电动机跳闸，清洁工经抢救无效死亡。

条文 1.4.10 严禁在运行中清扫、擦拭和润滑设备的旋转和移动部分，严禁将手伸入栅栏内。严禁将头、手脚伸入转动部件活动区内。严禁在转动设备上行走和传递工具。

【释义】该条文引用了《防止电力生产事故的二十五项重点要求》(国能安全〔2014〕161 号) 1.4.5 条规定。

1.4.5 严禁在运行中清扫、擦拭和润滑设备的旋转和移动部分，严禁将手伸入栅栏内。严禁将头、手脚伸入转动部件活动区内。

【案例】2005 年 2 月 5 日，某企业一员工在清洗纵剪机张力辊轴时，未按规定提升上辊轴，违规用钢套压住运转开关，右手直接用抹布擦拭运行中的辊轴，导致右手臂被带入机器上、下辊轴间，造成右手臂截肢。

条文 1.4.11 在转动设备系统上进行检修和维护作业时，应做好防止机器突然启动的安全措施，将检修设备切换到就地控制，断开电源并挂"禁止合闸，有人工作！"标示牌。

【释义】将检修设备切换到就地控制，可防止远方误启动；断开电源并挂"禁止合闸，有人工作！"标示牌，可彻底切断能量来源，防止其他人员误启动设备。

【案例】2015 年 3 月 5 日，某公司一名工作人员将搅拌机电源拉开，但未挂"禁止合闸，有人工作"标示牌，也未安排专人监护，进入搅拌机内清理渣滓。另一工作人员误启动搅拌机，机器内工作人员被搅伤，经抢救无效死亡。

条文 1.4.12 在清理转动设备金属碎屑时，必须等转动设备停止转动时才可清理。不

准用手直接清理，必须使用专用工具。

【释义】设备处于转动状态清理金属碎屑，容易将工具甚至手臂卷入设备，造成人身伤害。用手直接清理金属碎屑，则可能损伤手指。

【案例】1984年11月24日，某公司职工陈某在未停机的情况下，取下压片机齿轮罩，用戴手套的右手使用毛刷去清理两个转动齿轮下的粉料，右手被毛刷带入齿轮，随即用左手停机，同事盘车倒转将手从齿轮中退出，经医院抢救，截除右手拇指一节、食指二节。

条文1.4.13　风力发电机组内无防护罩的旋转部件应粘贴“禁止踩踏”标识；机组内易发生机械卷入、轧压、碾压、剪切等机械伤害的作业地点应设置“当心机械伤人”标识。

【释义】该条文引自《风力发电场安全规程》（DL/T 796—2012）5.2.3条规定。

5.2.3　风电机组内无防护罩的旋转部件应粘贴“禁止踩踏”标识；机组内易发生机械卷入、轧压、碾压、剪切等机械伤害的作业地点应设置“当心机械伤人”标识。

风力发电机组内空间狭小，设备布局紧凑，人员活动范围受限，易发生卷入、轧压、碾压、剪切等机械伤害，在适当位置设置警示标识，可有效防止人身伤亡事故。

条文1.4.14　对风力发电机组驱动轴系作业前，需要严格做好激活高速轴刹车、锁定低速轴、按下急停按钮等相关安全措施。

【释义】风力发电机组驱动轴系作业前，高速轴、低速轴都必须可靠锁定，以防突然启动。按下急停按钮后，紧急停机被激活，此时桨叶顺桨，刹车制动，全部电动机停止运转，所有的运动部件都会停下来，风力发电机组进入停机状态。

条文1.4.15　进入风力发电机组轮毂或在叶轮上（内）工作，首先应确认叶片处于顺桨状态并将叶轮可靠锁定，锁定叶轮时不得高于机组规定的最高允许风速。进入轮毂内工作，机舱内应留有一名工作人员，与轮毂内人员保持联系；必须将变桨机构可靠锁定，确认叶片盖板齐全，防止绳索等接触到转动部件；工作完毕后应清理轮毂内卫生，关闭各个控制柜柜门、叶片盖板，关闭安全门，确保轮毂内无人员滞留。

【释义】本条文引用了《风力发电场安全规程》（DL/T 796—2012）7.1.7条和《风力发电机组　安全手册》（GB/T 35204—2017）8.6.8、8.9.5、8.9.6、8.9.8、8.9.9条规定。

7.1.7　进入轮毂或在叶轮上工作，首先必须将叶轮可靠锁定，锁定叶轮时不得高于机组规定的最高允许风速；进入变桨距机组轮毂内工作，还必须将变桨机构可靠锁定。

8.6.8　工作人员进入轮毂前应进行叶轮机械锁定，方可进入轮毂，在轮毂内工作中远离运动中的变桨传动机构，防止机械伤害。

8.9.5　进入轮毂作业人员应确保有足够的照明，应确认叶片盖板是否安全，当心踏空坠落到叶片中。

8.9.6　进入叶轮作业同时机舱内应留有一名工作人员，与轮毂内工作人员保持联系，以防出现紧急事故，进行紧急处理。

8.9.8　轮毂工作完毕后应清理轮毂内部，保持内部整洁，确保轮毂内的各个变桨控制柜柜门、叶片盖板均处于关闭状态；禁止在轮毂内滞留应立即离开轮毂，关闭安全门，确保轮毂内无滞留工作人员。

8.9.9　在轮毂中进行作业时，要防止绳索等接触到转动部件上。

风力发电机组停机后，叶片一般处于顺桨位置，此时叶轮在风力作用下仍然会有小角度往复转动，特别是风向发生变化后，转动幅度将增大。如其他人员误操作变桨机构，将驱动叶轮旋转，存在生命危险。因此进入轮毂和叶轮前，必须可靠锁定轮毂。同时由于液压变桨驱动系统存在储能罐，参与压力在急停状态下将驱动变桨杆运动，对轮毂内作业人员产生挤压，危及人身安全，必须可靠锁定变桨机构。

【案例】2016年某月某日，某风电场外委人员在轮毂内作业完毕，工作负责人未清点、核对检修人员数量，就地启机，风力发电机组正常运行后返回风电场驻地。此时，发现有1名参与作业的检修人员未返回。经检查发现该检修人员在叶片内部死亡。

条文 1.4.16　拆除能够造成风力发电机组叶轮失去制动的部件前，应首先锁定叶轮；拆除制动装置应先切断液压、机械与电气连接；安装制动装置应最后连接液压、机械与电气装置。

【释义】该条文引自《风力发电场安全规程》（DL/T 796—2012）7.1.4、7.3.4条。

7.1.4　拆除制动装置应先切断液压、机械与电气连接，安装制动装置应最后连接液压、机械与电气装置。

7.3.4　拆除能够造成叶轮失去制动的部件前，应首先锁定叶轮；拆除制动装置应先切断液压、机械与电气连接。

风力发电机组叶轮是大转动惯量部件，在风力作用下，叶片顺桨状态时也会产生往复运动，因此拆除可能造成叶轮失去制动的部件前，应首先使用转子锁锁定叶轮。

条文 1.4.17　检修液压系统时，应先将液压系统泄压，液压系统电源切断后应用挂锁锁住；作业期间，任何人员不得站在液压系统能量意外释放的范围内；拆卸液压站部件时，应戴防护手套和护目眼镜。

【释义】该条文引用了《风力发电场安全规程》（DL/T 796—2012）7.1.4条和《风力发电机组　安全手册》（GB/T 35204—2017）8.12.3、8.12.4条规定。

7.1.4　检修液压系统时，应先将液压系统泄压，拆卸液压站部件时，应戴防护手套和护目眼镜。

8.12.3　作业期间，任何人员不得站在液压系统能量意外释放的范围内，以免碎屑和液体喷出，造成损伤。

8.12.4　液压系统电源切断后应用挂锁锁住，以免液压系统被意外地重新打开。

液压回路开始任何作业前，务必将液压系统关闭，不得在带压力的液压系统上作业，并防止被意外启动，且将蓄能器压力完全释放或隔离。

发生针孔泄漏后，通常会在液压管线附近观察到油滑、潮湿的脏污区域。不得用手来检测泄漏。这可能存在油喷射到手上的危险。应使用一块纸板或木板沿着软管检测泄漏，应戴防护手套和护目眼镜。针孔泄漏造成的伤害非常普遍并且比较严重。针孔泄漏造成的伤害会导致手指甚至整个手臂切除。子弹离开枪膛的速度大约为500m/s～700m/s，在液压系统中，压力头部的速度可能达到1500m/s。

【案例】国外某风电场检修人员，在进行液压系统阀体更换时，将液压泵停止后，开始作业。但未关闭储能器的隔离阀，系统压力没有释放，待更换的阀体拆除时，高压油自阀块中射出，将检修人员手部割裂。

条文 1.4.18　进行风速风向仪巡检时，重点检查螺丝是否紧固，测风桅杆与避雷针是否有螺栓松动、开焊情况，防止其掉落伤人。

【释义】为最大限度捕捉利用风能，风力发电机组塔架越来越高，部分机型塔架已经超过 100m。机舱外的风速仪、风向仪、测风桅杆、避雷针等设备，工作条件恶劣，容易松动、开焊，故应该重点检查，及时紧固，以防掉落伤人。

条文 1.4.19　风力发电机组叶片有结冰现象且有掉落危险时，危险区域的半径应不小于掉落物高度与3倍叶轮直径的和；应在危险区域外各入口处设置安全警示牌，严禁人员靠近；机组手动启动前，叶轮表面应无结冰、积雪现象；停运叶片结冰的机组，应采用远程停机方式。

【释义】该条文引用了《风力发电场安全规程》（DL/T 796—2012）5.3.6、8.3 条和《风力发电机组　安全手册》（GB/T 35204—2017）9.2.2 条规定。

5.3.6　风电机组叶片有结冰现象且有掉落危险时，禁止人员靠近，并应在风电场各入口处设置安全警示牌；塔架爬梯有冰雪覆盖时，严禁攀登风电机组。

8.3　风电机组手动启动前叶轮上应无结冰、积雪现象；机组内发生冰冻情况时，禁止使用自动升降机等辅助的爬升设备；停运叶片结冰的机组，应采用远程停机方式。

9.2.2　危险区域的半径取决于掉落物体的高度；坠落物体的危险区域半径应不小于掉落物高度与 3 倍叶轮直径的和。

当环境中湿度较大且温度低于 0℃时，风力发电机组的叶片就有可能会出现结冰现象。在环境湿度一定的情况下，如果机组继续运行，叶尖相对速度大，相应的叶片表面换热系数就大，并且过冷水滴以及湿雪在叶片表面的堆积速率增加，从而导致叶片运行过程中，更容易加剧结冰。

叶片结冰不但对发电量、叶片以及整机都会产生较大的负面影响和危害，而且在重力和叶片旋转产生的机械力的作用下，这些冰容易从叶片上甩出，危及机组周边人员的安全。作为风电企业，应该加强对从业人员和周边村民的安全教育，使他们认识到叶片结冰可能带来的伤害，同时应在风电场各入口处设置安全警示牌，履行告知义务。叶轮表面出现结冰、积雪时，应禁止启动机组；停运叶片结冰的机组，应采用远程停机方式，尽量降低人身安全风险。

【案例】中国安全生产科学研究院多名专家撰写的《风电行业安全生产风险与对策》一文，统计 2000—2012 年底风电行业发生的抛冰伤人事故记录有 34 起。有报告称自 1999—2003 年，德国共发生了 880 起抛冰事件，其中 33%是发生在低地和海岸。有冰块被抛出 140m 的记录。加拿大在风电场附近张贴警示牌，要求在冰冻期间，人员距离风力发电机组至少 305m。

条文 1.4.20　风力发电机组作业时，车辆应停泊在塔架上风向并与塔架保持 20m 及以上的安全距离。

【释义】该条文引用了《风力发电场安全规程》（DL/T 796—2012）5.3.10 条规定。

5.3.10　车辆应停泊在塔架上风向并与塔架保持 20m 及以上的安全距离。

【案例】2011 年 10 月 11 日，某风电场检修风力发电机组时，将车辆停在机舱吊装口下方。在使用塔架提升机的过程中，提升机链子突然断裂，吊物从空中落下，正好砸在车辆驾驶室上方，将驾驶室顶盖砸出一个大洞，所幸车内无人，没有造成人员伤亡。

条文 1.4.21　在风力发电机组内作业时，禁止未经过培训的人员操作发电机转子锁定或叶轮锁定。机组偏航时，作业人员禁止站在机舱爬梯和塔架顶部爬梯之间。

【释义】该条文引用了《风力发电机组　安全手册》（GB/T 35204—2017）8.6.5、8.6.7 条。

8.6.5 禁止站在机舱爬梯和塔架顶部爬梯之间，以免被夹伤。

8.6.7 禁止未经过培训的作业人员操作发电机转子锁定（或叶轮锁定）；严禁作业人员的任何部位伸入发电机人孔舱门内（或轮毂内）。

检修人员未经过专门的技能培训，禁止操作发电机转子锁定或叶轮锁定。任何身体部位不应伸入轮毂内，防止叶轮旋转造成机械伤害。偏航时，严禁接触运行的偏航刹车系统，以免被偏航刹车夹伤。

条文 1.4.22 手持电动工具使用前应检查外观、空载运行正常；使用时，加力应平稳，严禁超载、超温使用；意外停机时，应立即关断电动工具的电源开关。

【释义】该条文引用了《风力发电机组 安全手册》（GB/T 35204—2017）8.17.1.3、8.17.1.7 条。

8.17.1.3 作业前应检查工具外壳、手柄开关、电源导线、机械防护装置的安全状态，安装是否牢固，确认无误后空转，试运转正常后，方可使用。

8.17.1.7 出现意外停机时，应立即关断手持电动工具上的开关，特别是角磨机，防止因没关断开关时突然运转而造成的伤害。

手持电动工具使用前，作业人员应佩戴护目眼镜、穿好工作服，首饰或留长发不应影响作业，严禁戴手套及不扣袖口；检查电动工具外壳、手柄开关、电源导线、机械防护装置的安全状态，确认正常后空转，正常后方可使用。

作业时，加力应平稳，不应用力过猛。严禁超载使用，随时注意声响及温升，发现异常应立即停机检查；机具温升超过 60℃时，应停机待自然冷却后再作业。使用角磨机时，砂轮片与工件面保持 15°～30° 的倾斜位置；切削作业时，不得过于用力使砂轮片弯曲和变形。严禁使用有残缺的砂轮片。切割时应采用隔热材料围护措施，防止火星四溅，远离易燃易爆品。严禁用手触摸刃具、钻头和砂轮，发现其有磨钝、破损情况时，应立即修整或更换。机具转动时，不应同时进行其他事情，严禁撒手不管。

意外停机时，应关断手持电动工具电源开关，特别是角磨机，防止因没关断开关时突然运转而造成的伤害。

【案例】2017 年 3 月 14 日 9 时，某公司检修人员王某使用手持砂轮机修理模具。由于砂轮压接不紧、手持方向不当，砂轮突然发生爆裂，碎片将王某佩戴的防护眼镜打碎，伤及左眼。

条文 1.5 防止中毒与窒息伤害事故

条文 1.5.1 在沟道（池、井）等有限空间［如电缆沟、污水池、化粪池、排污管道、地沟（坑）、地下室等］内长时间作业时，为防止作业人员缺氧窒息或吸入一氧化碳、硫化氢、二氧化硫、沼气等中毒，必须保持通风良好，并做好以下措施：

（1）打开沟道（池、井）的盖板或人孔门，保持良好通风，严禁关闭人孔门或盖板。

（2）进入沟道（池、井）内施工前，应用鼓风机向内进行吹风，保持空气循环，并检查沟道（池、井）内的有害气体含量不超标，氧气浓度保持在 19.5%～21.0%。

（3）地下维护室至少打开 2 个人孔，每个人孔上放置通风筒或导风板，一个正对来风方向，另一个正对去风方向，确保通风畅通。

（4）井下或池内作业人员必须系好安全带，安全带上的保险绳应由井（池）上的人员负

责收放。当作业人员感到身体不适，必须立即撤离现场。在关闭人孔门或盖板前，必须清点人数，并喊话确认无人。

【释义】该条文引用了《防止电力生产事故的二十五项重点要求》（国能安全〔2014〕161号）1.9.1条规定。

1.9.1　在受限空间（如电缆沟、烟道内、管道等）内长时间作业时，必须保持通风良好，防缺氧窒息。

在沟道（池）内作业时（如电缆沟、烟道、中水前池、污水池、化粪池、阀门井、排污管道、地沟（坑）、地下室等），为防止作业人员吸入一氧化碳、硫化氢、二氧化硫、沼气等中毒、窒息，必须做好以下措施：

（1）打开沟道（池、井）的盖板或人孔门，保持良好通风，严禁关闭人孔门或盖板。

（2）进入沟道（池、井）内施工前，应用鼓风机向内进行吹风，保持空气循环，并检查沟道（池、井）内的有害气体含量不超标，氧气浓度保持在19.5%～21%。

（3）地下维护室至少打开2个人孔，每个人孔上放置通风筒或导风板，一个正对来风方向，另一个正对去风方向，确保通风畅通。

（4）井下或池内作业人员必须系好安全带和安全绳，安全绳的一端必须握在监护人手中，当作业人员感到身体不适，必须立即撤离现场。在关闭人孔门或盖板前，必须清点人数，并喊话确认无人。

风电场日常工作、生活可能涉及的有限空间有电缆沟、污水池、化粪池、排污管道、地沟（坑）、地下室等。在有限空间内长时间作业时，可能会因通风不良造成缺氧窒息或因有害气体吹扫不彻底，残留气体使人中毒。有限空间作业必须严格执行“先通风、再检测、后作业”的流程，严禁通风、检测不合格冒险作业。风力发电机组正常运行状态下，塔架、机舱、轮毂内无缺氧现象，不存在有毒有害气体，但一旦发生紧急情况，则有可能会造成中毒或窒息，危及人身安全。所以，这些空间应视为有限空间，应加强安全管理，强化危险点分析，细化控制措施，防患于未然。

【案例】2018年1月8日，某风电场2名检修人员在风力发电机组轮毂内清洁卫生过程中，清洗剂桶意外倾倒，清洗剂快速蒸发，因其比重低于空气，导致轮毂内空气快速排空，其中1人因窒息时间过长而死亡。

条文1.5.2　置换容器内的有害气体时，吹扫必须彻底，不残留气体，防止人员中毒。进入容器内作业时，必须先测量容器内部氧气含量，低于规定值不得进入，同时做好逃生措施，并保持通风良好，严禁向容器内输送氧气。容器外设专人监护且与容器内人员定时喊话联系。

【释义】本条文引自《防止电力生产事故的二十五项重点要求》（国能安全〔2014〕161号）1.9.2条规定。

1.9.2　对容器内的有害气体置换时，吹扫必须彻底，不留残留气体，防止人员中毒。进入容器内作业时，必须先测量容器内部氧气含量，低于规定值不得进入，同时做好逃生措施，并保持通风良好，严禁向容器内输送氧气。容器外设专人监护且与容器内人员定时喊话联系。

进入容器前，为防止火灾、爆炸或中毒，必须进行气体置换，经取样分析合格后，方可进入。进入容器内后应保持通风。

置换是用一种安全的介质将容器内的可燃物或有毒有害物质替换出来，使容器内达到安全要求。置换使用的介质要视被置换物质的性质而定，两者相混不应发生不良反应。容器内如存有可燃气体，则首先用不燃物置换，符合安全要求后，再用空气置换合格才能进入。容器内若有一般方法难以排出的残留物，则要选择恰当的洗涤液或用蒸汽、热水蒸煮、吹扫使其分解。为了保证置换彻底、不留死角，置换前应做好置换方案，绘制置换流程图。由于工艺需要，设备结构上易造成死角的，最后置换应选用气体置换。置换介质和方法的选择，要做到安全可靠、经济合理。

容器内空气流动性差，场地狭小，人员拥挤。为防止意外，容器内工作应注意通风，必要时可采用机械进行强制通风。但不得使用氧或富氧气体置换和通风。

【案例】2017 年 4 月 3 日，某公司在清理污水井过程中，1 名员工在井下作业晕倒，其余 4 名员工相继下井施救均晕倒，造成 4 人死亡、1 人受伤。

条文 1.5.3　进入粉尘较大的场所作业，作业人员必须戴防尘口罩。进入有害气体的场所作业，作业人员必须佩戴防毒面罩。风力发电机组液压系统维护作业应穿防护服、佩戴防冲击化学眼镜、化学防护手套和防护口罩，应避免吸入液压油雾气或蒸汽。

【释义】该条文引自《防止电力生产事故的二十五项重点要求》（国能安全〔2014〕161 号）1.9.3 条规定和《风力发电机组　安全手册》（GB/T 35204—2017）8.12.1 条规定。

1.9.3　进入粉尘较大的场所作业，作业人员必须戴防尘口罩。进入有害气体的场所作业，作业人员必须佩戴防毒面罩。进入酸气较大的场所作业，作业人员必须戴好套头式防毒面具。

8.12.1　风力发电机组液压系统维护作业应穿防护服、佩戴防冲击化学眼镜、化学防护手套和防护口罩；应避免吸入液压油雾气或蒸汽。

风力发电机组更换碳刷、清理碳粉或在液压系统进行维护作业时，检修人员按要求做好个人防护措施，防止吸入碳粉、液压油雾气、蒸汽或油液直接接触皮肤。在清洁或接触油液时必须使用橡胶手套。在接触液压油后应及时洗手，否则手上残留的油可能会污染食物。不得将沾有油污的抹布放入衣服口袋中。高压力下泄漏的油可能会蒸发，头部应远离蒸发的油雾。

条文 1.5.4　SF_6 电气设备室必须装设机械排风装置，其排风机电源开关应设置在门外。排气口距地面高度应小于 0.3m，并装有 SF_6 泄漏报警仪，且电缆沟道必须与其他沟道可靠隔离。

【释义】该条文引自《防止电力生产事故的二十五项重点要求》（国能安全〔2014〕161 号）1.9.7 条规定。

1.9.7　SF_6 电气设备室必须装设机械排风装置，其排风机电源开关应设置在门外。排气口距地面高度应小于 0.3m，并装有 SF_6 泄漏报警仪，且电缆沟道必须与其他沟道可靠隔离。

采用 SF_6 气体做绝缘和灭弧介质，可以大幅缩小电气设备的体积，实现设备小型化，因此，SF_6 电气设备广泛应用于电力系统中。常温下，SF_6 是一种无色、无味、无毒和不可燃且透明的惰性气体，一般不会与其他材料发生反应。在正常工作时，SF_6 是稳定、安全的。但 SF_6 气体在生产制备过程中会含有杂质（尤其是水分），使得 SF_6 在电气设备中经电晕、火花放电及高电压、大电流电弧的作用下，会分解产生 SF_4、S_2F_2、SF_2、SOF_2、SO_2F_2、SOF_4 和 HF 等具有强烈腐蚀性和毒性的化合物（除 HF 外，其他气体均较空气密度重）。含有这些化合物的空气混合物会危及运行、检修人员的人身安全。

条文 1.5.5　进入 SF_6 电气设备低位区或电缆沟工作时，应先检测含氧量（不低于 18%）

和 SF_6 气体含量（不超过 1000μL/L）。SF_6 电气设备发生大量泄漏等紧急情况时，人员应迅速撤出现场，开启所有排风机进行排风。未佩戴防毒面具或正压式空气呼吸器人员不应入内。

【释义】该条文引自《电力安全工作规程 发电厂和变电站电气部分》(GB 26860—2011) 11.6、11.7 条规定。

11.6 进入 SF_6 电气设备低位区或电缆沟工作时，应先检测含氧量（不低于 18%）和 SF_6 气体含量（不超过 1000μL/L）。

11.7 SF_6 电气设备发生大量泄漏等紧急情况时，人员应迅速撤出现场，开启所有排风机进行排风。未佩戴防毒面具或佩戴正压式空气呼吸器人员不应入内。

由于 SF_6 电气设备运行中产生的有毒有害气体密度较空气重，故应检测低位区或电缆沟内的含氧量和 SF_6 气体含量。一旦发生 SF_6 气体大量泄漏，应先撤离、再排风，未采取佩戴防毒面具或正压式空气呼吸器等必要防护措施前，不得进入泄漏区。

条文 1.5.6 风力发电机组机舱发生火灾时，禁止通过升降装置撤离，应首先考虑从塔架内爬梯撤离，当爬梯无法使用时方可利用缓降装置从机舱外部进行撤离。使用缓降装置，要正确选择定位点，同时要防止绳索打结。

【释义】该条文引自《风力发电场安全规程》(DL/T 796—2012) 9.2.2 条规定。

9.2.2 风电机组机舱发生火灾时，禁止通过升降装置撤离，应首先考虑从塔架内爬梯撤离，当爬梯无法使用时方可利用缓降装置从机舱外部进行撤离。使用缓降装置，要正确选择定位点，同时要防止绳索打结。

风力发电机组检修人员应熟练掌握窒息急救法和气体中毒等急救常识，了解和掌握作业现场和工作岗位的有关危险因素、防范措施及事故应急处理措施。风力发电机组存在大量电缆、液压油、润滑油和电子元器件，一旦发生火灾，可能会产生大量的有毒有害气体，在逃离现场时，在躲避火灾的同时还要防止中毒、窒息。在机舱内灭火，没有使用氧气罩、空气呼吸器等防护装备的情况下，不应使用 CO_2 灭火器。

条文 1.5.7 危险化学品应在具有“危险化学品经营许可证”的商店购买，不得购买无厂家标志、无生产日期、无安全说明书和安全标签的“三无”危险化学品。只要使用清洁剂或化学品，应按说明书正确使用个体防护装备，落实避免污染环境的措施。

【释义】该条文引用了《防止电力生产事故的二十五项重点要求》(国能安全〔2014〕161 号) 1.9.4 条和《风力发电机组 安全手册》(GB/T 35204—2017) 12.2 条规定。

1.9.4 危险化学品应在具有“危险化学品经营许可证”的商店购买，不得购买无厂家标志、无生产日期、无安全说明书和安全标签的“三无”危险化学品。

12.2 只要使用清洁剂或化学品，应按化学品说明书佩戴相应的个体防护装备，应包括呼吸面具、护目或护面保护用具、化学防护手套、工作服等。应正确使用个体防护装备，使用清洁剂及化工制品时落实避免污染环境的措施。

无“危险化学品经营许可证”商店售卖的危险化学品，质量无保证，且面临法律风险。购买无厂家标志、无生产日期、无安全说明书和安全标签的“三无”危险化学品，一旦发生事故，无法立即采取正确处理措施，可能导致财产损失和人员伤亡扩大。

【案例】2009 年 8 月 5 日 17 时，某风电场 3 名检修人员在完成风力发电机组维护任务后，清理轮毂内部卫生。由于高温影响加上携带的挥发性清洁剂作用，3 人晕倒，幸好症状稍轻的1名检修工在晕倒前打了求救电话，最后获救。

条文 1.5.8　危险化学品专用仓库必须装设机械通风装置、冲洗水源及排水设施，并设专人管理，建立健全档案、台账，并有出入库登记。

【释义】本条文引用了《防止电力生产事故的二十五项重点要求》（国能安全〔2014〕161号）1.9.5条规定。

1.9.5　危险化学品专用仓库必须装设机械通风装置、冲洗水源及排水设施，并设专人管理，建立健全档案、台账，并有出入库登记。

危险化学品仓库可能会因泄漏、挥发等原因导致有害气体积存，如通风不良，易导致人员吸入中毒。危险化学品必须加强管控，防止随意领取、使用，发生意外。

条文 1.5.9　有毒、致癌、有挥发性等物品必须储藏在隔离房间和保险柜内，保险柜应装设双锁，并双人、双账管理，装设电子监控设备，并挂“当心中毒”警示牌。

【释义】该条文引用了《防止电力生产事故的二十五项重点要求》（国能安全〔2014〕161号）1.9.6条规定。

1.9.6　有毒、致癌、有挥发性等物品必须储藏在隔离房间和保险柜内，保险柜应装设双锁，并双人、双账管理，装设电子监控设备，并挂“当心中毒”警示牌。

危险化学品安全管理工作直接关系到广大职工的身体健康和生命安全。“双人”是指危险化学品必须由两名人员同时管理，共同履行验收、入库、出库、登记等手续；“双账”是两人记录、核对台账，对危险化学品使用情况和存量情况进行管控，使各类危险化学品在整个使用周期中处于受控状态，建立从请购、领用、使用、回收、销毁的全过程记录，确保物品台账与使用登记账、库存物资之间的账账相符、账实相符；“双锁”是指危险化学品储存专用仓库的进出库房门，必须配备两把锁。保管人员各人持一把锁匙。凡进入仓库工作时，必须双方保管员同时到达仓库方可开启、关闭仓库门。

条文 1.5.10　食堂实行人员和食品准入制度，保证食品卫生安全。应定期进行生活水质检测，生活水箱或生活水房门应上锁。

【释义】风电场多地处偏远，医疗、救助条件相对较差，饮食安全尤为重要。食品、饮用水作为生活必需品，必须加强管理，从源头控制好质量。食堂、生活水箱、生活水房应严格落实上锁、准入制度，防止发生人为投毒或污染事件。

条文 1.5.11　食堂储存或使用煤气的场所应安装煤气泄漏报警器，报警器应定期检测维护。煤气使用后要及时关闭阀门。如煤气存放处有异味，应立即开窗强化空气流通，可用涂抹肥皂水等方法进行漏点检测，严禁用点火的办法来检查漏气。

【释义】据公安部消防局统计，近年来，居民家庭、饭店火灾约占火灾总起数的30%以上，死亡人数约占总数的60%以上。煤气泄漏报警器作为安全使用燃气的最后一道屏障，在储存或使用煤气的场所均应安装并定期检测，以确保其功能正常，运行良好。煤气泄漏严禁用点火的办法查漏，以防发生爆炸。

【案例】2015年6月25日，浦江县江南新村某住户家中发生煤气泄漏。女主人闻到厨房里有异味，在打开窗户通风、关上煤气钢瓶阀门的同时，叫来了男主人。男主人觉得煤气味不是很重，就没有在意，开始点火做饭。点火瞬间，发生爆燃，夫妻二人被严重烧伤。

条文 1.5.12　进入机舱作业前，应将机组自动消防系统切换至“维护”状态。

【释义】目前风力发电机组机舱内安装的自动消防系统均采用全淹没灭火方式。为防止人员在机舱内作业时消防系统发生误动，危及人身安全，故要求在进入机舱作业前，应将机组自动消防系统切换至“维护”状态。

【案例】2017 年 10 月某日，某风电场 4 人在风力发电机组机舱内作业过程中，由于未将机组自动消防系统切换至“维护”状态，自动消防系统误动，机舱内 3 个 5kg 悬挂式干粉灭火器动作，机舱内立即充满了干粉灭火剂，检修人员无法找到出口。检修组 4 人通过天窗爬至机舱外。40min 后，机舱内灭火剂消散殆尽，4 人撤离现场。

条文 1.6　防止电力生产交通事故

条文 1.6.1　加强对驾驶员的管理和教育，定期组织驾驶员进行安全技术培训，提高驾驶员的安全行车意识和驾驶技术水平，严禁违章驾驶。叉车、翻斗车、起重机，除驾驶员、副驾驶员座位以外，任何位置在行驶中不得有人坐立。

【释义】该条文引用了《防止电力生产事故的二十五项重点要求》（国能安全〔2014〕161 号）1.10.2 条规定。

1.10.2　加强对驾驶员的管理和教育，定期组织驾驶员进行安全技术培训，提高驾驶员的安全行车意识和驾驶技术水平，严禁违章驾驶。叉车、翻斗车、起重机，除驾驶员、副驾驶员座位以外，任何位置在行驶中不得有人坐立。

风电场场区道路崎岖，交通不便，交通安全风险很高。驾驶员作为交通安全的重要保障要素之一，加强培训，提高其安全意识、驾驶技术，严格执行相关法律法规，是确保交通安全的重要手段。叉车、翻斗车、起重机作为风电场常用的特种车辆，必须加强管理。

【案例】2012 年 1 月 5 日 11 时，某风电场检修人员梁某驾驶皮卡车从风电场出发，前往某车站接倒班人员。车辆行至一弯路处，由于车速过快，车辆失控翻滚，梁某未系安全带，被甩出车外，头部被翻滚的车辆压砸，抢救无效死亡。

条文 1.6.2　单位用车宜实行准驾资格认定制度，凡未经资格认定的人员，不应驾驶公务及生产车辆；驾驶特种车辆人员应需取得特种设备作业人员证；取得中华人民共和国机动车驾驶证不足 3 年的，不宜给予公务及生产车辆准驾资格认定。

【释义】风电企业的公务及生产用车由于安全风险较高，宜实施准驾资格认定，即驾驶员取得中华人民共和国机动车驾驶证满 3 年，并经企业相关管理部门考核合格。驾驶特种车辆应取得特种设备作业人员证。

【案例】2014 年 5 月 2 日，某公司王某在没有取得叉车驾驶资格的情况下，违规驾驶叉车造成 1 人挤伤，经抢救无效死亡。王某无证驾驶特种设备，犯重大责任事故罪，被依法追究刑事责任。

条文 1.6.3　对于地处山区（丘陵）地带、交通路况复杂的地区，公务及生产用车宜设专职驾驶员。

【释义】多数风电场处于高海拔、山区（丘陵）地带，路况较为复杂，交通安全风险十分突出，此类风电场的生产及公务用车宜配备专职驾驶员。

【案例】2015 年某月某日，某风电场检修人员在深夜检修作业完毕后，3 人驾车返回风电场途中发生交通事故，车辆翻下山谷，车上 3 人全部丧生。

条文 1.6.4　建立健全交通安全管理规章制度，明确责任，加强交通安全监督及考核。严格执行车辆交通管理规章制度。

【释义】该条文引自《防止电力生产事故的二十五项重点要求》(国能安全〔2014〕161号)1.10.1条规定。

1.10.1 建立健全交通安全管理规章制度，明确责任，加强交通安全监督及考核。严格执行车辆交通管理规章制度。

交通安全作为风电场安全的重要组成部分，必须严守依法依规底线，夯实管理基础。通过建立健全制度、加强监督及考核，才能落实各方责任，确保交通安全。

条文1.6.5 加强对各种车辆维修管理，确保各种车辆的技术状况符合国家规定，安全装置完善可靠。定期对车辆进行检修维护，在行驶前、行驶中、行驶后对安全装置进行检查，发现危及交通安全问题，应及时处理，严禁带病行驶。

【释义】该条文引自《防止电力生产事故的二十五项重点要求》(国能安全〔2014〕161号)1.10.3条规定。

1.10.3 加强对各种车辆维修管理，确保各种车辆的技术状况符合国家规定，安全装置完善可靠。定期对车辆进行检修维护，在行驶前、行驶中、行驶后对安全装置进行检查，发现危及交通安全问题，应及时处理，严禁带病行驶。

车况良好是确保交通安全的关键要素。静态检查要求车辆安全装置完善、各项功能正常，行驶前、行驶中、行驶后的动态检查，可及时发现潜在隐患，防止带病行驶。

【案例】2008年1月3日，某地发生特大交通事故，造成7人死亡。经调查，事故车辆前刹车片严重磨损，导致制动失效致使车辆失控，车辆与高速护栏刮擦后冲出公路。属于典型的车辆“带病上路”造成事故。

条文1.6.6 加强大型活动、作业用车和通勤用车管理，制订并落实防止重特大交通事故的安全措施。

【释义】该条文引自《防止电力生产事故的二十五项重点要求》(国能安全〔2014〕161号)1.10.5条规定。

1.10.5 加强大型活动、作业用车和通勤用车管理，制定并落实防止重特大交通事故的安全措施。

大型活动、通勤用车涉及的人员数量多，作业用车环境复杂且安全风险大，一旦发生交通事故后果严重。

【案例】2017年4月19日，某公司通勤车在上班路上发生交通事故，车辆冲出护栏发生侧翻，造成23人受伤。

条文1.6.7 大件运输、大件转场应严格履行有关规程的规定程序，应制定搬运方案和专门的安全技术措施，指定有经验的专人负责，事前应对参加工作的全体人员进行全面的安全技术交底。

【释义】该条文引自《防止电力生产事故的二十五项重点要求》(国能安全〔2014〕161号)1.10.6条规定。

1.10.6 大件运输、大件转场应严格履行有关规程的规定程序，应制订搬运方案和专门的安全技术措施，指定有经验的专人负责，事前应对参加工作的全体人员进行全面的安全技术交底。

国家有关法律、法规、规章对大件运输、转场有明确规定。大件运输是一项重要工程，危险性高且作业频繁，一旦发生事故将造成严重的财产损失甚至危及生命。高质量、高安全度是大件运输的特点和需要。大件运输、转场前，要认真分析所运输设备的特性、技术参数，掌握设备的运输要求；选择最佳运输路线为大件运输创造良好的环境条件；选择和使用先进的车辆和工器具，留有足够的安全裕量，增强对各种风险的抵抗能力；制定安全可靠的运输方案和应急预案；加强道路、线路、桥涵的排障工作，确保大件运输能顺利完成。

【案例】 2018年5月16日，某在建风电场塔筒运输过程中，由于未制定专门运输方案，司机对路况不熟，应急处置不当，车辆发生侧翻，造成塔筒损坏。

条文1.6.8 风电场场区各主要路口及危险路段内应设置相应的交通安全标志和防护设施。

【释义】 该条文引自《风力发电场安全规程》（DL/T 796—2012）5.2.4条规定。

5.2.4 风电场场区各主要路口及危险路段内应设立相应的交通安全标志和防护设施。

【案例】 2014年7月12日，某风电场检修人员处理风力发电机组变频器故障。由于道路安全标识不全，工作负责人不熟悉路况，3人驾驶的生产车辆在爬一长坡后急转弯处发生侧翻，翻到距路面7m左右的坡下，所幸没有造成人员伤亡。

条文1.6.9 派车人员要将出车任务、时间、路线、乘车人、安全注意事项向驾驶员进行详尽布置并做好记录。不得安排情绪不稳定或身体不适的驾驶员出车，严禁安排有故障的车辆执行任务。

【释义】 派车人员要熟悉车辆状态，仔细分析驾驶员的生理、心理状态，交代清楚出车任务并做好记录，为交通安全打下坚实基础。《道路交通安全法》中明确指出，饮酒、服用国家管制的精神药品或者麻醉药品，或患有妨碍安全驾驶机动车的疾病，或过度疲劳影响安全驾驶的，不得驾驶机动车。感冒生病时，人体本身容易疲劳，如同时服用一些有副作用的感冒药物，开车时容易瞌睡。有资料显示，药后驾车事故占整个交通事故的16%左右，“药驾”司机发生交通事故的要比未服药正常状态下开车的司机高出许多倍。

【案例】 2018年3月某日，某市司机王某在服用感冒药后驾车外出，在行驶过程中昏昏欲睡，其所驾驶的汽车冲到左侧车道将站在路边的行人撞飞，随后又撞到路灯发生翻车，该行人抢救无效死亡。

条文1.6.10 严禁驾驶员私自改变行车路线，严禁违章驾驶生产车辆，严格执行安全带使用规定。

【释义】 严禁驾驶员私自出车，私自搭乘人员，私自改变行车路线。行车中驾驶员严禁吸烟、接打电话、嬉笑打闹等影响安全行车的行为。严禁酒后驾车、私自驾车、无证驾车、疲劳驾驶、超速行驶、超载、超限驾驶以及驾驶无牌无照、未经年检或年检不合格车辆等严重违章行为。公务及生产车辆必须装备安全带，驾驶员和乘客应严格执行安全带使用规定，驾驶员负有监督安全带使用情况的义务。

【案例】 2012年1月5日11时，某风电场检修人员梁某驾车从风场出发，前往某车站接风电场倒班人员。车辆行至一弯路处，由于车速过快，车辆失控翻滚，梁某未系安全带，被甩出车外，头部被翻滚的车辆压砸，抢救无效死亡。

条文1.6.11 驾驶员连续驾驶车辆一般不得超过2h，行驶超过2h要适时休息，每日行驶里程一般不超过600km。

【释义】《中华人民共和国道路交通安全法实施条例》第六十二条第七款规定，连续驾驶机动车超过4h应停车休息，停车休息时间不少于20min。多数风电场路况不良，车辆行驶条件较差，故规定驾驶员连续驾驶车辆一般不得超过 2h，行驶超过 2h 要适时休息，每日行驶里程一般不超过 600km。

【案例】2011 年 7 月 3 日 20 时，驾驶员张某独自驾车返回风电场途中。由于疲劳驾驶，在距离风电场 10km 处车辆侧翻，经抢救无效死亡。经事后调查，张某在当天连续驾驶车辆 7h，行驶里程约 650km。

条文 1.6.12　风电场场区的生产车辆应在规定范围内行驶，车速应遵循当地法规要求，且不宜超过 30km/h。车辆应停靠在相对平坦处，车头与主风向成 90°，驾驶人离开车辆应立即落实静止制动。

【释义】该条文引用了《风力发电机组　安全手册》（GB/T 35204—2017）7.2.2、7.2.4、7.2.6 条规定。

7.2.2　现场车辆应在规定的范用内行驶。

7.2.4　现场车辆应遵循当地法规及条件的要求，机组现场速度不宜超过 30km/h。

7.2.6　驾驶人应考虑风力对车门的影响，车头与主风向成 90°，乘车人宜从背风向下车，驾驶人离开车辆应立即落实静止制动。

风电场场区内驾驶生产车辆应遵循当地法规及条件的要求，车速不宜超过 30km/h，并在规定的范围内行驶。风电场多地处高海拔、高风速的山区，生产车辆应停放在相对平坦处，距离斜坡大于 2m；在不满足安全停放条件下，应采取在车轮下加垫防滑块等防止车辆自滑措施。考虑风力对车门的影响，驾驶员应将车头停放方向与主风向成 90°，乘车人员宜从背风向下车，驾驶员离开车辆应立即落实静止制动。当出现特殊风险，如叶片结冰时，应执行机组厂家建议的安全距离。

【案例】2009 年 4 月 17 日 8 时，某风电场检修人员驾驶车辆处理风力发电机组缺陷。行车过程中，左前轮车胎突然爆胎，由于超速行驶，车辆发生侧翻，造成 1 人重伤，车辆严重损坏。

2　防止风力发电机组火灾事故措施释义

总体情况说明

风力发电机组长期在露天旷野、高空旋转状态下运行，外部要防止暴晒、雷击引发火灾；内部要防止高、低压电气设备、充油设备、高速旋转机械设备引发火灾。风电机组自身火情可能引起周边草原、森林着火。本章结合近几年国内外风电机组着火事故案例，从现场设备实际运行情况出发，提出一系列防止风力发电机组着火的技术与管理措施。在机组防火设计、装备配置、检修维护等方面应做好技术管理工作，从根源入手控制着火点、可燃物以及配备必要的消防报警、灭火设施，避免发生火情。

针对电气设备引发的火情，提出选用阻燃电缆、加强防火封堵、电气连接部位检查、电气保护核对、设备通风冷却等方面的具体措施；针对机械摩擦引发的火情，提示轴承润滑不当过热、刹车盘摩擦过热、旋转接触摩擦、发电机碳粉积压等易引发火情因素；针对雷电引发的火情，细化导雷回路与防雷接地的设计、维护、试验标准；针对人员作业引发的火情，强调动火作业的审批权限及安全措施管理，明确机组清洁及杂物清理的具体措施；针对油液泄漏引发的火情，提示加强润滑油、液压油、冷却液、雨水渗漏的防范治理。并针对草原、森林等重点区域机组，提出应加装火灾报警及自动消防系统的技术要求，以及开展针对重点区域动火作业管理及火灾预案演练等措施。

摘　要

电缆防磨又阻燃，隔热防松措施全；
轴承润滑定期供，电机防潮防振动；
低温启动乱加热，易燃物件酿成祸；
工具杂物及时清，油液泄漏不可行；
旋转机械防摩擦，碳刷接地生火花；
电器潮湿易放电，防雷不好导火线；
电气开关寿命短，拆解分析如期换；
动火作业勿冒险，审批措施不能减；
消防灭火配置严，严把选型技术关；
森林草原防火患，应急措施得演练。

条文说明

条文2.1 技术措施

条文2.1.1 风力发电机组内严禁存放易燃物品，保温、隔音材料应选用阻燃材料。

【释义】该条文引用了《风力发电机组消防系统技术规程》（CECS 391—2014）3.2.2条第1款规定。

3.2.2 风力发电机组各防护单元和重点防护部位的阻燃防火保护应符合以下规定：

1 风力发电机组的机舱、轮毂、电缆桥架、通风管道、隔声、保温和密封件材料的燃烧性能宜为A级，当确有困难时，不得低于B1级。

风力发电机组大多安装在偏远地区，一旦发生火灾，不易发现及扑救。在风力发电机组内存放易燃物品，会增加发生火灾的风险。低温地区的风力发电机组一般在机舱内壁布置一层保温材料，同时起到隔音的效果；在轮毂内、塔底控制柜内布置保温层；保温材料在选用时必须验证具有阻燃特性。选用具有阻燃性能的保温、隔音材料，可避免高温引燃，提升风力发电机组安全防火性能。

依据《建筑材料及制品燃烧性能分级》（GB 8624—2012）规定，燃烧性能A级的材料为不燃材料，燃烧性能B1级的材料为难燃材料。建筑材料及制品的燃烧性能等级试验方法不同，判断依据亦不同。如根据《建筑材料或制品的单体燃烧试验》（GB/T 20284—2006）规定的方法进行试验，燃烧性能为A级的材料应满足以下三个条件：燃烧增长速率指数$FIGRA_{0.2MJ}$≤120W/s；火焰横向蔓延未到达试样长翼边缘；600s总放热量THR_{600s}≤7.5MJ。燃烧性能为B1级的材料应满足以下三个条件：燃烧增长速率指数$FIGRA_{0.2MJ}$≤250W/s；火焰横向蔓延未到达试样长翼边缘；600s总放热量THR_{600s}≤15MJ。

*FIGRA*为燃烧增长速率指数，是指试样燃烧的热释放速率值与其对应时间比值的最大值。

$FIGRA_{0.2MJ}$是指当试样燃烧释放热量达到0.2MJ时的燃烧增长速率指数。

THR_{600s}是指试样受火于主燃烧器最初600s内的总热释放量。

【案例】2011年7月2日，某风电场一台风力发电机组发生火灾事故，机舱照明灯具采用老式电感线圈镇流器，由于年久发热老化，镇流器过热高温引燃日光灯座，灯座引燃机舱内壁保温材料，导致机舱着火，一支叶片烧毁。如图2-2-1、图2-2-2所示。

图2-2-1 烧毁的机舱（一）

图2-2-2 烧毁的机舱（二）

条文 2.1.2 液压系统及润滑系统应采用不易燃烧或者燃点高于风力发电机组运行温度的油品。

【释义】该条文引自《风电场设计防火规范》(NB 31089—2016)3.0.1 条第 1 款规定。

3.0.1 材料的使用应符合下列规定:

1 液压系统及润滑系统应采用不易燃烧或者燃点高于风力发电机组运行温度的油品。

风力发电机组的液压和润滑油系统是易发生火灾部位，应注意以下事项：一是防止风力发电机组运行温度超过油品燃点导致油品自燃；二是防止低温地区的风力发电机组为加快启动速度，随意使用伴热带；三是防止自带加热器的油系统定值投退管理不严、加热器质量不合格引发短路。现场技术人员应了解风力发电机组使用的润滑油、液压油燃点，确认是否满足运行环境要求。如美孚齿轮油 SHC™ XMP 320 的燃点为 242℃。

条文 2.1.3 风力发电机组内部及其与风机变压器之间的电缆应采用阻燃电缆，电缆穿越的孔洞应用耐火极限不低于 1.00h 的不燃材料进行封堵。

【释义】该条文引自《风电场设计防火规范》(NB 31089—2016)3.0.4 条规定:

3.0.4 风力发电机组与风机变单元之间及风力发电机组内的电缆应采用阻燃电缆，电缆穿越的孔洞应用耐火极限不低于 1.00h 的不燃材料进行封堵。

风力发电机组内电缆分布在电缆排架、竖井、夹层，连接着各个电气设备，电缆着火后会延伸到主竖井、机舱、轮毂。采用阻燃电缆以及对电缆孔洞进行防火封堵，缩小火灾范围，减少损失。

阻燃电缆一般在电缆上应有 ZR 或 Z 标志，阻燃电缆的出厂报告中应有明确说明。依据《电缆和光缆在火焰条件下的燃烧试验》(GB/T 18380—2008)规定，阻燃电线电缆可分为 A、B、C、D 四种阻燃级别，具体级别名称及代号如表 2－2－1 所示。

表 2－2－1 阻燃电缆级别及代号

名称	代号	名称	代号
阻燃 A 级	ZA	阻燃 C 级	ZC（或 Z）
阻燃 B 级	ZB	阻燃 D 级	ZD

阻燃 A 级：试验样件所含非金属材质为 7L/m，在规定试验箱内，将试验样件按规定绑扎方法绑扎在钢梯上，供火时间为 40min，电缆焚烧中止后，擦干试样，测得试样最大炭化范围不得高于喷灯底部 2.5m。

阻燃 B 级：试验样件所含非金属材质为 3.5L/m，在规定试验箱内，将试验样件按规定绑扎方法绑扎在钢梯上，供火时间为 40min，电缆焚烧中止后，擦干试样，测得试样最大炭化范围不得高于喷灯底部 2.5m。

阻燃 C 级：试验样件所含非金属材质为 1.5L/m，在规定试验箱内，将试验样件按规定绑扎方法绑扎在钢梯上，供火时间为 20min，电缆焚烧中止后，擦干试样，测得试样最大炭化范围不得高于喷灯底部 2.5m。

阻燃 D 级：试验样件所含非金属材质为 0.5L/m，在规定试验箱内，将试验样件按规定绑扎方法绑扎在钢梯上，供火时间为20min，电缆焚烧中止后，擦干试样，测得试样最大炭化范围不得高于喷灯底部2.5m。

【案例】某风电场一台风力发电机组塔基400V动力电缆接线端子松动过热，致使电缆在接线端子盒处A、B相间短路，引燃塔架电缆。底节塔架动力电缆不是阻燃电缆，同时电缆穿越的孔洞未进行有效防火封堵，造成事故扩大。火势逐渐上移，最终引燃机舱。如图2-2-3、图2-2-4所示。

图2-2-3 烧毁前的塔基接线端子

图2-2-4 烧毁后的塔基接线端子

条文2.1.4 靠近热源的电缆应采取隔热措施；靠近带油设备的电缆槽盒应密封；机舱至塔基电缆应采取分段阻燃措施，在电缆封堵墙体两侧的电缆表面均匀涂刷电缆防火涂料，厚度不小于1mm，长度不小于1500mm。

【释义】该条文引用了《电力设备典型消防规程》（DL 5027—2015）9.1.8条和《电力工程电缆防火封堵施工工艺导则》（DL/T 5707—2014）8.1.3条第10款规定。

9.1.8 风力发电机组机舱、塔架内应选用阻燃电缆，电缆孔洞必须做好防火封堵。靠近加热器等热源的电缆应有隔热措施，靠近带油设备的电缆槽应密封。

8.1.3 电缆桥架采用耐火材料和堵火包封堵，应符合下列工艺要求：

10 在封堵处两侧的电缆表面均匀涂刷电缆防火涂料，厚度不小于1mm，长度不小于1500mm。

靠近热源的电缆采取隔热措施，能防止高温烘烤引起电缆着火；靠近带油设备的电缆槽盒进行密封，能防止油液泄漏引起电缆着火。机舱至塔基电缆采取分段阻燃措施是把燃烧限制在局部范围内，不产生蔓延，隔离火情，避免扩大损失。防火涂料受火后，形成炭化层，阻止火势向内燃烧，起到保护线缆的作用。电缆涂刷防火涂料可以限制或减弱燃烧，提升电缆抗燃能力。

【案例】2015年8月，某风电场一台风力发电机组塔基控制柜着火，柜体及柜内设备烧毁严重，柜内电缆外皮燃尽，线芯变色，从塔基柜到风机变的电缆被烧毁。经分析，事故原因是变压器故障产生过电压，引起塔基柜内电缆绝缘击穿设备放电，导致电缆起火。由于电缆孔洞已做好防火封堵，控制柜外接电缆已均匀涂刷防火涂料，事故未扩大。如图2-2-5、图2-2-6所示。

图 2－2－5　烧毁后的控制柜全貌

图 2－2－6　烧毁后的电缆

条文 2.1.5　各类电缆按设计图册施工、布线，分层布置，弯曲半径应符合《电气装置安装工程电缆线路施工及验收规范》(GB 50168—2006)要求，并做好电缆防磨措施。

【释义】该条文引用了《电力工程电缆设计规范》（GB 50217—2017）5.1.3 条第 1 款规定。

5.1.3　同一通道内电缆数量较多时，若在同一侧的多层支架上敷设，应符合下列规定：

1　应按电压等级由高至低的电力电缆、强电至弱电的控制和信号电缆、通信电缆“由上而下”的顺序排列。

当水平通道中含有 35kV 以上的高压电缆，或为满足引入柜盘的电缆符合允许弯曲半径要求时，宜按“由上而下”的顺序排列。

在同一工程中或电缆通道延伸于不同工程的情况，均应按相同的上下排列顺序配置。

风力发电机组持续受动载荷影响，振动状态下电缆易发生磨损，特别是轮毂内电缆及连接机舱与塔架的耐扭曲软电缆，需要可靠的防磨措施，避免因绝缘磨损造成接地或相间短路。日常巡检、定检应注意检查电缆支架、电缆接头、动力电缆接线盒、电缆弯曲半径、电缆防磨措施等，减少风力发电机组火灾事故。

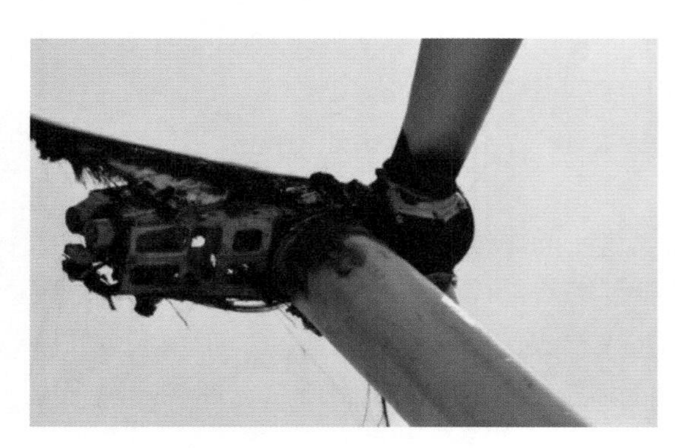

图 2－2－7　烧毁后的机舱

【案例】2010 年 2 月，某风电场检修人员巡检时发现一台风力发电机组轮毂、机舱顶部冒烟。由于机舱较高，无有效灭火措施，机舱烧毁，一支叶片坠落。经检查分析，辅助电源回路 400V 电缆从箱变经塔架到机舱顶部控制柜，在机舱内固定在电缆桥架上。运行过程中与桥架边缘发生摩擦，电缆磨损，发生短路，引燃电缆造成火灾。如图 2－2－7 所示。

条文 2.1.6　定期监控风力发电机组各部位温度变化，发现温度异常升高时，应立即停机、登机检查，经确认无隐患后方可将风力发电机组恢复运行。

【释义】风力发电机组各测点温度是设备运行的重要参数。应实时监测变压器、发电机绕组、齿轮箱、液压系统、轴承等温度。确保达设定值时，控制系统可以发出报警信号并执行相应指令。温度异常升高是指同一设备工况下，温度升高超出了正常变化趋势，超出了各工况下监测指标之间的逻辑关系。例如温度变化量超出该测点日常温度变化范围。温度异常升高时，应结合风力发电机组运行情况，查明越限原因，必要时采取停机、登机检查等措施。通常导致发电机高温的原因可能有：温度传感器损坏或接线不良、轴承润滑不良、轴承偏磨或损坏、通风故障、发电机过载、冷却系统故障等；导致齿轮箱高温的原因可能有：温度传感器损坏或接线不良、散热器冷却功率不足、散热器堵塞通风量不足、温控阀故障导致温度超过设定值时不动作、溢流阀故障导致溢流阀不正常泄压、齿轮箱入口背压阀故障引起齿轮箱入口油压不足等；导致轴承温度高的原因可能有：温度传感器损坏或接线不良、润滑油质量下降、齿轮箱油温过低导致的润滑效果下降、油孔被杂质堵塞、进油口与进油环错位导致的润滑油量不足、轴承磨损严重或轴承损坏等。

条文 2.1.7　风力发电机组内的母排、并网接触器、励磁接触器、变频器、变压器等电气一次设备连接应选用阻燃电缆，定期对各连接点及螺栓进行力矩检查。

【释义】该条文引用了《风力发电场检修规程》（DL/T 797—2012）规定。阻燃电缆，是指在规定试验条件下，试样被燃烧，在撤去试验火源后，火焰蔓延仅在限定范围内，残焰或残灼在限定时间内能自行熄灭的电缆。电缆各连接点接触电阻一般高于电缆其他部位，若接头质量好，接触电阻较小，产生的热量少，连接点不会产生过热现象；若出现接头压紧螺栓松动，接触电阻过大，产生高温，导致金属导体变色甚至熔化，则会引起导体绝缘层着火及周边其他物质燃烧，引发火灾事故。在风力发电机组内的母排、并网接触器、励磁接触器、变频器、变压器等电气一次设备的易发热部位应选用阻燃电缆。因此，应结合风力发电定检，检查各电气连接点及螺栓力矩，减小接触点电阻，避免高温引发火情。

【案例】2016 年 5 月，某风电场一台风力发电机组报变频器故障、温度传感器故障，随后该风力发电机组箱式变压器低压侧断路器跳开，通信中断。检修人员到现场检查发现，该风力发电机组已烧毁。经分析，起火点为发电机定子接线箱，其内部固定母排螺栓松动，螺栓与端子箱外壳发生电弧放电，导致发电机出口短路，引起火灾，烧毁机舱。

条文 2.1.8　定期对风力发电机组的电缆接线处进行巡检，发现过热、老化等异常时应停电处理。电气回路的端子紧固周期不超过 4 年。

【释义】该条文引用了《风力发电场检修规程》（DL/T 797—2012）规定。检修人员应定期检查电缆有无损坏、破裂和老化的情况；定期紧固接线端子，按产品技术要求力矩执行。电缆经长期运行出现过热、绝缘老化现象容易造成短路。短路时产生强烈的火花和电弧，使绝缘层迅速燃烧，导致金属熔化，引起附近的可燃物、易燃物燃烧，造成火灾事故。在对风力发电机组巡视时，发现电缆有破皮现象，应及时进行修复，破损过大无法修复者及时更换电缆。同时应注意检查电气回路端子是否有放电和过热痕迹。风力发电机组电气设备长期工作在振动状态，宜每 4 年对电气回路端子进行紧固，避免出现松动过热引发火灾。

条文 2.1.9　风力发电机组各系统加热器启停定值应符合维护手册要求；应配备可靠的超温保护；严禁使用胶粘、打卡子等方法处理油管泄漏故障，油管破损应更换；油管道应固定牢固，严禁在橡胶材料的油管道外壁直接装设加热装置。

【释义】该条文引用了《风力发电场安全规程》（DL/T 666—2012）和《风力发电机组一般液压系统》（JB/T 10427—2004）11.5 条规定。

11.5　软管

软管敷设应考虑如下几点要求：

a）使用的软管长度尽可能短；

b）在安装或使用时扭转变形最小；

c）有摩擦处不应使用软管；

d）如软管自重引起变形时，对软管应有充分的支托或使管端下垂布置；

e）靠近热源或热辐射安装的软管应采用隔热套保护。

风力发电机组内温度越高越容易蒸发出油气，温度达到燃点后，即使没有火源，仍然会自燃。因此，应严格控制各系统温度，加强加热器启停定值管理，严格按照维护手册执行。严禁信号屏蔽或修改温度保护定值，确认超温保护运行可靠，防止超温后保护拒动。齿轮箱为振动设备，在有摩擦部位不应采用软管。其他部位采用软管时，应固定牢固，避免因风力发电机组振动、液压系统频繁动作等导致管路松动或出现裂纹。油管破损应及时更换，严禁使用胶粘、打卡子等方法处理，避免油液泄漏。如有油液泄漏的情况，必须将油液清理干净，尤其应及时清理高速轴刹车盘下端电缆槽内的废油。当风力发电机组报“液压站油位低”“齿轮箱油位低”等故障时，必须登机检查将渗漏点恢复正常，不可在渗漏点不明或渗漏点未得到处理的情况下直接补充润滑油或液压油。清理油液的吸油纸、抹布必须全部带离风力发电机组，避免形成更大的隐患。严禁在橡胶材料的油管道外壁直接装设加热装置，靠近热源或热辐射安装的软管应有隔热套保护。

条文 2.1.10 风力发电机组机械刹车系统应配置耐高温材料的防护罩，避免刹车盘摩擦产生的火花或高温碎屑引发火灾。定期检查刹车盘与制动钳的间隙，及时清理刹车盘油污。

【释义】该条文引用了《风力发电场检修规程》（DL/T 797—2012）规定。风力发电机组高速轴刹车盘运转速度快，制动时可能出现摩擦火花。为避免风力发电机组制动时引起防护罩起火，防护罩应采用耐高温材料。

风力发电机组运行一段时间后，可能会出现摩擦片磨损不均匀、刹车间隙变化等情况。摩擦片磨损不均匀，导致风力发电机组制动力矩不足、制动时间延长并产生局部高温，容易引发火灾。制动间隙过大报警时，必须更换摩擦片。一旦摩擦片摩擦材料磨损殆尽，摩擦片的钢板部分会对刹车盘表面造成严重磨损。当刹车盘厚度出现较大变化时，会导致刹车盘自身强度与刚度不足，存在失效风险。

刹车盘或摩擦片过度磨损还会影响液压系统正常运转。由于制动器外壳尺寸限制，制动器内部活塞行程较短，短行程有利于活塞对摩擦片均匀施加压力。但活塞行程一般是基于摩擦片正常磨损工况设计，未考虑摩擦材料磨损殆尽后的异常状况。风力发电机组运行实践表明，摩擦材料完全磨损后，制动器活塞行程超出设计值，活塞末端的耐压密封圈会与活塞分离，造成液压油泄漏。

偏航采用滚动轴承的刹车盘上有油污时，会减小制动力矩，影响摩擦材料性能，降低摩擦片使用寿命，同时在风力发电机组偏航过程中会伴有急促的响声；高速轴刹车盘上有油污时，会增加风力发电机组制动时间，摩擦产生的高温易引发火灾。

定期维护时，为防止风力发电机组火灾，应重点检查刹车盘下端电缆隔板是否齐全、安装是否牢固，必要时在电缆上粉刷阻燃涂料，及时清理该部位油污、灰尘及各种杂物。同时需要检查为刹车系统延时供电的可持续供电系统，确保在没有触发紧急停机故障时，该系统能保证先气动刹车、后机械刹车的正常执行。在检修更换刹车盘或刹车片作业后，应仔细检查刹车间隙是否满足运行规定，确定转动时无相对摩擦方可运行。

【案例】2011 年 11 月，某风电场一台风力发电机组发生火灾事故，造成机舱严重烧毁，两支叶片根部过火。经调查分析，该事故是由于齿轮箱更换完成后，未对刹车盘间隙进行调整，风力发电机组投运后刹车盘与摩擦片摩擦过热，引燃刹车盘底部的可燃物质，造成机舱烧毁。

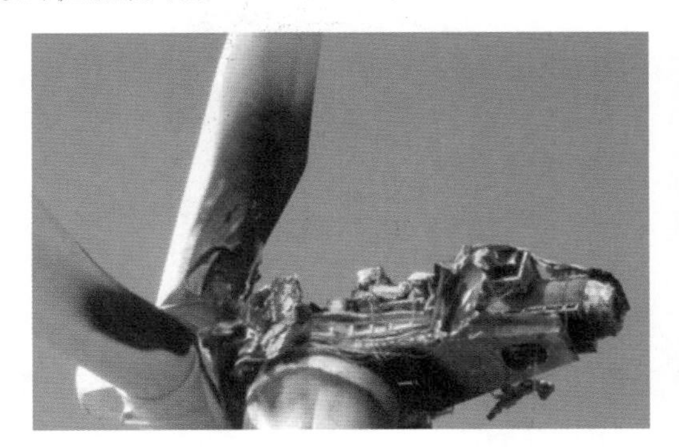

图 2－2－8　烧毁后的风力发电机组

图 2－2－9　烧毁后的机舱

条文 2.1.11　风力发电机组机舱的齿轮油、液压油系统应严密、无渗漏，不应使用塑料垫、橡胶垫（含耐油橡胶垫）和石棉纸、钢纸垫，应及时清理渗漏油液。

【释义】该条文引用了《防止电力生产事故的二十五项重点要求》规定。油系统法兰不应使用塑料垫、橡胶垫（含耐油橡胶垫）和石棉纸、钢纸垫，以防止老化滋垫，附近着火时塑料垫、橡皮垫迅速熔化失效，大量漏油。油系统法兰的垫料，要求采用隔电纸、青壳纸或其他耐油耐热材料，以减少结合面缝隙。应及时清理风力发电机组机舱内和塔架各层平台的渗漏油液，并查堵漏点。

条文 2.1.12　定期检查、清扫风力发电机组集电环碳粉，及时更换磨损超限的碳刷，防止污闪及环火。

【释义】该条文引用了《风力发电场检修规程》（DL/T 797—2012）标准规定。集电环位于发电机非驱动侧与编码器之间的集电环室内，旋转速度快。集电环和编码器在运行过程中会产生大量的油雾，集电环室内空间相对密闭，油雾对电刷磨损产生的碳粉吸附作用较大，极易产生油性碳粉污垢。油性碳粉污垢是造成集电环室内各绝缘件绝缘性能下降的主要原因之一。有试验表明：在疏松干燥状态下石墨碳粉的绝缘电阻可达 100MΩ以上，但在油雾作用下电阻迅速减小为 0。风力发电机组在运行时若油性碳粉较多，加之电压一般在 480～690V，极易造成风力发电机组事故。建议每 3 个月清洁一次集电环室，清洗不要用压缩空气吹洗，应采用干燥的抹布去除滑环、电刷装置之间绝缘区上的灰尘。电刷盒中灰尘可由吸尘设备去除。

发电机碳刷磨超限会导致碳刷和集电环接触不良，运转时产生大量火花。检修人员应在停机时拉出每只电刷进行检查，碳刷表面磨损应光滑，磨损到限应及时更换。每年应在拆卸状态下用弹簧秤或测力计检查碳刷弹簧压力。在整个磨损范围内，弹簧在没有张力调整器作用下保持规定压力，如碳刷压力不合格，必须成套更换所有弹簧。检修人员应掌握本机型、各机位碳刷磨损周期，做到提前更换。更换碳刷前，应检查滑环接触面，滚道上有压痕及小范围凸点应用细砂纸轻轻将其去除，保证不会影响正常使用；更换碳刷时，应先磨制碳刷，将砂布贴在滑环表面，用胶带纸粘牢，碳刷以每相为一组进行磨制，直至滑环表面与碳刷接触面超出 80%；更换碳刷后，运行时不得有异响。

图 2-2-10　需要清洁的集电环室

图 2-2-11　需要维护的滑环

条文 2.1.13　风力发电机组主断路器保护配置应符合设计定值，每年核对一次定值；并网断路器更换时应进行保护校验。各辅助回路的断路器、熔断器应按技术要求进行更换，严禁擅自改变容量。

【释义】每年，风电场应根据电网公司下发的系统阻抗计算风电场并网点短路容量。特别是接入电网系统运行方式改变、风力发电机组增加低电压穿越、高电压穿越功能后，风力发电机组可能带系统故障点运行，此时并网断路器的开断能力需要满足特殊工况下的安全要求。

避免并网断路器因长期开断大电流造成触头老化引发火灾。现场宜定期核对保护定值、检查开关二次线及元器件的完好性，测试分合闸线圈电阻、主回路绝缘、动静触头间回路电阻等指标。不合格的器件应及时更换，主触头回路电阻超标的断路器应及时进行更换，避免发生接触过热、灭弧能力下降、断路器爆炸，引发火灾。

【案例】2013 年 8 月 25 日，某风电场一台风力发电机组主电缆接线端子松动过热，致使电缆在接线端子盒处 A、B 相间短路，引燃塔架电缆，风力发电机组着火烧毁。经分析，原因为 690V 母排短路电流过大。690V 母排短路时，最大短路电流为 21.66kA，并网断路器开断电流为 25kA，该断路器正常情况下可以断开故障电流的，但由于使用年限较长，未进行日常检查，触头开断能力下降，分断大故障电流时发生爆炸，引燃电缆。如图 2-2-12、图 2-2-13 所示。

图 2-2-12　燃烧的机组

图 2-2-13　烧毁后的接线端子盒

条文 2.1.14 统计并网断路器、接触器等动力回路开断元件的动作次数，宜按设计次数或周期进行更换。

【释义】并网断路器、接触器设计寿命主要包括机械寿命和电气寿命两个方面，其中机械寿命主要指弹簧、转轴、连动杆等构成机械传动控制系统的各个机械部件的整体使用寿命，系统中任意一个部件损坏则使用机械寿命终止；电气寿命主要与断路器的传导电流、灭弧和高压绝缘材料等防护措施有直接关系的部件如主触头、灭弧室（真空、SF_6）等的整体使用寿命。电气寿命与设备的使用环境和使用条件存在较大关系。主要包括空气灰尘含量、空气湿度、负载饱和度（如触点载流量和负载实际运行电流量）和使用频率（单位时间内触点接通或断开次数，工作状态持续时间）等。风力发电机组并网断路器的使用寿命一般在 5000 次～10 000 次，接触器的使用次数一般在 10 万次左右。因此，风电场应开展风力发电机组并网断路器动作次数统计，必要时测试绝缘电阻、回路电阻，测试不合格的应进行解体检查，动作次数达到设计寿命的应进行更换，避免因绝缘、回路电阻、分闸能力不合格导致断路器爆炸，引发火灾。

【案例 1】2010 年 5 月 6 日，某风电场一台风力发电机组因厂家程序控制策略、保护定值设置和硬件设备缺陷等问题，使风力发电机组在风速 4.3m/s 附近处于频繁的启动和停机过渡过程，导致并网开关动作失效，未完全分断，产生过电压，引起底部控制柜着火。如图 2－2－14 所示。

图 2－2－14 烧毁后的机组

【案例 2】某风电场一台风力发电机组因风速降低，报“低风切出”脱网，但变频器的并网开关未能断开，风力发电机组执行收桨动作。在主控信息上了解到高速轴转速不断降低。定子旋转磁场与转子的转差率不断增加，在发电机转子产生的感应电动势将 IGBT、低电压穿越的功率元件等击穿，变频器转子侧电缆引线绝缘皮烧毁、融化，变频器 IGBT 烧毁，转子开路。发电机转子开路后，定子阻抗减小，定子电流增大，定子的发热状况进一步加剧，定子温度迅速上升。发电机定子绕组触发“定子绕组温度偏高”故障，温度为 120℃，在 5s 之后主控报“定子绕组温度过高”。按照参数设置，此时的温度应大于 140℃；定子温度继续升高，在 20s 后，报“温度传感器故障”。最终发电机着火引起机舱烧毁。

条文 2.1.15 风力发电机组应按《风力发电机组雷电防护系统技术规范》（NB/T 31039—2012）配备相应防雷设施，每年应对风力发电机组防雷和接地系统进行检查、测试。

【释义】雷击是引发风力发电机组火灾的主要原因之一。风力发电机组应建立综合防雷系统，包括外部防雷保护系统和内部防雷保护系统。外部防雷保护系统由接闪器、引下线和接地系统组成，其作用是将雷电流导入大地，防止风力发电机组产生机械损坏和火灾；内部防雷保护系统由防雷击等电位连接、屏蔽措施和电涌保护等设施组成，其作用是缩减区域内的雷电电磁效应，保护电子部件，并保护人们避免跨步电压和接触电压。应定期对风力发电机组防雷系统进行全面检查。清理各接地连接点，保证接触表面光洁、平滑、无油污，保持良好的导电性；紧固各连接点螺栓，螺栓防腐层有损伤或锈蚀点应进行清理并重新喷涂防腐，确保风力发电机组防雷系统可靠运行。

条文 2.1.16　定期检查风力发电机组各部分导雷、接地连接片连接正常，按要求测试导雷回路电阻。每年对风力发电机组接地电阻测量一次，不宜高于 4Ω；每年对轮毂至塔架底部的引雷通道进行检查和测试，电阻值不应高于 0.5Ω；等电位连接及接地装置防腐良好。

【释义】该条文引用了《风力发电场安全规程》（DL/T 796—2012）8.6 条规定。

8.6　每年对风力发电机组接地电阻测量一次，不宜高于 4Ω；每年对轮毂至塔架底部的引雷通道进行检查和测试，电阻值不应高于 0.5Ω。

虽然风力发电机组都配备了防雷系统，但如果防雷设施维护不当，风力发电机组遭受雷击并发生火灾的风险就会提高。按照目前的发展趋势，为进一步开发中、低速风区，风力发电机组向高塔架和长叶片的方向发展，而高塔架和长叶片使得风机遭受雷击的可能性进一步增大。尤其是夏季时段，雷雨天气增多，由于风力发电机组长时间处于振动状态或日常检查不到位，可能出现接地系统导通不良或遭遇超强雷电超出风电防雷设计标准等情况，造成雷电流无法顺利导入大地。雷电流流过风力发电机组叶片、轮毂、主轴、主轴轴承、底座、偏航轴承和塔架等。雷电流流经轴承可使其损坏，特别是在滚轮和滚道之间以及齿轮与轮齿间有润滑层时，损坏更严重。风力发电机组接地电阻大小反映了接地装置或接地系统流散故障电流、雷电电流能力和保护性能。接地电阻值越小，流散故障电流、雷电电流能力越高，保护性能越好。如设施维护不当或导雷回路电阻过大，会导致局部连接点过热放电引起风力发电机组火灾。进行接地电阻测量时，应考虑季节因素影响，保证不大于规定值，接地电阻测试的接地引线和其他导线应避开高、低压供电线路。

我国风电场风机接地网基本都是围绕风力发电机组基础做环形接地网，在水平接地网上加垂直接地极。各风机布置处的土壤电阻率不同，风力发电机组的接地电阻差别很大。如高山风电场，接地电阻达很难达到要求，必须采用正确的测试方法，以便得到准确的测试数据。一般测试大型接地装置宜采用电位降法测试，但受环境限制无法使用此方法且土壤电阻率均匀的情况下，也可采用三极法测试。三极法包括直线法和三角形法。

1. 直线法

三极法的三级是指图 2－2－15 所示的被测接地装置 G，测量用电压极 P 和电流极 C。图中测量用电压极 P 和电流极 C 与被测接地装置 G 边缘的距离分别为 d_{GC}=（4～5）D 和 d_{GP}=（0.5～0.6）d_{GC}。点 P 可认为是处在实际的零电位区。如果需要精确测量，可以将电压极沿测量用电流极与被测接地装置之间的连线方向移动 3 次，每次移动的距离约为 d_{GC} 的 5%，如果电压表三次指示值的相对误差小于 5%，可将中间位置作为测量用电压极的位置。如图 2－2－16 所示，读取电压表显示值 U_G 和电流表显示值 I。被测接地装置的工频接地电阻可按式（2－2－1）进行计算：

$$R = \frac{U_G}{I} \qquad (2-2-1)$$

2. 三角形法

在某些情况下，测量风力发电机组接地电阻时，由于地形的限制，很难将电流极打到（4～5）D 远的地方。为缩短电流极的距离，也可以采用图 2－2－17 所示的三角形法布置电极进行测量。三角形法是将电压极与电流极以夹角向两个方向布置，接地装置、电压极与电流极三点呈等腰三角形，如图 2－2－16 所示。经理论计算和实测表明，当电压极、电流极距离接

地网均为 $2D$，$\theta=30°$ 时，测量误差 $\delta\approx\pm10\%$。

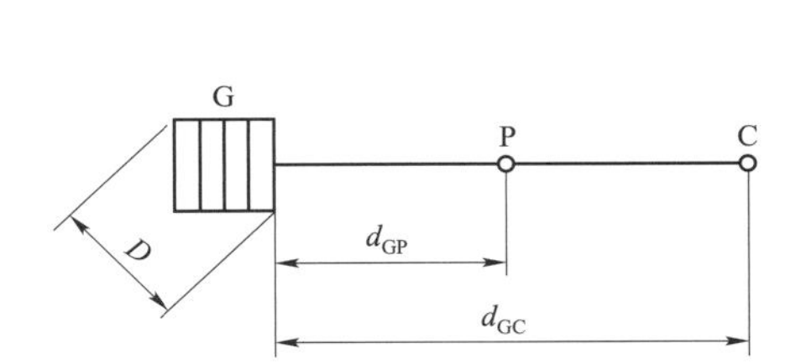

图 2-2-15 直线法电极布置图

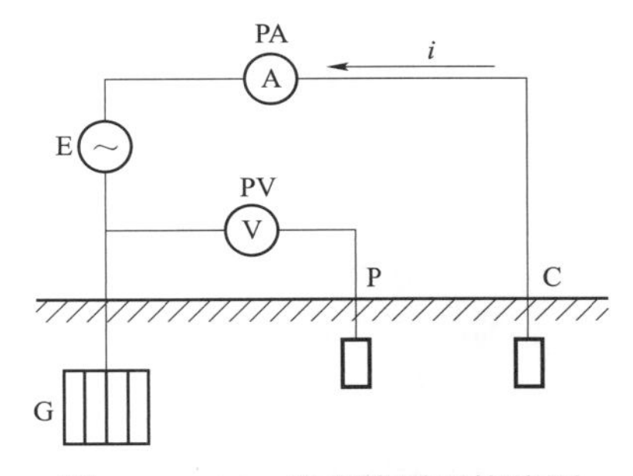

图 2-2-16 直线法原理接线图

G—被测接地装置；C—测量用电流极；P—测量用电压极；D—被测接地装置的最大对角线长度；
d_{GC}—电流极与被测接地装置边缘的距离；d_{GP}—电压极与被测接地装置边缘的距离；
E—测量用工频电源；PA—交流电流表；PV—交流电压表

导雷回路测试时可从风力发电机组轮毂接地点 O 处引至少两条测试线 OA、OB 到塔底接地点形成回路，如图 2-2-18 所示。然后分别测试每条测试线与引雷通道电阻的串联电阻阻值即测量 R_{DA}、R_{DB}，并测量所有测试线的串联阻值 R_{AB}，利用每条测试线与引雷通道电阻的串联电阻阻值和测试线的串联阻值计算得到引雷通道电阻值，计算方法见式（2-2-2）：

$$R=(R_{DA}+R_{DB}-R_{AB})/2 \tag{2-2-2}$$

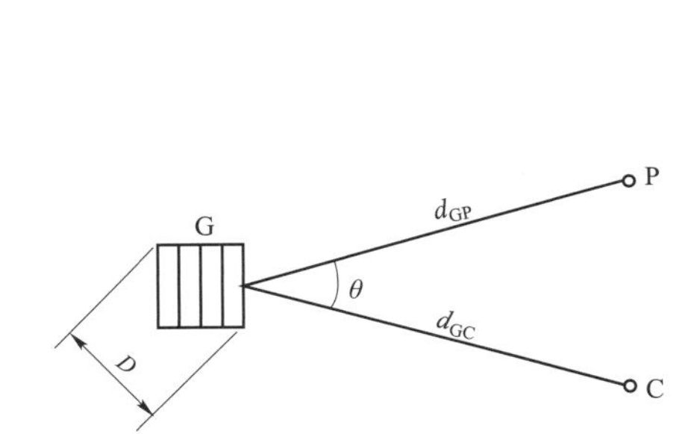

图 2-2-17 三角形法电极布置简图

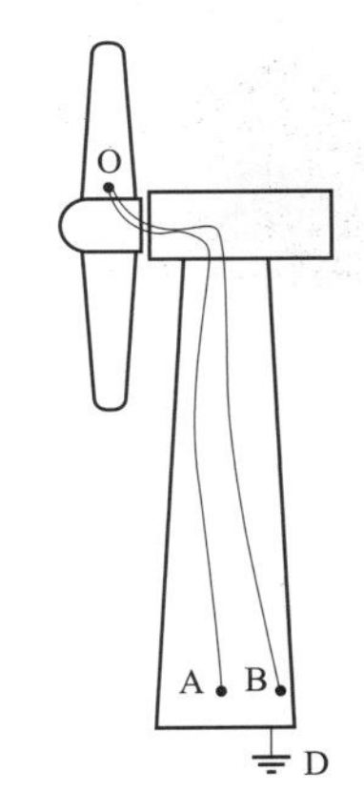

图 2-2-18 导雷回路测试接线

测量时，应保证测试线在相同的状态下进行，尽可能减小测试线对测量结果的影响，提高测量精度。

【案例】2011 年 5 月，某风电场强降大雨，雷击造成 35kV IA、IB 段两条出线过流保护动作跳闸，一台风力发电机组塔架内 690V 电源开关箱烧毁，电缆烧焦。查看现场 35kV 侧避雷器完好，放电计数器动作。风力发电机组遭雷击后，雷电流由中性线经塔架流至接地体时，瞬间产生很高的电位，导致 690V 电源短路，引起风力发电机组着火。

条文 2.1.17 风力发电机组叶片至轮毂、轮毂至机舱的导雷回路不宜采用放电间隙方式，应采用碳刷、金属刷等可靠连接。

【释义】变桨型风力发电机组叶根与轮毂之间的引下线和接地线无法直接进行硬连接。

动静结合处需要通过特殊装置实现导雷回路连接。连接装置主要包括防雷碳刷和放电间隙两种方式。防雷碳刷与旋转部件直接接触，泄流可靠；放电间隙仅在雷电压达到一定数值时才能击穿放电，放电时产生火花可能引燃风力发电机组其他设备。

在动静结合处采用碳刷等结构的另一个重要目的是将雷电流引入轴承旁路，避免大量雷电流通过轴承，采用放电间隙的导雷回路，在未达到击穿电压时，小电流会进入轴承。轴承内的滚珠表面存在润滑油油膜，由于油膜的电阻较大（轴承油膜形成后其电阻可达数千欧），当雷电流通过轴承时，有可能引起滚珠表面产生电弧放电，造成滚珠电灼损伤、轴承损坏。因此，风力发电机组叶片至轮毂、轮毂至机舱的导雷回路不宜采用放电间隙方式。采用防雷碳刷的导雷回路，轮毂与机舱之间碳刷至少应布置 2 组，最好以 120° 为间隔布置 3 组。

图 2－2－19　轮毂至机舱的导雷回路采用放电间隙

【案例 1】2014 年 7 月，早晨 5:00，某风电场遇雷雨天气，6:15 一台风力发电机组报机舱超温故障，6:28 失去通信，运行人员到达现场后发现该风力发电机组着火。经检查，该机型采用放电间隙导雷回路，雷电记录卡显示三支叶片最大雷电流均超过了 45kA，被雷电击中后雷电流经叶片传导至轮毂与机舱的放电间隙（如图 2－2－19 所示）时，由于火花放电引起沾满油污的密封毛刷起火，引发机舱保温棉燃烧，火势扩大，导致风力发电机组叶片、机舱烧毁。

【案例 2】2011 年 5 月，某风电场 35kV 各集电线路报“接地故障”。35kV IA 线路距离 I 段、过流 I 段保护动作，35kV IA 段出线跳闸，主变压器比率差动保护动作，主变压器高压侧断路器、低压侧断路器跳闸。运行人员检查所内设备无异常，由于当时风速较高（20m/s～25m/s），雨较大，道路泥泞，无法到现场对线路进行巡视检查。次日检查发现一台风力发电机组机舱及一支叶片烧毁，另两支叶片根部发现有烧痕，地面有设备烧坏的散落物。出于安全考虑，未进入机舱进行检查。该风力发电机组调试未完成，且机舱有漏油现象，风机引雷回路在动静转接环节中采用非直接接触的放电间隙结构，遭受雷击后放电，引起可燃物燃烧，造成火灾。

条文 2.1.18　在寒冷、潮湿和盐雾腐蚀严重地区，停止运行一个星期以上的风力发电机组在投运前应检查绝缘，合格后才允许启动。受台风影响停运的风力发电机组，投入运行前必须检查绝缘，合格后方可恢复运行。

【释义】该条文引自《风力发电场安全规程》（DL/T 796—2012）8.4 条规定。

8.4　*在寒冷、潮湿和盐雾腐蚀严重地区，停止运行一个星期以上的风力发电机组在投运前应检查绝缘，合格后才允许启动。受台风影响停运的风力发电机组，投入运行前必须检查绝缘，合格后方可恢复运行。*

风力发电机组长期停运后，随着各部件温度逐渐降低，水汽或潮湿空气会在设备表面凝结，形成水膜，潮湿气体或水膜能溶解沉积在设备表面的钠盐，使其导电性大幅度提高，降低风力发电机组绝缘能力，同时加剧金属腐蚀程度。因此，在寒冷、潮湿和盐雾腐蚀严重地区，长期停运的风力发电机组应做好设备防潮防腐措施，必要时定期对可能发生凝露、锈蚀的设备进行保养维护；定期对传动系统进行盘车，避免主轴及齿轮箱内部轴承的损伤。运行前可启动预热程序，对柜体、滑环等部位加热。

台风对输电线路的破坏非常严重，轻则使其出现小故障，重则损坏设备甚至导致整个系统崩溃。因线路停电导致风力发电机组不能执行安全保护程序，为设备带来危害。受台风影响停运的风力发电机组在恢复运行前，为避免雨水浸入引发设备短路，应检查风力发电机组绝缘。

条文 2.1.19　新更换的发电机应进行预防性试验，接线前应核对相序，确保接线正确。

【释义】发电机在制造或安装过程中可能遗留下一些潜伏的局部缺陷。这些缺陷如果不及时发现，发展到一定程度就会造成事故。通过预防性试验，可以及时发现发电机绝缘和其他缺陷，保障风力发电机组的安全运行。

风力发电机组永磁同步发电机预防性试验可参照《电力设备预防性试验规程》（DL/T 596—2005）5.1 条规定执行。标准中规定了容量为 6000kW 以上的同步发电机试验项目，虽然风力发电机组发电机虽容量未达 6MW，但价值昂贵，出现问题无法在舱内修复，建议参照该标准每年测量定子绕组的绝缘电阻、吸收比或极化指数、定子绕组直流电阻、定子绕组交流耐压、定子绕组泄漏电流和直流耐压。

风力发电机组双馈及鼠笼式发电机预防性试验可参照《电力设备预防性试验规程》（DL/T 596—2005）5.4 条规定执行。每年开展绕组的绝缘电阻和吸收比、绕组的直流电阻。

更换发电机时，接线前应核对定、转子绕组相序。否则将产生非同期并列，进而导致发电机相间短路或严重损坏。因此，发电机拆卸时应对外接线路进行标记，同时发电机本体绕组接线标识亦应测试。核对相序的方法主要有：电动机法、相序表法。

【案例】2014 年 5 月 31 日，某风电场进行风力发电机组发电机更换工作，更换后未进行试验及相序核对，启动发电机后，导致风力发电机组起火。经检查分析，判定第一着火点为发电机定子侧接线箱。接线箱内部有放电短路痕迹。如图 2－2－20 所示。

图 2－2－20　烧毁的风力发电机组

条文 2.1.20　加强发电机冷却设备的维护及各部位温度监视，防止通风不良造成超温；机舱天窗应及时关闭、密封良好，避免雨水渗漏造成电气设备短路。

【释义】该条文引用了《风力发电场检修规程》（DL/T 797—2012）规定，定期检查冷却系统并按要求进行处理。发电机冷却系统宜每年清洁一次。间隔时段由热交换介质的类型、清洁程度以及冷却器的工作方式确定。出现输出功率下降、冷却介质压力低时应清洁热交换面，并检查是否有腐蚀。若污物轻微覆盖表面，直接用无油脂压缩空气吹洗；若污垢牢固地粘附在表面，应使用刷子将之去除。风力发电机组应定期检查防水、防尘、防沙暴、防腐蚀等情况。机舱作业结束，及时关闭天窗。如在机舱顶部或侧面打孔，应做好防雨措施。

【案例】某风电场一台风力发电机组密封不良，发电机散热通道（如图 2－2－21 所示）内有雨水进入，检修人员为疏导积水，在散热通道底部开多个小孔。但由于机舱排风孔积

图 2－2－21　发电机散热通道

水严重，散热通道内已堆积大量淤泥，雨水不能及时排出，水位不断上升。风力发电机组晃动导致雨水进入发电机内部，绕组短路，断路器跳闸。

条文 2.1.21　定期清理控制柜内部灰尘，防止污闪引发电气短路；定期清理电缆油污，防止电缆着火。

【释义】污闪是指电气设备绝缘表面附着的污秽物在潮湿条件下，逐渐溶于水，在绝缘体表面形成一层导电膜，在电场作用下出现强烈的放电现象。控制柜内灰尘未及时清理，附着在绝缘物体表面，易引发污闪造成设备短路。电缆终端油污未及时清理，使电缆绝缘降低，造成对地放电，引发火灾。风电场应结合风力发电机组检修工作，定期清理控制柜内的灰尘、清理电缆油污，防止风力发电机组火灾事故。

【案例】某风电场 33kV 集电线路断路器跳闸，其他场内设备未发现异常。运行人员将该组线路转检修。因正在下雨，同时有大雾，能见度低，未进行巡视。雨停后检修人员巡视发现一台风力发电机组烧毁。经分析，该起火灾是由于机舱尾部变压器 C 相低压侧电气短路故障，引起发热引燃设备。变压器底座后侧三相绝缘垫块污闪，烧焦变压器的环氧树脂，产生烟雾遮挡弧光检测传感器，弧光探测系统未能启动保护，跳开变压器。

条文 2.1.22　定期检查导电轨连接可靠，及时更换过热变色的导电轨及连接螺栓；必要时宜在导电轨、电缆转接箱电气连接部位安装温度监测装置。

【释义】风电场应定期检查导电轨连接器（如图 2－2－22 所示）的夹紧力矩及表面清洁度，保证导电轨外壳无变形，内部无损伤，支架可靠、稳定，支架表面无锈蚀。结构松动或受污染使电阻增大而产生过热，不圆滑表面可能出现弧光现象。导电轨运行过程中应定期检查受潮、变形（如图 2－2－23 所示）、过热情况。必要时宜在导电轨、电缆转接箱电气连接部位安装温度监测装置。

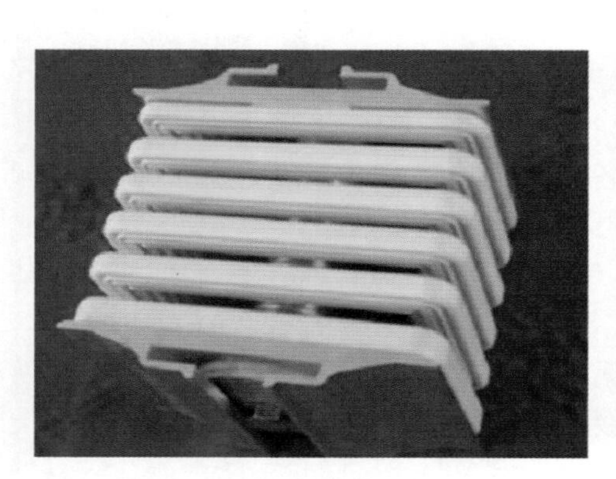
图 2－2－22　导电轨连接器

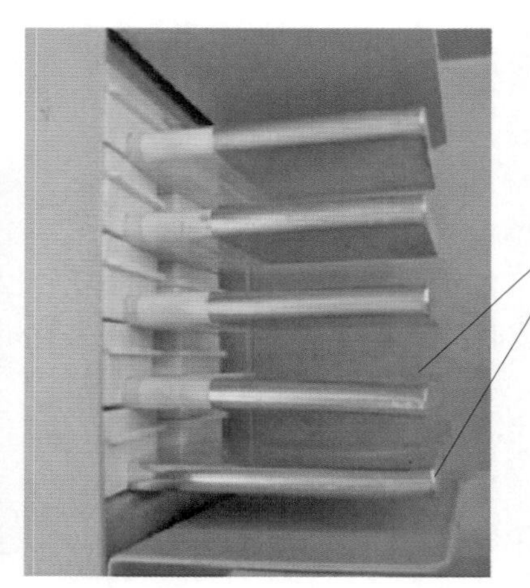

图 2－2－23　弯曲变形的导电轨

如图 2－2－24 所示，导电轨与连接器之间存在一定的间隙，说明此连接器螺栓力矩未达要求。在此种情况下投入运行，导电轨与连接器的接触面积会随时发生变化，连接器处容易发热甚至产生电火花。图 2－2－25 为导电轨因连接螺栓力矩未达要求，导致风力发电机组运行过程中严重发热，导电轨烧毁。

图 2－2－24 导电轨与连接器存在间隙

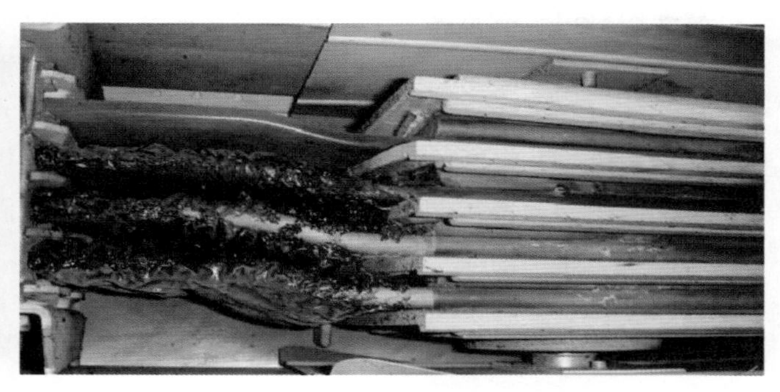
图 2－2－25 烧毁的导电轨

条文 2.1.23 严禁屏蔽风力发电机组油液、轴承、制动盘等温度监测信号。

【释义】该条文引用了《风力发电场安全规程》（DL/T 796—2012）规定，风力发电机组投入运行时，严禁将控制回路信号短接和屏蔽。风力发电机组各部件温度是运行状态的一个重要指标。监测油液、轴承、制动盘等温度信号，目的是保证风力发电机组安全稳定运行。当各点温度超过允许值时，风力发电机组报警或停机。一旦温度信号被屏蔽，温度异常升高时不易发现，可能会导致风力发电机组发生火灾。

【案例】2017 年 9 月，某风电场一台风力发电机组报“齿轮油压力低”故障，执行停机程序，停机后报“叶轮过速开关、齿轮油压力低、DP 总线”等故障，塔底与机舱通信中断。检修人员对该风力发电机组进行了一次远程复位，故障未消除。现场检查时发现机舱烧毁。经调查分析，引起此次风力发电机组着火的原因是高速轴刹车系统摩擦片不能正常归位，摩擦片与刹车盘存在摩擦，产生高温，且刹车盘温度高无报警，导致风力发电机组起火。如图 2－2－26 所示。

图 2－2－26 烧毁的风力发电机组

条文 2.1.24 低温环境下，应加强监视风力发电机组油系统、机舱、轮毂的加热器运行状态，避免加热器故障造成临近设备起火。

【释义】北方地区气温较低，为提高风力发电机组低温适应性，需要增加额外热源，如机舱内部加热器，油系统加热器等。加热器功率高，耗电量大，容易引发风力发电机组火灾，需要对其功率、位置做科学设计，对启停时间进行合理控制。加热器一般采用“加热电阻＋风扇”的方式，当加热电阻工作正常而风扇无法工作，易造成风力发电机组着火，或加热器出现不受控故障，连续加热运行导致该部分线路、端子排过载发热融化，造成相间绝缘降低而短路放电起火。在低温环境下，应加强监视风力发电机组油系统、机舱、轮毂的加热器运行状态。

定期维护时，通过调节温度控制开关旋钮检查机舱加热器启动、停止是否正常受控；检查加热器内部端子排及接线是否存在松动和过热现象；检查加热器内部热敏电阻短路保护元件是否损坏。如发现异常必须立即采取措施，并及时清理加热器本体及其周围的灰尘及杂物，避免加热器故障引起临近设备起火。

条文 2.1.25　齿轮箱、发电机冷却系统的设备启停与切换定值应满足出厂设计要求。

【释义】齿轮箱、发电机的冷却系统设计是根据预定温度实现风扇启停和高、低速切换，改变温度定值将影响冷却设备的运行可靠性和主设备的安全性。应定期核对齿轮箱、发电机冷却风扇的启停及高低速切换定值。当设备温度异常时，应查明温度异常原因。

条文 2.1.26　发电机、变流器冷却系统出现冷却液泄漏时应及时修复，严禁冷却系统带病运行。

【释义】发电机、变流器是风力发电机组重要电气部件。发电机运行过程中，铁损耗、铜损耗和机械摩擦会增加发电机发热量，加剧风力发电机组绝缘老化。变流器 IGBT 两端电压过高或电流过大导致超温，长期越限运行导致功耗增大等，引起开关设备、电子器件超过耐受极限击穿或烧毁，引发火灾。为保证发电机和变流器的安全稳定运行，应定期进行冷却系统检查维护，保证冷却系统运行可靠，严禁冷却系统带病运行。

条文 2.1.27　定期开展运行分析，同等工况下发电机、齿轮箱及其轴承出现温度越限时应查明原因，严禁修改温度报警及跳闸定值。

【释义】该条文引用了《风力发电场安全规程》（DL/T 796—2012）规定，未经授权严禁修改风力发电机组设备参数及保护定值。

运行人员应定期监控发电机、齿轮箱及其轴承等设备温度曲线变化，对比同等工况下不同风力发电机组的温度数值，了解风力发电机组各部件运行状态。出现高温情况应做好相关记录，查明原因，及时治理。严禁修改温度报警及跳闸定值。

发电机运转时应注意观察发电机运行及停运时间、环境温度、定子、转子及轴承温度。对发电机运行中的异常现象（包括温度、噪声、振动等异常）进行分析。

齿轮箱运转时应监测齿轮箱油温，轴承温度，对比同功率、同环境温度下的齿轮箱油温，当油温明显高于其他风力发电机组时，应检查润滑和散热系统运行情况。定期开展齿轮箱内窥镜检查和振动分析，发现异常及时采取相应措施，延长齿轮箱使用寿命。

条文 2.1.28　定期清理风冷系统过滤装置、定期更换油液滤芯，严禁屏蔽滤网压差报警。

【释义】该条文引用了《风力发电场安全规程》（DL/T 796—2012）规定。定期清理风冷系统散热装置能提高冷却系统散热效率。齿轮箱油过滤滤芯、空气滤芯应根据使用情况定期更换。严禁屏蔽滤网压差报警，滤网压差报警表明滤网已堵塞，需及时进行更换。延时更换滤网，过滤效果下降，杂质进入齿轮箱内部，会降低润滑效果、增加磨损；延时更换空气滤芯可能会导致齿轮油水分含量超标而乳化、杂质过多、黏度以及酸值等指标超标。油质变化会导致齿轮箱润滑效果降低，出现齿轮油、轴承温度高的现象。

条文 2.1.29　风力发电机组定检或更换轴承后应加强轴承温度监视，确保润滑系统完好，避免回油管堵塞造成轴承超温。

【释义】在各种机械设备的零件中，轴承是最重要的部分。轴承的温度反映轴承运行状态，轴承失效会导致轴承温度迅速升高。轴承失效可能由过负荷、润滑不良、运输和停机时处置不当、电腐蚀、安装拆卸造成损坏、轴承内部的污染、密封失效、轴和轴承室公差配合不当等因素造成。不同因素都会造成不同的损伤，同时在轴承内留下特有的痕迹。图 2－2－27

为轴承润滑失效，润滑脂已经变色固化；图 2－2－28 为振动引起的磨损失效，在轴承内圈出现剥落后不规则的坑；图 2－2－29 为电腐蚀失效，在轴承外圈留下了均布的搓板纹。

图 2－2－27 轴承润滑失效

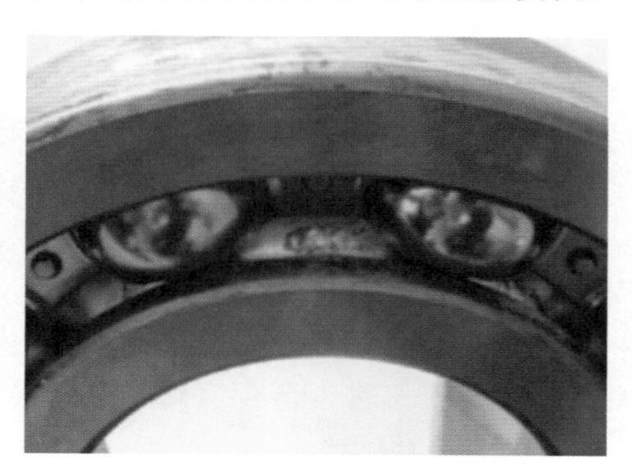

图 2－2－28 振动引起磨损痕迹

轴承失效会造成轴承过热、油脂汽化燃烧，引发火灾。为避免轴承失效，当风力发电机组由于偏航等其他外部原因产生振动时应及时处理，并且在日常维护时应注意轴承润滑油脂的型号，及时加油并保持油脂的使用环境等，延长轴承的使用寿命。同时应加强对发电机转子接地回路的检测，保证发电机转子轴电流快速导入大地，避免轴承电腐蚀。

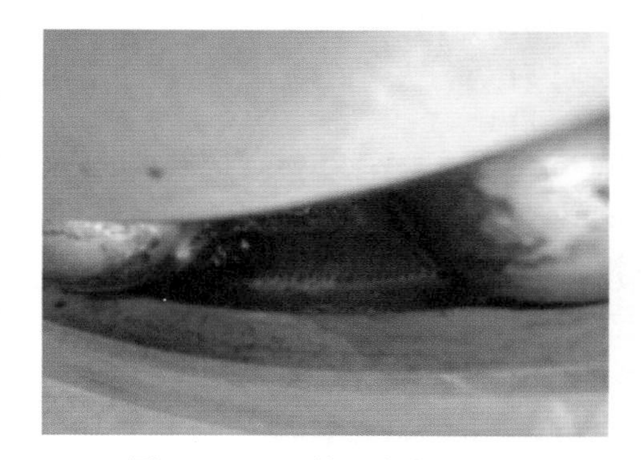

图 2－2－29 轴承电磨蚀痕迹

【案例】某风电场一台风力发电机组报“发电机超速”停机，其后触发了“发电机轴承 1 温度偏高”“发电机轴承 1 温度过高”等多个故障。现场检查发现联轴器及联轴器罩壳完全烧毁，事故未扩大。经检查分析，风力发电机组在满发状态出现发电机轴承故障。轴承保持架破损，轴承内外圈之间发生摩擦，发热严重。因急剧的热膨胀，造成轴承内圈与发电机轴之间的阻力减小，并产生相对滑动，剧烈摩擦产生大量的热，使轴承内的油脂蒸发，并产生大量的可燃气体。发电机前轴承后端盖、轴承端盖、轴承前端盖一起组成一个相对密闭的空间，产生的气体，只能由发电机前轴承端盖与

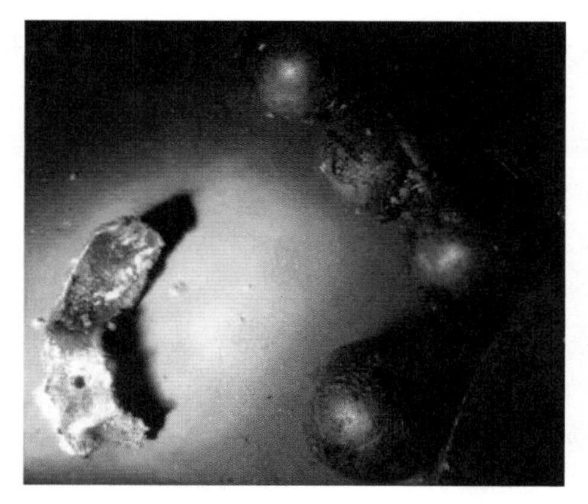

图 2－2－30 发电机轴承的滚动体及保持架

图 2－2－31 发电机轴承端燃烧后的痕迹

发电机轴前端之间的间隙喷出，因剧烈摩擦、联轴器打滑致使发电机轴前端及联轴器力矩限制器处的温度很高，引燃可燃气体。

条文 2.1.30 应避免齿轮箱频繁超温限负荷运行，若出现齿轮箱超温缺陷应及时处理。

【释义】齿轮箱在运转中，必然有一定的功率损失，损失的功率将转换为热量，使齿轮箱的油温上升。若温度上升过高，会引起润滑油的性能变化，黏度降低、老化变质加快，换油周期变短。温度过高会使油膜变薄，润滑效果降低，发热量增加，形成恶性循环。润滑效果降低导致齿轮啮合齿面或轴承表面损伤，轴承表面温度过高，最终造成设备事故，甚至引起易燃物燃烧。控制齿轮箱温度是保证齿轮箱持久可靠安全稳定运行的必要条件。出现油温超限时应及时治理，检查润滑油质量、检查齿轮箱轮齿或轴承是否有损伤、检查冷却系统运行是否正常。避免齿轮箱长期限负荷运行，从根源解决超温问题，提高设备利用率。

条文 2.1.31 定期校验风力发电机组偏航扭缆限位保护，防止扭缆保护失效造成动力电缆扭断短路或接地。

【释义】该条文引用了《风力发电场检修规程》（DL/T 797—2012）规定，定期检查偏航解缆功能是否正常。风力发电机组扭缆保护是当扭缆程度达到设定值时，通过偏航驱动装置自动解缆。如自动解缆因故未能执行，当扭缆程度达设定上限时，扭缆限位保护开关动作，触发安全链，风力发电机组故障停机。如扭缆限位故障，扭缆保护失效，可能造成风力发电机组偏航角度过大，拉断动力电缆，引起风力发电机组电缆短路或接地。

条文2.2 管理措施

条文 2.2.1 建立健全预防风力发电机组火灾的管理制度，在塔基内醒目位置悬挂“严禁烟火”的警示牌，严格管控风力发电机组内动火作业，定期检查风力发电机组防火控制措施。

【释义】风电场应全面贯彻实施消防安全“预防为主，防治结合，综合治理”的方针，建立健全火灾管理制度，防火责任落实到人。安全责任人应定期宣传消防安全知识，全体员工齐抓共管，共同预防火灾。制定方案定期组织员工进行消防演习。每台风力发电机组在塔基内醒目位置悬挂“严禁烟火”的警示牌。严格管控风力发电机组内的动火作业，定期检查风力发电机组防火控制措施，杜绝人为原因引起火灾事故的发生。

条文 2.2.2 塔架的醒目部位应悬挂安全警示牌；风力发电机组塔架内动火作业应开具动火工作票，作业前消除动火区域内可燃物；氧气瓶、乙炔气瓶应摆放固定在塔架外，气瓶间距不得小于 5m，不得暴晒；严禁在机舱内油管道上进行焊接作业，作业场所保持良好通风和照明，动火结束后清理火种。

【释义】该条文引用了《风力发电场安全规程》（DL/T 796—2012）标准规定：风力发电机组底部应设置“未经允许、禁止入内”的标示牌；在基础附近应增设“请勿靠近、当心落物”“雷雨天气，禁止靠近”警示牌；塔架爬梯旁应设置“须系安全带”“必须戴安全帽”“必须穿防护鞋”指令标识；36V 及以上带电设备应在醒目位置设置“当心触电”标识。

在风电场使用氧气和乙炔时，氧气瓶、乙炔气瓶应摆放并固定在塔架外。乙炔与氧气靠在一起时，如出现泄漏极易产生爆炸，所以气瓶间距不得小于 5m，此距离是根据最大泄漏量与自然通风最慢扩散量计算而来。另外氧气阀门为铜材，特殊条件下泄漏的乙炔与铜会反应出极易爆炸的乙炔铜，所以必须保持足够安全距离。乙炔气瓶与氧气瓶要与明火要保持10m 以上的距离，杜绝漏气现象，严禁暴晒，严禁将乙炔气瓶卧放使用。宜将氧气瓶、乙炔气瓶分开放置，万一乙炔气瓶因漏气起火时也能快速有效地进行灭火和防爆。

塔架内如必须进行动火作业，应严格执行动火作业手续。使用电焊时，电焊机电源宜取自塔架外，不得将电焊机放在塔架内。严禁在机舱内油管道上进行焊接作业，如必须进行焊接作业时，应将油管拆下或将管道与系统隔离，并反复冲洗确认无油和油气的状态下进行，避免高温引发油液油气起火。动火作业前清除动火作业范围内的可燃物；作业过程中设专人监护，监护人应熟知设备系统、防火要求及消防方法；动火作业后，必须停留观察 15min，确认无残留火种后方可离开。

【案例】某风力发电机组吊装完成，在事故前处于调试阶段。该风力发电机组上段塔架及机舱吊装过程中，塔架与机舱对接螺栓存在螺栓变形、穿不进去等问题。要求施工单位把螺栓退出并更换新螺栓。施工单位自定的施工方法：先用自备电焊机将待处理连接螺栓焊接固定，防止螺栓在作业过程中自由转动，再利用电钻将变形螺栓钻掉，最后用扩孔器和丝锥进行螺孔清理，以便更换新螺栓。施工人员按既定方案施工，施工作业前没有制定和采取有效的防火措施，没有配备灭火器，没有使用防火毡防火材料对焊接部位进行遮挡。施工作业后，未清除残留火种，未停留观察直接返回。施工完成50min后，发现该风力发电机组着火。

条文 2.2.3　风力发电机组机舱内应装设火灾报警系统（如感烟探测器）和灭火装置。机舱和塔底平台处应设置 2 个手提式消防器材，并定期检验。

【释义】该条文引自《风电场设计防火规范》（NB 31089—2016）3.0.2 条规定：

3.0.2　火灾探测及灭火系统在配置应符合以下规定：

3　风力发电机组机舱及机舱平台底板下部、轮毂、塔架底部设备层、各类电气柜应配置自动灭火装置。

6　风力发电机组机舱和塔架底部平台应各配置不少于 2 具手提式灭火器。

风力发电机组机舱内应装设火灾报警系统（如感烟探测器）和灭火装置，当风力发电机组发生火情时能第一时间动作，防止火势扩大。机舱和塔底平台应配置灭火器。风电场应根据灭火器类型定期检验。检验灭火器的数量符合要求；灭火器附件完好；每个灭火器的储存气压符合要求；灭火器的摆放应稳固，其铭牌应朝外；手提式灭火器宜设置在灭火器箱内或挂钩、托架上。检查过程中发现问题应及时处理或更换。

条文 2.2.4　进入风力发电机组机舱、塔架内，严禁携带火种（动火作业除外），禁止吸烟。清洗、擦拭设备时，应使用非易燃清洗剂，严禁使用汽油、酒精等易燃物。

【释义】风力发电机组内存在大量的齿轮油、液压油、电缆等易燃物品，携带火种进入风力发电机组内部或在风力发电机组内部吸烟，极易引发火灾。装有自动灭火装置的风力发电机组有自动感温或感烟装置，带火种进入可能引发自动灭火装置动作，影响风力发电机组运行。清洗、擦拭设备时，严禁使用汽油、酒精等易燃物，避免被引燃引起火情。

条文 2.2.5　新建工程风力发电机组宜配备自动消防系统，已投产且未配备自动消防系统的风力发电机组宜逐步改造增设。

【释义】风力发电机组由于机械故障、电气故障、雷击、检修人员操作不规范等，容易引发火灾。且风力发电机组机舱、叶片等设备在高空运行，发生火灾时不易扑救。部分风电场在草原、森林地区，如发生火灾未能及时扑灭，还将造成草原、森林火灾次生灾害。设计自动报警消防系统是风力发电机组最有效的保护措施，可在火灾发生初期通过释放灭火介质控制火情，并向主控发送报警信号，通知运行人员采取相应措施，避免事故扩大。因此，新建工程风力发电机组宜配备自动消防系统，已投产且未配备自动消防系统的风力发电机组宜逐步改造增设。

条文 2.2.6　自动消防系统使用的灭火介质应确保适用于当地环境，不发生低温凝固、高温失效等情况；自动消防系统的灭火介质不应使用有毒性气体。

【释义】自动消防系统使用的灭火介质应适应当地环境，如低温地区，不宜使用气体灭火系统和水雾灭火系统。《国家标准气体灭火系统及部件》（GB 25972—2010）规定，惰性气体灭火系统工作温度应符合：0℃～50℃。《气体灭火系统设计规范》（GB 50370—2005）规定，气体灭火系统设计使用环境温度不应低于－10℃。水雾灭火系统环境温度要求在 4～50℃。北方地区冬季气温较低，可能导致灭火器启动时，灭火介质不能喷出，引起灭火器爆炸的现象，因此不宜选用气体灭火系统和水雾灭火系统。选择自动消防系统时，还应考虑高温情况，避免自动消防系统高温失效，影响运行。在夏季高温时段，如果风力发电机组本身运行状态较差，齿轮箱、发电机连续运行，可能会出现机舱温度高于 50℃的情况，超出部分灭火系统的温度范围。自动消防系统的灭火介质不应使用有毒性气体，避免灭火器误动作危及人身安全。

条文 2.2.7　定期对员工开展岗位培训和应急演练，预防火灾风险。

【释义】风电场应加强人员岗位培训和消防应急演练，防止风力发电机组火灾事故。检修人员由于操作错误或安装不当，出现连接件接触不良、电路短路、接地故障、绝缘强度不够、过载保护装置选用错误或装置失效都可能导致火灾发生。在机舱内进行电焊、切割、磨削等热工作业时，火灾风险更高。作业过程中，一旦麻痹大意，不按规定操作，未采取必要的防火保护措施，未及时清理高温碎屑、润滑油品及其他易燃废弃物等，极易引发火灾。为了预防和应对风力发电机组火灾事故的发生，提高各级人员安全意识和对火灾事故的预防、应急处理能力，消除事故隐患或最大限度减少事故造成的危害，风电场应定期开展岗位培训，提高人员技术能力和防火意识，制定风力发电机组火灾应急处置方案，并定期开展应急演练。

条文 2.2.8　草原防火。

条文 2.2.8.1　风电场风力发电机组、箱式变压器、电缆转接箱等输变电设备应采取可靠的防火设计，防止故障情况下引发森林、草原火灾。

【释义】安装在林区、草原附近的风力发电机组着火时可能会引发森林或草原火灾。位于此类区域的风电场应加强防火管理，结合风力发电机组设备特点和运行现状，对润滑油系统漏泄、液压油系统漏泄、变压器油漏泄、刹车系统过热、机械装置不正常磨损、电缆过流、电气元件及电缆老化等一系列不安全状态进行重点排查，采取可靠防火措施，避免由于风力发电机组起火引发草原火灾，造成人民生命财产损失。

【案例】某风电场一台风力发电机组着火，导致机舱烧毁，机舱中的可燃物掉落地面，引燃地面草场。报警后，消防车到达起火现场，对风力发电机组周边可燃物实施扑救。草场火势得到控制，部分人员撤离，并留守人员监视草场情况，以防草场复燃。如图 2－2－32、图 2－2－33 所示。

图 2–2–32 风力发电机组着火引燃草原

图 2–2–33 正在燃烧的叶片

条文 2.2.8.2 风电场生产、生活设备（设施）周围应设置防火隔离带，并定期清除杂草等可燃物。

【释义】《草原防火条例》规定，县级以上人民政府应组织有关部门和单位，按照草原防火规划，加强草原火情瞭望和监测设施、防火隔离带、防火道路、防火物资储备库（站）等基础设施建设，配备草原防火交通工具、灭火器械、观察和通信器材等装备，储存必要的防火物资，建立和完善草原防火指挥信息系统。

风电场生产、生活设备（设施）周围设置防火隔离带或者营造防火林带，并定期清除杂草等可燃物可防止设备故障引燃草原，起到隔离可燃物，阻止火灾大面积延烧的目的。

【案例 1】2000 年 5 月 4 日，蒙古国境内发生草原大火，迅速沿我国内蒙古锡林郭勒盟边境外侧由西向东燃烧。火线最长时达到 150km。国家林业局对火灾实施 24 小时监测，当地群众、森林部队和边防部队共 3500 多人投入战斗。本次境外火灾被成功堵截，边境防火隔离带发挥了极大作用。

【案例 2】2006 年春防期间，内蒙古锡林郭勒盟曾受蒙古境外火袭扰，燃烧长度为 144km。锡林郭勒盟累计出动守护堵截人员 308 人，各种机动车辆 53 台辆，风力灭火机 112 台。在堵截蒙古国草原大火的过程中，由于出动及时，措施得力，加之边境防火隔离带起到了积极有效的防御作用，使蒙古国草原大火始终未能越过边境防火隔离带。

条文 2.2.8.3 草原、森林防火期内，进入林区、草原的机动车辆，应配备灭火器和防火罩，采取有效措施，严防漏火、喷火和机动车闸瓦脱落引发火灾；严禁在林区、草原路段清理油渣；在草原、森林行驶的各类车辆，司机和乘务人员应当对随乘人员进行防火安全教育，严防随乘人员随意丢弃火种、烟头等引发火灾。

【释义】该条文引用了《草原防火条例》第二十条规定，在草原防火期内，在草原上作业或者行驶的机动车辆，应当安装防火装置，严防漏火、喷火和闸瓦脱落引起火灾。在草原上行驶的公共交通工具上的司机和乘务人员，应对旅客进行草原防火宣传。司机、乘务人员和旅客不得丢弃火种。进入生产现场严禁吸烟。

条文 2.2.8.4　组织人员认真学习《中华人民共和国森林法》《中华人民共和国草原法》，建立健全森林、草原防火制度。现场工作人员应熟悉森林和草原防火的有关要求，并熟练掌握森林火灾、草原火灾的扑救方法和自救方法。

【释义】草原火灾危害巨大，一是火势猛，速度快，火头高，由于草原开阔，河流少，火借风势迅速蔓延；二是发生火灾时，由于草原风向多变，易形成多岔火头，能见度小，极易形成火势包围圈，造成人畜伤亡事故；三是火灾发生后，过火后的牲畜卧盘形成暗火，有时长达几个月，留有死灰复燃的隐患。且部分现场工作人员未熟知《中华人民共和国森林法》《中华人民共和国草原法》《草原防火条例》。为加强草原防火管理，现场工作人员应详细了解森林和草原防火要求，知悉草原防火对风电场的要求，配合政府部门工作，保证森林和草原的防火安全。并熟练掌握森林火灾、草原火灾的扑救方法和自救方法，如将杂草割出一个大圆形的防火圈隔离带，有条件可用铁锹在火势蔓延来的方向挖一条隔离沟等。大火危及自身安全时，应沿逆风方向逃离。着火点附近温度较高、空气稀少含氧低，应蜷缩身体并面朝下，捂住口鼻保证基本呼吸以防烟雾。

条文 2.2.8.5　风电场应与地方政府森林或草原防火部门签订防火协议，建立义务消防队并接受地方政府领导，配置草原、森林消防专用器材；定期对消防器材进行检查和试验；作业人员应熟练掌握使用方法。每年防火期来临前应组织进行火灾应急救援演练。

【释义】《草原防火条例》第二十三条规定：草原上的农（牧）场、工矿企业和其他生产经营单位，以及驻军单位、自然保护区管理单位和农村集体经济组织等，应当在县级以上地方人民政府的领导和草原防火主管部门的指导下，落实草原防火责任制，加强火源管理，消除火灾隐患，做好本单位的草原防火工作。风电场应按照国家有关规定，结合本单位的特点，与地方政府森林或草原防火部门签订防火协议。根据需要，建立义务消防队开展好自防自救工作，并接受地方政府领导。定期进行消防安全教育、培训；防火巡查、检查；消防值班；消防设施、器材维护管理；火灾隐患整改；用火、用电安全管理及其他必要的消防安全工作。还应定期在本单位、本区域开展教育训练，熟练掌握防火、灭火知识和消防器材的使用方法。每年防火期来临前应组织进行火灾应急救援演练，做到能进行防火检查并协助公安消防队、专职消防队扑救火灾。

条文 2.2.8.6　进入地方政府或主管部门规定的林区、草原防火期，风电场人员严禁携带火种，严格禁止野外用火；因特殊情况需要用火的，应经过县级人民政府或者县级人民政府授权的机关批准。防火期外动火作业，应严格执行动火工作票。

【释义】该条文引用了《草原防火条例》第二十条规定，在草原防火管制区内，禁止一切野外用火。对可能引起草原火灾的非野外用火，县级以上地方人民政府或者草原防火主管部门应当按照管制要求，严格管理。

风电场工作人员必须严格遵守政府部门规定，严禁携带火种进入林区、草原，严格禁止野外用火。非防火期内，如因特殊情况需要进行动火作业时，须经风电场负责人审核，并严格按照动火程序进行作业。“因特殊情况需要”是指由于生产、保养、修理等工作需要必须使用明火作业的情况。防火期内动火必须到当地森林或草原防火部门办理审批手续，经过县级人民政府或者县级人民政府授权机关批准后，方可进行动火作业，并严格执行动火作业票。

条文 2.2.8.7　由外包队伍承担风电场有关森林、草原野外施工作业时，风电企业应与外包队伍签订防火协议书，明确防火职责、防火要求和重点注意事项。

【释义】各风电场要高度重视森林草原防火工作，加强组织领导，明确防火责任，成立防火组织机构，把防火任务、目标、措施层层分解，把责任落实到每一个人，引导全体员工从思想上、行动上把森林草原防火工作落到实处。由外包队伍承担风电场有关森林、草原野外施工作业时，风电企业应与外包队伍签订防火协议书，避免出现责任不明确，防火工作落实不到位的情况。

条文 2.2.8.8 进入风电场从事勘察设计、施工作业或检修维护等作业人员，发现违法用火或森林、草原火灾时，应立即拨打火警电话，并采取有效措施及时进行灭火。

【释义】《中华人民共和国消防法》第四十四条规定，任何人发现火灾都应当立即报警。任何单位、个人都应当无偿为报警提供便利，不得阻拦报警。严禁谎报火警。风电场工作人员应结合所处地理位置，与距离风电场最近的火灾救援单位和医疗机构取得联系，建立信息反馈和扑火救援联动机制，签订救援合作协议。防火期内严格执行草原防火 24 小时值班制度和领导带班制度，发生火情时，应立即组织现场人员进行扑救，并及时通知上级领导和安监部门，拨打联防单位电话请求救援。要严格执行草原火灾报告制度，不瞒报、不虚报、不迟报，确保火情信息迅捷畅通。

条文 2.2.8.9 风电场应在进入森林或草原的路口和施工作业地点设置醒目的防火宣传牌和警告标志，任何人不得擅自移动或撤除。

【释义】森林草原防火的基础是群众，目前部分群众防火意识淡薄，大多数人民群众仍然认为，森林防火工作就是相关防火部门的工作。根据相关统计显示，除了雷电等客观因素外，祭拜烧纸、农民私自烧荒、禁烧田埂、防火意识不强的人员玩火等野外用火，也是引起森林火灾的主要原因。风电场应在进入森林或草原的路口和施工作业地点设置醒目的防火宣传牌和警告标志，提醒进入森林、草原的群众，承担起风电场范围内的森林、草原防火责任。

条文 2.2.8.10 风电场应将森林、草原防火的有关措施列入巡回检查和定期安全检查内容，对于检查存在的隐患及时整改。

【释义】防火期内风电企业要加强单位周边森林草原的巡视和瞭望，将森林、草原防火的有关措施列入巡回检查和定期安全检查内容，如实填写检查记录，对于检查存在的隐患及时整改。严格运行监盘，及时查看故障录波和风力发电机、变电站监控系统报警信息，对于线路接地报警和风机异常报警信号，不论线路是否跳闸，风机是否停运，都应立即组织人员带好通信设备和灭火器具进行巡视，就地检查设备运行情况，以便及时发现火情，尽早控制火势。

条文 2.2.8.11 在林区、草原等环境中作业时，每个作业点至少配备 2 个以上的干粉灭火器或风力灭火机。进行动火作业时，应划定工作范围，清除工作范围内的易燃物品，设置防火隔离带；动火过程中，应设专人监护，并在动火现场周围配置足量的灭火器或风力灭火机，风电场安全监督人员要全过程监督；动火结束后，彻底熄灭余火，待确认无误后方可离开。

【释义】根据草原火灾突发性特点，结合当地草原防火工作的实际情况，完善草原防火应急预案，逐级细化草原防火应对措施，建立健全草原防火应急体系。风电企业应每年组织全员开展草原防火演练工作，加强对防火物资的管理，对现有的车辆、灭火机具、通信设备等防火物资进行全面检查，发现消防设施不齐全应及时补齐，及时更换不合格的灭火器，特别对风力灭火机要定期进行启动试验，确保风力灭火机随时处于良好状态。

动火作业前，应严格执行审批手续，划定工作范围，清除工作范围内的易燃物品，设置防火隔离带；动火过程中，应设专人监护，并在动火现场周围配置足量的灭火器或风力灭火机，风电场安全监督人员要全过程监督；动火结束后，需彻底熄灭余火，待确认无误后方可离开。

条文 2.2.8.12 林区、草原的风电场生活垃圾、固体废弃物等应集中处理，严禁乱堆乱放，严禁焚烧。

【释义】风电场在防火期内要规范野外作业管理，严禁野外吸烟、野外弄火、焚烧垃圾，对重点地段和区域，烧秸秆、垃圾等可能引起火灾的地方，必须做好前期预防和扑救工作，并派专人进行监督，严防火灾发生。

条文 2.3 自动消防系统技术要求

条文 2.3.1 风力发电机组消防系统的使用环境应符合常温型、低温型、高温型的设计要求。

【释义】该条文引用了《风力发电机组消防系统技术规程》（CECS－391—2014）中 4.1.1 条规定。

4.1.1 风力发电机组消防系统的使用环境应符合下列规定：

1 标准型（常温型）风力发电机组采用的消防系统，其工作温度范围：－20℃～＋45℃，生存温度范围：－30℃～＋50℃；

2 低温型风力发电机组采用的消防系统，其工作温度范围：－30℃～＋45℃，生存温度范围：－40℃～＋50℃；

3 高温型风力发电机组采用的消防系统，其工作温度范围：0℃～50℃，生存温度范围：－10℃～＋60℃；

4 当用于其他类型的风力发电机组时，其工作温度范围和生存温度应满足相关风力发电机组的工况要求。

低温型风力发电机组，其生存温度达－30℃，二氧化碳和七氟丙烷等气体灭火系统难以适应，即使对瓶加热，也很难保证喷放到防护单元的效果。因此自动消防系统的设备选型，应与风力发电机组安装地域的环境条件和风力发电机组运行工况相适应。

条文 2.3.2 在海岸或盐湖临近区域使用灭火系统应符合《环境条件分类 环境参数组分类及其严酷程度分级 船用》（GB/T 4798.6—2012）的有关规定。海拔超过 1000m 时，风力发电机组采用的消防系统，应符合《高原电子产品通用技术要求》（GB/T 20626.1—2017）的有关规定。

【释义】该条文引用了《风力发电机组消防系统技术规程》（CECS－391—2014）中 4.1.2、4.1.3 条规定。

4.1.2 距海岸线或盐湖湖泊 25km 以内的风力发电机组采用的消防系统，应符合《环境条件分类 环境参数组分类及其严酷程度分级 船用》（GB/T 4798.6）的有关规定。

4.1.3 海拔高度超过 1000m 时，风力发电机组采用的消防系统，应符合《特殊环境条件 高原电子产品 第 1 部分：通用技术要求》（GB/T 20626.1）的有关规定。

在海岸或盐湖附近，大气中盐雾含量较高，对金属有较强的腐蚀作用。有资料表明，普通碳钢在海洋大气中的腐蚀比沙漠中大 50 倍～100 倍。离海岸 24m 处钢的腐蚀比 240m 处大 12 倍。因此，在海岸或盐湖临近区域使用灭火系统应符合相关规定。

高原地区与平原地区在环境上存在一定区别。高原环境条件的特点主要是气压低、气温低，气温日变化大，绝对温度低，太阳辐射强等；电工电子产品的电晕现象比平原严重；以自由空气为灭弧介质的开关电器产品灭弧能力下降，通断能力下降和电寿命缩短；空气绝缘耐压降低；产品散热困难，温升增加。密封性产品要适当调整密封体内的压力并通过低压试验检查有无开裂、变形、泄漏。高温、低压、温差大易造成产品绝缘老化、变形、保护层脱落，因此要确认保护设备本身的防护能力。干燥气候有助于静电电荷的产生，线路设计及材料的选择应考虑抗静电措施。综合以上因素，海拔超过 1000m 时，风力发电机组消防系统应满足《高原电子产品通用技术要求》的有关规定。

条文 2.3.3 双馈式风力发电机组机舱宜采用全淹没灭火方式；直驱式风力发电机组宜采用全淹没灭火方式，也可采用局部应用灭火方式；风力发电机组塔底设备宜采用全淹没灭火方式；各类电气柜宜采用全淹没灭火方式。

【释义】该条文引用了《风力发电机组消防系统技术规程》（CECS－391—2014）6.1.3 条规定。

6.1.3 对双馈式、直驱式等类型的风力发电机组，应结合风力发电机组的结构特点和设备布置情况，确定适宜的设计方案。双馈式风力发电机组机舱宜采用全淹没灭火方式；直驱式风力发电机组宜采用全淹没灭火方式，也可采用局部应用灭火方式；风力发电机组塔底设备层宜采用全淹没灭火方式；风力发电机组各类电气柜宜采用全淹没灭火方式。对其他类型的风力发电机组，应结合自身结构特点和设备布置情况，选择适宜的灭火方式。

全淹没式灭火是指在规定的时间内向防护区喷射一定浓度的灭火药剂，使其均匀充满整个防护区的灭火方式。双馈风力发电机组机舱中的设备较多，布置密集，容易引起火灾的部位多，轮毂、齿轮箱、发电机、制动系统、主控柜、变桨电机和偏航电机均有着火的先例。因此，双馈风力发电机组应采用全淹没式灭火进行保护。直驱式风力发电机组机舱内部件相对较少，火灾隐患部位少，可以针对容易起火的部位采用局部灭火方式加以保护，也可采用全淹没式灭火。风力发电机组塔底设备层宜采用全淹没灭火方式。各类控制柜都是相对密闭空间，应采用全淹没式灭火方式。

条文 2.3.4 风力发电机组宜设置火灾报警与灭火控制系统，风电场宜在风力发电场总控制室内设置集中火灾报警控制器，风电场所有风力发电机组的火灾报警信号均应传输到主控室。

【释义】该条文引用了《风力发电机组消防系统技术规程》（CECS－391—2014）6.4.1 和 6.4.2 条规定。

6.4.1 每台风力发电机组均应设置火灾报警与灭火控制系统，火灾报警控制器与灭火控制装置应设置在塔架底部人员出口附近。

6.4.2 每个风力发电场至少设置一台集中火灾报警控制器与联动控制器，并应设置在风力发电场总控制室内；集中火灾报警控制器的报警点位与联动控制器的控制回路应留有适当的余量。

风力发电机组设置火灾报警与灭火控制系统，能够独立完成每台风力发电机组的火灾探测报警和灭火控制功能。风电场中所有风力发电机组的火灾报警信号通过生产控制网络或专用网络与集中控制器相连，组成整个风力发电场消防控制中心网络系统，实现对所有风力发电机组各类消防系统设备的状态监视和控制，方便日常维护和管理。

条文 2.3.5　新投运风力发电机组宜具备视频、火警、故障报警等报警信息功能，出现火情后应具备向控制系统报警功能。

【释义】由于风电场所占地域宽阔、运行维护人员较少、交通不便、设备造价高，兼之国家大力推进智能电网建设、整机制造商发展智慧风电场、风力发电企业推广“无人值班、少人值守”的策略，有必要对风力发电机组配备视频、火警、故障报警等报警信息等功能。传统的视频监控以“被动监控”为主，需要运行人员时刻监控，但显然难以实现，大多数时间只适用于案件追溯的视频查阅。随着视频移动侦测技术的应用，实现了局部智能化，但无法避免误报现象。新建风电场可建立一套适应风电场安全生产的现代化综合监控系统，对前端的运行、业务、设备等进行管理，并满足上级平台集中管理、分层查看、分级监督的需求。新投运的风力发电机组可顺应风电行业发展趋势，采用智能视频设备、红外热成像摄像机，实时查看风力发电机组视频，实时监测风力发电机组表面温度。运用图像识别技术，对监控视频智能分析。条件允许可以与 SCADA 系统进行互联，实现数据之前的对比验证，提高信息可靠性，避免重复投资。

条文 2.3.6　风力发电机组机舱、设备、电气柜、塔架及竖向电缆桥架宜设置火灾探测器。其探测元件宜采用无源探测原理，动作后应能发出告警信号。

【释义】该条文引用了《风力发电机组消防系统技术规程》（CECS－391—2014）4.2.2 条规定。

4.2.2　风力发电机组的防护单元和下列部位应设置火灾探测器：

1　机舱及机舱平台底板下部；

2　塔架及竖向电缆桥架；

3　塔架底部设备层；

4　各类电气柜。

目前国内部分风力发电机组尚未设置火灾探测报警系统，风力发电机组消防设施只配备了手持式灭火器，适合在本层平台上扑灭小范围的火情。风力发电机组机舱、设备、电气柜、塔架及竖向电缆桥架，都是风力发电机组易发生火灾部位。配置火灾探测器能够在火灾发生时自行启动，同时第一时间向监控系统发送报警信号，通知运行人员采取相应措施，防止事故扩大。探测元件应采用无源探测原理，避免风机停电后自动灭火系统拒动或误动。

条文 2.3.7　电气设备柜体内宜配置气溶胶灭火介质，其他部位宜采用超细干粉灭火介质。

【释义】该条文引用了《风力发电机组消防系统技术规程》（CECS－391—2014）4.2.5 条规定。

4.2.5　风力发电机组各防护单元对灭火装置的选型，宜按表 4.2.5 规定执行。

表 4.2.5　　　　灭 火 装 置 选 型

机组类型	防护单元	灭火装置类型			
		干粉灭火装置	热气溶胶灭火装置	气体灭火装置	
				高压二氧化碳	七氟丙烷
标准型风力发电机组	轮毂及导流罩	●	●	○	○
	机舱	●	●	●	●

续表

机组类型	防护单元	灭火装置类型			
		干粉灭火装置	热气溶胶灭火装置	气体灭火装置	
				高压二氧化碳	七氟丙烷
标准型风力发电机组	机舱平台底板下部	●	●	●	●
	塔架	○	○	○	○
	塔架底部设备层	●	●	●	●
	各类电气柜	○	●	▲	▲
低温型风力发电机组	轮毂及导流罩	●	●	○	○
	机舱	●	●	○	○
	机舱平台底板下部	●	●	○	○
	塔架	○	○	○	○
	塔架底部设备层	●	●	○	○
	各类电气柜		●	○	○
高温型风力发电机组	轮毂及导流罩	●	●	○	○
	机舱	●	●	●	●
	机舱平台底板下部	●	●	●	●
	塔架	○	○	○	○
	塔架底部设备层	●	●	●	●
	各类电气柜	○	●	▲	▲

注 “●”—推荐；“○”—不推荐；“▲”—除热气溶胶外，也可推荐使用二氧化碳探火管式灭火装置和七氟丙烷管式灭火装置。

气溶胶是液体或固体微粒悬浮于气体分散介质中形成的一种溶胶。第三代气溶胶（S 型）主要由锶盐作主氧化剂，和第二代钾盐（K 型）气溶胶不同，锶离子不吸湿，不会形成导电溶液，不会对电器设备造成损坏。锶盐类气溶胶用于保护通信基站等配备有精密电子设备的场所。

气溶胶自动灭火装置不需要采用耐压容器，灭火颗粒的粒度极小，可以绕过障碍物并在火灾空间长时间驻留。气溶胶自动灭火装置只适用于较小的防护区，因气溶胶灭火气体从装置中喷出压力很小，大约为 0.02MPa，喷射距离 1～2m，气溶胶灭火气体比重很小，略比空气重一点，满足变桨控制柜、主控柜、电池柜内的灭火需求。安装时应注意热气溶胶灭火装置喷射时前端温度较高，可达 180℃～200℃，因此喷口前 1m 内不应有可燃物，在电气柜内安装，喷口应避开电气元件。

超细干粉灭火剂粒径小，流动性好，有良好抗复燃性、弥散性和电绝缘性。其灭火机理是以化学灭火为主，通过化学、物理双重灭火机能扑灭火焰。从物理上实现了被保护物与空气的隔绝，阻断再次燃烧所需的氧气，以物理方式防止复燃。自动灭火装置释放出的超细干粉灭火剂粉末通过与燃烧物火焰接触，产生化学反应迅速夺取燃烧自由基与热量，从而切断燃烧链实现对火焰的扑灭，灭火剂与火焰反应产生的大量玻璃状物质吸附着在被保护物表面形成一层隔离层；因此既能应用于相对封闭空间全淹没灭火，也可用于开放场所局部保护灭火。超细干粉灭火剂几乎适用任何火灾，成本低廉、无管网、技术成熟、非储压，但其灭火后有残留，对所有设备和环境均有污染，很难将 5μm～20μm 小颗粒的灰尘清除干净，特别是安装在海滩、湿度较大环境中的风力发电机组，设备短时间内不能恢复正常工作，虽然成本低，若误启动或灭火后维护、清理成本较高，若清除不干净，设备会经常出现故障，甚至会报废。因此，不适用于电气柜。

条文 2.3.8　发电机上部、齿轮箱上部及机舱内壁四周均宜布置感温及感烟测点，当检测到刹车盘、集油盒、高速轴承附近明火或温度超过 170℃时，应能自动启动、喷射灭火。

【释义】该条文引用了《风力发电机组消防系统技术规程》（CECS－391—2014）标准规定。风力发电机组机舱内部润滑系统、散热系统、齿轮箱、刹车系统、机舱底座、传输电缆、控制柜、并网络柜、变流柜等部位容易引发火灾。应在以上位置布置感温及感烟测点。感烟火灾探测器、感温火灾探测器的安装间距应根据探测器的保护范围和保护半径经计算确定。感温测点的启动温度宜比测点安装位置最高温度高出 30℃。目前市面上的自动灭火装置感温磁发电组件的静态动作温度值一般有 72℃（±5℃）、93℃（±5℃）、110℃（±5℃）三种阈值温度可选。风力发电机组齿轮油、液压油等当刹车盘、集油盒、高速轴承附近布置无源自启动探测线，当温度达到 170℃（或者明火）时，系统自动确认发生火情，无源探测线将信号传递给自动灭火装置，自动灭火装置瞬间启动。

条文 2.3.9　自动消防系统应选择经过认证的安全可靠产品，不应误动、拒动；自动消防系统应独立于控制系统之外，不能因控制系统失电、人为断电和雷击等因素造成误动；自动消防系统宜具备置“维护”功能且有状态提示。

【释义】由于风力发电机组环境恶劣、极端温差等特性，易造成消防电子设备老化失灵；长期受雷电干扰，易导致自动消防系统误动作。已有多台风力发电机组在雷击情况下发生误动作的情况。因此，设计自动消防系统时，应注意自动灭火装置启动条件，避免由于雷电活动、控制系统失电、人为断电等因素造成误动。选择自动消防系统时，应考虑产品可靠性，选择经过认证的产品，保证灭火装置不受潮湿和振动的影响。自动消防系统应有抗电磁干扰、抗低温、抗摇摆的能力，避免误动作。自动消防系统可增加“维护”功能，保证现场作业时，不会因为系统断电等因素触发。带有失电动作的自动消防系统，在进行检修维护时，应明确动力电源和控制电源的操作顺序，避免人为停电引起误动作。

【案例 1】2017 年 9 月某风电场遇雷雨天气，一台风力发电机组火灾探测器电启动引发元件动作，干粉喷出。雷雨过后对风力发电机组进行检查，无雷击痕迹，火灾探测器动作为非直接雷击导致。雷电活动周围产生较强电场，导致线圈产生感应电流，感应电流大于 0.3A，触发火灾探测器动作。

【案例 2】2017 年 10 月某风电场进行控制系统检查时，需要进行 24V 电源失去保护试验。断开机舱控制柜电源后，10S 后重新送电，分布在机舱 3 个 5kg 悬挂式干粉灭火器动作。因自动消防系统电源与安全链 24V DC 电源为同一电源，开关断开后烟雾探测器不能正常供电（系统判断电源线烧断），产生火情信号，但灭火装置驱动单元没有电源亦不能驱动，控制器一直检测到有火情信号，闭合 24V DC 电源时，驱动回路带电驱动灭火装置，悬挂式干粉灭火器动作。

条文 2.3.10　采用气体灭火的电气柜应根据《气体灭火系统设计规范》（GB 50370—

2005）要求计算灭火介质用量。

【释义】风力发电机组工作环境特殊，为保证风力发电机组的灭火效果，各防护单元的通风口、排风机应在灭火剂喷放前自动关闭。但目前部分风力发电机组设计时，为保证通风效果，机舱部分防护单元有少量开口无法完全封闭，对无法封闭的防护单元应适当增加灭火剂用量。灭火设计浓度过大，可能会危害到防护区域的人员安全，从该方面考虑还应限制单体灭火剂的质量。且惰性气体灭火装置储存压力高，在风力发电机组温度变化较大的情况下，存在一定安全风险。另外风力发电机组在运行过程中产生持续大幅振动，对悬挂装置的牢固程度影响很大，对安装支架和安装受力面都有较高要求。在实际工程应用中，已有安装支架断裂设备掉落的情况。因此，风力发电机组采用气体灭火系统，其灭火剂或惰化设计用量，应依据《气体灭火系统设计规范》（GB 50370—2005）根据防护区内可燃物相应的灭火设计浓度或惰化设计浓度经计算确定。

热气溶胶灭火设计用量应按式（2－2－3）计算：

$$W=C_2\times K_v\times V \tag{2-2-3}$$

式中 W——灭火设计用量，kg；

C_2——灭火设计浓度，kg/m^3；

V——防护区净容积，m^3；

K_v——容积修正系数，$V<500\text{m}^3$，$K_v=1.0$；$500\text{m}^3\leqslant V<1000\text{m}^3$，$K_v=1.1$；$V\geqslant 1000\text{m}^3$，$K_v=1.2$。

CH_3F_7 灭火设计用量应按式（2－2－4）计算：

$$W=K\times\frac{V}{S}\times\frac{C_1}{100-C_1} \tag{2-2-4}$$

式中 W——灭火设计用量或惰化设计用量，kg；

C_1——灭火设计浓度或惰化设计浓度，%；

V——防护区净容积，m^3；

K——海拔高度修正系数，可按表 2－2－2 进行选取；

S——灭火剂过热蒸汽在 101kPa 大气压和防护区最低环境温度下的质量体积，m^3/kg，$S=0.126\,9+0.000\,153T$（T 为防护区最低环境温度℃）。

表 2－2－2 海拔高度修正系数

海拔高度（m）	修正系数	海拔高度（m）	修正系数
－1000	1.130	2500	0.735
0	1.000	3000	0.690
1000	0.885	3500	0.650
1500	0.830	4000	0.610
2000	0.785	4500	0.565

条文 2.3.11 风力发电机组自动消防系统的竣工验收、调试、维护应符合《风力发电机组消防系统技术规程》（CECS 391—2014）的要求。

【释义】《风力发电机组消防系统技术规程》适用于新建、改建、扩建风力发电场中风力发电机组消防系统的设计、施工、调试、验收和维护管理。风力发电机组自动消防系统的竣工验收、调试和维护管理应按照该规程执行。

自动消防系统安装完成后，应对火灾报警控制器和灭火装置进行调试。每台风力发电机组进行单机通电调试，调试正常后方可进行火灾报警与灭火控制系统调试。调试完成后，建设单位应负责组织施工、设计、监理、运营单位进行验收，验收不合格不得投入使用。验收时应检查文件资料、工程质量。文件资料主要包括：竣工验收申请报告，设计图纸审核意见，设计变更通知单，施工单位竣工资料和竣工图，消防产品认证证书或技术鉴定证书，型式试验合格和出厂检验合格的证明文件，管道、电线电缆等材料的合格证和材质证明文件，施工现场质量管理检查记录，材料进场检验记录，施工过程检验记录，调试记录。施工质量应检查火灾报警装置、自动灭火装置。对于不同类型的探测器按20%比例抽检，信号反馈功能按30%比例抽检。批量安装自动灭火系统，应进行试验。

日常维护应巡查自动灭火装置各部件外观、工作状态、灭火器储存压力等；按月进行火灾探测器、火灾报警器、灭火控制装置功能试验。确保所有消防设备每年试验一次，自动灭火装置每年检查一次。具体维护项目可参照表2－2－3进行。

表2－2－3　　运行维护一览表

设备名称	检验项目	检　验　标　准	检验周期
干粉灭火装置	外观	防腐性良好、无损坏现象	半年检
	装配连接	螺栓紧固完好，支架安装到位、牢固	半年检
		系统连接线路完好，航空插头连接牢固，感温元件外表无损坏	
	安装牢固性	安装齐全，牢固可靠，符合设计要求	半年检
热气溶胶灭火装置	外观	防腐性良好、无损坏现象	半年检
	装配连接	喷嘴与热敏线连接牢固，热敏线无断裂	半年检
		系统连接线路完好，航空插头连接牢固，感温元件外表无损坏	
	安装牢固性	安装齐全，牢固可靠，符合设计要求	半年检
感温磁发电元件	外观	防腐性良好、无损坏现象	半年检
	装配连接	记忆芯片正常无脱落，保险销已拔出，进入准工作状态	半年检
	安装牢固性	安装齐全，牢固可靠，符合设计要求	半年检
连接线	外观	无老化、无损坏现象	半年检
	装配连接	航空接头无松动或断开	半年检
	安装牢固性	固定牢靠，走线美观，符合设计要求	半年检

3　防止风力发电机组倒塔事故措施释义

总体情况说明

风力发电机组作为高空转动设备，在各类发电设备中具有其特殊性。现役风力发电机组塔架高度一般在 50m～150m，百余吨的设备在高空运行，叶轮还将受到不同风况下的动态载荷影响，因此塔架和基础的性能对机组的安全可靠性至关重要。

结合国内外多起风力发电机组倒塔事故案例，梳理原因，根据现场实际情况，从基础、塔架、螺栓、叶片、控制系统等方面提出设计选型、定期检测、缺陷处置、保护管理、应急管理具体措施。在基础方面，规范地勘及施工标准、开展基础沉降检测、重视混凝土与塔架接缝密封防水及边坡、回填土夯实情况；在塔架方面，加强塔架、法兰监造，运输、安装过程质量监控，关注塔材的低温冲击功等关键指标，提出塔架防潮具体标准，对漆膜脱落、焊缝开裂提出检查方法和处理措施。明确塔架法兰螺栓的验收、安装、紧固、检测、防腐、更换等环节应执行的技术要求。对叶片的安装角、不平衡性、净空比、覆冰、共振、雷击破损等导致的异常情况提出具体处理措施；对控制系统涉及振动保护检测、控制策略优化、报警信号管理、安全链测试等提出具体要求。

摘　要

基础裂缝现异常，沉降观测来帮忙；
螺栓入场及时验，质量不佳批次换；
螺栓力矩紧不乱，工艺责任落纸面；
叶片气动不平衡，激光校准均可行；
电池电容常保养，制动刹车必校验；
保护配置投入全，定值条件按期验；
小风检测先收桨，主备切换有用场；
飞车倒塔导火线，变桨系统是关键；
变桨失效要飞车，偏航避风降载荷。

条 文 说 明

条文 3.1　基础

条文 3.1.1　风力发电机组地基基础设计前，应进行工程地质勘察，勘察内容和方法应符合《陆地和海上风电场工程地质勘察规范》（NB/T 31030—2012）的规定。地基基础应

满足承载力、变形和稳定性的要求。

【释义】该条文引了《风电机组地基基础设计规定》（FD 003—2007）5.0.2、5.0.3 条规定。所有风力发电机组地基基础均应满足承载力、变形和稳定性的要求。地基基础设计前，应进行岩土工程勘察，勘察内容和方法应符合《陆地和海上风电场工程地质勘察规范》（NB/T 31030—2012）8.2.1、8.2.2 条规定要求。

8.2.1　风力发电机组基础地基详细地质勘察应包括下列内容：

1　查明场址区每台风力发电机组基础地基的岩土体组成、层次结构、分布规律，特别是地基软土层、膨胀性土层、湿陷性黄土层、易崩解性土层、红黏土、盐渍土土层、冻土层等特殊性土层的分布范围和厚度。

2　查明岩石地基的岩性、分层、岩层产状、风化程度及软岩、易溶岩、膨胀性岩层和软弱夹层的分布及厚度，评价其对地基稳定性的影响。

3　查明风力发电机组地基处断层、挤压破碎带的产状、性质、规模和充填胶结情况。

4　查明基础地基地下水类型、埋藏条件，地下水位，地下水与地表水的补排关系。评价地下水对地基稳定性的影响，特别是对膨胀性土层、湿陷性土层、易崩解土层等水敏感性土的影响。

5　进行水质简分析，评价地下水、地表水对风力发电机组基础和建（构）筑物的腐蚀性。

6　进行岩土体室内试验和现场试验，确定地基岩土体的物理力学性质参数，包括天然地基承载力、抗剪力学指标（C、ϕ值）、压缩系数、压缩模量、变形模量、桩基的桩侧阻力值和桩端阻力值，以及特殊岩土体的相关物理力学参数，如湿陷性黄土的湿陷性系数、膨胀性岩土层的膨胀率等。

7　查明风力发电机组基础地基的地电阻率。

8　查明地基持力层的埋深、不均匀沉降、湿陷、地震液化等主要工程地质问题。

9　进行风电场滑坡、崩塌、泥石流、洪水等地质灾害调查。

10　提出风力发电机组不同形式基础持力层的埋藏深度及其各层岩土体物理力学参数建议值。

11　对风力发电机组基础地基的工程地质条件和主要工程地质问题做出评价，并提出基础形式和地基处理建议。

8.2.2　风力发电机组基础地基勘察应符合下列规定：

1　根据风力发电机组布置坐标，进行现场风力发电机组机位测量放点。海上风电场定位宜采用 DGPS（difference global positioning system，差分全球定位系统）进行风力发电机组定位。

2　根据场址区的工程地质条件和风力发电机组的总体布置，进行风力发电机组机位微观选址。

3　陆地风电场应测量风电场地形图，测图比例尺陆地为 1:2000～1:5000，海上海图为 1:10 000。应进行风电场的工程地质调查或测绘。

4　采用风电场物探测试方法，测定风电场地电阻率和地层波速等。场地地层差异较大时，宜对每台风力发电机组地基土的地电阻率进行测试。

5　根据微观选址确定的风力发电机组机位，布置勘探点。每台机位应布置 1 个主孔，钻孔位置距离每台风力发电机组机位基础中心不宜大于 3m；必要时在风力发电机组基础对角线 10m～12m 处布设辅孔或坑槽，以控制每个风力发电机组基础的工程地质条件和水文地质条件。

6　勘探孔可分为一般性钻孔和控制性钻孔。一般基础控制性钻孔数量不应少于总孔数的 1/3；桩基础控制性勘探孔应占勘探点总数的 1/3～1/2。

7　勘探方法可根据地基岩土类别、场地条件等具体情况选用。

8　如遇地下水，应在钻进过程中观测地下水位，并划分含水层和相对隔水层。

9　特殊性岩土的勘察应符合 GB 50021 及相关专业规范。

10　钻孔深度根据本标准 7.2.6～7.2.8 条确定。

11　地基采取岩土试样、水样和原位测试应符合本标准 7.2.9 条的规定。

工程建设阶段，应认真开展风力发电机组地基地质勘察工作，提高基础的设计安全性，避免发生重大缺陷；工程移交生产阶段，应及时收集地勘报告、设计图纸、施工记录等涉及基础安全的竣工资料，掌握各机位地形、地质条件，有针对性地制定检查及维护标准。

条文 3.1.2　受洪（潮）水或台风影响的地基基础应满足防洪等要求，洪（潮）水设计标准应符合《风电场工程等级划分及设计安全标准》（FD 002—2007）的规定。对可能受洪（潮）水影响的地基基础，在其周围一定范围内应采取可靠防冲刷措施。

【释义】该条文引用了《风电机组地基基础设计规定》（FD 003—2007）5.0.12 条规定。受洪（潮）水影响的风力发电机组基础，在基础环与台柱混凝土间应设止水结构，基础底板混凝土中的预埋管道应采取防水和止水措施。为防止洪（潮）水冲刷基础，在基础周围一定范围内应采取可靠防冲刷措施，如修建防浪堤（或防潮堤）、围堰等。依据《风电场工程等级划分及设计安全标准》（FD 002—2007）第 7 条规定，受洪（潮）水或台风影响的地基基础及防浪堤（或防潮堤）应按下列规定进行设计。

7.0.1　风电场工程建筑物应根据工程所处位置，分别确定山区、丘陵区和平原（湖滨）区洪水设计标准以及沿海区潮水设计标准。

7.0.2　山区、丘陵区和平原（湖滨）区塔架基础的洪水设计标准，应根据塔架地基基础的级别，按表 2-3-1 确定。

表 2-3-1　山区、丘陵区和平原（湖滨）区塔架基础的洪水设计标准

地基基础级别	1	2、3
洪水设计标准［重现期（年）］	50～30	30～10

7.0.3　沿海区以及潮汐河口段塔架基础的潮水设计标准为重现期 50 年。对 1 级塔架基础，若设计潮水低于当地历史最高潮水位时，应采用历史最高潮水位校核电气设备的安装高程。

7.0.4　防浪堤（或防潮堤）的洪（潮）水设计标准，应根据防护区内洪（潮）水设计标准较高的防护对象的洪（潮）水设计标准确定。

7.0.5　围堰的洪（潮）水设计标准，根据围堰结构形式、围堰级别，按表 2-3-2 确定。

表 2-3-2　　围堰设计洪（潮）水标准　　年（重现期）

围堰结构类型 \ 围堰级别	3	4	5
土石	20	10	5
混凝土、浆砌石及其他	10	5	3

条文 3.1.3　在季节性冻土地区，当风力发电机组地基具有冻胀性时，扩展基础埋深应大于当地的规范设计冻土层厚度。

【释义】该条文引用了《风力发电机组地基基础设计规定》（FD 003—2007）8.1.5 条规定。标准冻深是指一个地区冬季时室外空旷土体自地平面以下冻结的最大深度平均值。在季节性冻土地区，当风力发电机组地基具有冻胀性时，基础埋深应大于当地标准冻深，否则会发生冻融，影响基础载荷。在生产运维阶段，应重点关注基础在低温环境下是否出现裂纹、不均匀沉降、周围地表裂纹等情况，发现异常后应联系设计单位进行原因分析并制定解决方案。

条文 3.1.4　冰冻地区与外界水分（如雨、水等）接触的露天混凝土构件应按冻融环境进行耐久性设计。

【释义】该条文引用了《风力发电场设计规范》（GB 51096—2015）9.3.1（7）条规定。混凝土抗冻性一般以抗冻等级表示。抗冻等级是采用龄期 28 天的试块在吸水饱和后，承受反复冻融循环，以抗压强度下降不超过 25%，且质量损失不超 5%时所能承受的最大冻融循环次数来确定的。《混凝土质量控制标准》（GB 50164—2011）3.3.2 条规定将混凝土抗冻性划分为以下九个等级：F50、F100、F150、F200、F250、F300、F350、F400 及 F400 以上。分别表示混凝土能够承受反复冻融循环次数为 50、100、150、200、250、300、350、400 及 400 以上。考虑到风力发电机组所处环境的特殊性，其基础混凝土抗冻等级应满足下列要求：

（1）对于海上风力发电机组基础，严寒地区混凝土抗冻等级不宜小于 F300，寒冷地区混凝土抗冻等级不宜小于 F250，温和地区混凝土抗冻等级不宜小于 F200。

（2）对于陆上风力发电机组基础且土层渗水性能较差的情况，严寒地区混凝土抗冻等级不宜小于 F150，寒冷地区混凝土抗冻等级不宜小于 F100，温和地区混凝土抗冻等级不宜小于 F50。

（3）对于陆上风力发电机组基础且土层渗水性能较好的情况，严寒地区、寒冷地区、温和地区混凝土抗冻等级均不宜小于 F50。

条文 3.1.5　风力发电机组基础确保抗冻性的主要措施应包括防止混凝土受湿、采用高强度混凝土和引气混凝土。

【释义】该条文引用了《风力发电场设计规范》（GB 51096—2015）9.3.1（8）条规定。当前，低温型风力发电机组的应用越来越广泛，有时由于项目工期要求，不可避免地会在冬季进行基础施工。为确保低温地区基础的抗冻性及耐久性满足使用要求，对于基础设计和施工工艺等，应采取防止混凝土受湿、采用高强度混凝土和引气混凝土措施。

依据《风电机组地基基础设计规定》（FD 003—2007）9.1.1 条规定，将低温型风力发电机组基础的混凝土结构和环境类别定义为二 b 类（严寒和寒冷地区的露天环境，与无侵蚀性的水或土壤直接接触的环境）或三类（使用除冰盐的环境；严寒和寒冷地区冬季水位变动的环境；滨海室外环境）。严寒及寒冷地区的潮湿环境中，结构混凝土应满足抗冻要求，混凝土抗冻等级应大于 F150。如使用引气剂，宜采用 C25 以上的混凝土；如不使用引气剂，建议采用 C35 以上的混凝土。

对于已投运的风电场，应定期检查风力发电机组基础，重点检查基础是否出现明显不均匀沉降、基础混凝土是否冻融破坏、基础回填土是否出现裂缝、基础防水措施是否失效等。如发现基础混凝土冻融破坏，可参照表 2－3－3 所列措施进行处理。

表 2－3－3　　冻融性破坏分级与加固维修措施

破坏等级	破坏特征	结构质量	措施
0	无	很好	继续使用
Ⅰ	混凝土表面疏松并开始脱落残留砂粒，呈现麻面	较好	继续使用，需定期观测
Ⅱ	混凝土表面有连续性微裂缝，开始剥落，粗骨料残留，强度开始降低，内部也产生裂纹、露筋	一般	表面进行涂层防护，破损部位用聚合物砂浆或高标号砂浆加固
Ⅲ	混凝土表面不仅局部破坏，凹凸不平，而且内部也开始疏松，强度明显降低	较差	实施全面防护，加固处理
Ⅳ	混凝土表面破坏严重，内部结构已经破坏，强度极低	差	报废

【备注】引气剂是具有憎水作用的表面活性物质，它可以降低混凝土拌和水的表面张力，使混凝土内部产生大量微小稳定的封闭气泡。这些气泡由于具有弹性，能使混凝土结冰时产生的膨胀压力得到缓解，起到缓冲减压的作用，溶解时这些气泡可恢复原状。因此，空隙内自由水反复冻融也不会对孔壁产生太大压力。另外，这些气泡可以阻塞混凝土内部毛细管与外界的通路，使外界水分不易侵入，降低混凝土的渗透性。同时，大量的气泡能起到润滑作用，改善混凝土和易性，施工时新拌混凝土易于填充模具，硬化后混凝土密实度提高。因此，掺用引气剂，使混凝土内部具有一定的含气量，可以提高混凝土的抗冻耐久性。

条文 3.1.6　风力发电机组的地基处理、基础设计、混凝土原材料、钢筋规格型号、钢筋网结构等设计应符合《风电场工程等级划分及设计安全标准》（FD 002—2007）的规定。在施工过程中应严格控制地基处理、混凝土施工工艺。

【释义】依据《风电场工程等级划分及设计安全标准》（FD 002—2007）3.0.1、5.0.2 条规定，风力发电机组地基基础设计使用年限和设计基准期应采用 50 年；地基基础设计级别根据单机容量、轮毂高度和地基复杂程度分为三级，设计时应根据具体情况按表 2－3－4 选用。

表 2－3－4　　风力发电机组塔架地基基础设计级别划分

级别	单机容量、轮毂高度和地基类型
1	单机容量大于 1.5MW 轮毂高度大于 80m 复杂地质条件或软土地基
2	介于 1 级、3 级之间的塔架地基基础

续表

级　别	单机容量、轮毂高度和地基类型
3	单机容量小于 0.75MW 轮毂高度大于 60m 地质条件简单的岩土地基

注　1. 地基基础设计级别按表中指标分属不同级别时，按最高级别确定。
　　2. 对 1 级地基基础，当地基条件较好时，经论证设计级别可降低一级。

因风电场特殊的风况特征和地质条件，为防止风力发电机组基础倾倒破坏，应对照工程等级严把设计、施工和验收等全过程质量关。在设计阶段，应根据地形地貌、地层岩性分布及不良地质作用，合理选用基础类型、钢筋强度、混凝土标号，选用的钢材、水泥、粉煤灰及外加剂等原材料应符合设计要求，并按相关规定进行检验；在施工阶段，应重点关注基础混凝土的材料、配合比、制备和运输质量控制。

【案例】2008 年 4 月，某风电场一台风力发电机组正常运行时，基础被连根拔出，发生倒塔，如图 2-3-1 所示。初步分析，该基础存在以下问题：

基础混凝土设计强度等级为 C30，事故后钻孔取芯试验得出的强度等级为 C10～C20，基础混凝土实际标号偏低；基础混凝土搅拌、振捣不均匀，断面反映出混凝土级配较差；从断面看，基础不是一次性浇筑，存在施工冷缝；凝胶材料用量和基础混凝土的混合比不满足要求，基础环钢筋完整拔出，黏结质量存在问题。

图 2-3-1　风力发电机组基础连根拔出

条文 3.1.7　混凝土强度等级，应按照标准方法制作、养护边长为 150mm 立方体试件、在 28 天龄期用标准试验方法测得具有 95%保证率的抗压强度进行确定。

【释义】该条文引用了《风电机组地基基础设计规定》（FD 003—2007）9.1.5 条规定。混凝土强度是影响风力发电机组基础结构可靠性的重要因素，基础浇筑过程中应严格按照《混凝土强度检验评定标准》（GB/T 50107—2010），对混凝土进行取样及试验，并对混凝土强度进行检验评定，确保符合工程质量要求。

条文 3.1.8　对于直埋螺栓型风力发电机组基础，地锚笼施工时，所有预埋螺栓应按机组制造厂要求进行力矩检验，并保留记录可追溯，所有预埋螺栓应进行防腐处理。

【释义】直埋螺栓型风力发电机组基础是通过对锚栓施加预拉力，从而实现塔架在基础上的固结。锚栓下端固结于基础底部，整个基础刚度一致，不存在突变，受力均匀。如果锚栓腐蚀或力矩不满足设计要求，基础承载力会大幅下降，将对风力发电机组安全运行带来极大安全隐患。地锚笼施工时，为避免应力集中，应严格按照施工工艺要求对锚栓施加预拉力，并做好记录。

条文 3.1.9 风力发电机组基础施工时，基础环应注意：法兰水平度满足机组制造厂的设计要求；与混凝土结构接缝应采取防水措施。

【释义】见条文 3.1.18、3.2.8 释义。

【备注】风力发电机组基础环上法兰水平度应经建设单位、施工单位、监理单位及整机厂家共同验收，经验收满足设计要求，方可进行吊装作业。

条文 3.1.10 风力发电机组吊装前，应保证其基础强度满足设计要求。

【释义】依据《风力发电工程施工与验收规范》（GB/T 51121—2015）6.1.1 条规定，风力发电机组安装前应对基础、接地、电缆管、基础环进行复查，且满足安装要求。基础设计强度应满足风力发电机组承载要求，并保留一定安全裕度，当基础混凝土强度不低于设计强度时方可进行吊装作业。

条文 3.1.11 陆上风力发电机组应设置不少于 4 个沉降观测点，基础浇筑完成后第一周观测频次为 1 次/天；第一周后至吊装前观测频次为 1 次/月；吊装前后各观测 1 次，其对比结果作为基础检验的依据，观测记录应及时整理归档。

【释义】基础沉降主要是由地基土体的压缩变形导致。在荷载大于其抗剪强度后，土体产生剪切破坏，导致基础沉降。如果同一基础的某个部位发生急剧下降，导致基础开裂、顶面相对高差超出允许偏差范围，即为不均匀沉降。风力发电机组对基础不均匀沉降较敏感，基础是否产生不均匀沉降，是评定基础施工质量是否合格的重要标准之一。因此，在工程建设阶段应参照《建筑变形测量规范》（JGJ 8—2016）7.1 条规定，开展风力发电机组基础沉降观测工作。

风力发电机组基础沉降观测通常采用水准测量方法，要求布设基准点和沉降观测点，并对基准点和观测点进行联测。其观测原理是借助测量仪器提供的水平视线读取不同观测点位置垂直竖立的标尺，从而根据标尺读数差获知基准的与沉降观测到的高程差异。通过对不同时间点测量结果的数理统计、对比分析，进而掌握基础沉降变化情况。如图 2－3－2 所示。

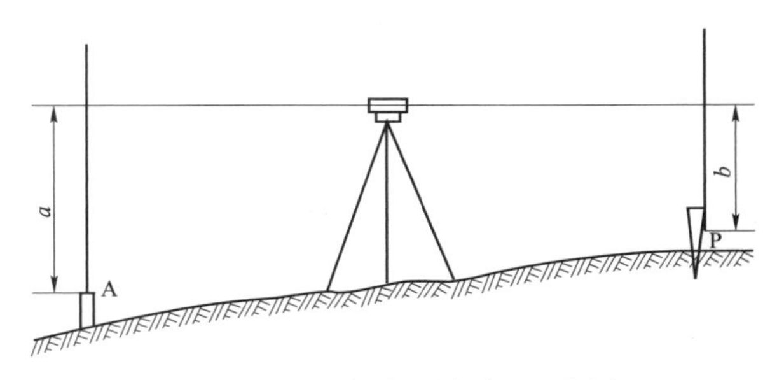

图 2－3－2 水准测量原理示意图

条文 3.1.12 风力发电机组吊装后沉降观测时间一般不少于 3 年。第一年内，基础沉降观测频次为 1 次/3 个月；第二年沉降观测频次为 1 次/6 个月；以后每年监测 1 次。当沉降稳

定时，可终止观测，沉降是否稳定应根据沉降量与时间关系曲线判定，当某一台机组沉降速率小于 0.02mm/天时（指某台机组所有测点的平均值）且沉降差控制倾斜率小于 0.3%时，可认为该风力发电机组基础沉降已稳定，可终止观测，但总观测时间还应满足不小于 18 个月的要求。

【释义】该条文引用了《建筑变形测量规范》（JGJ 8—2016）7.1.5（2）、7.1.5（4）条规定。风力发电机组与一般高耸结构不同，其轮毂高度超过 50m、顶部质量大，且基础承受 360° 动态偏心载荷。为准确反映风力发电机组基础在动静荷载及环境等影响下的变形程度和变化趋势，在生产运维阶段应继续开展基础沉降观测工作，通过绘制沉降曲线图，及时发现塔架倾斜、基础变形，并采取有效措施避免风力发电机组倒塔。风力发电机组基础沉降观测至少应经历一个完整的冻胀期，因此建议总观测时间不小于 18 个月。

依据《风电机组地基基础设计规定》（FD 003—2007）8.4.2 条规定，风力发电机组基础地基变形允许值参照表 2－3－5。考虑到风力发电机组所处环境及地貌的特殊性，建议参照本条文，适当提高基础沉降稳定的判定标准。地基变形情况通过基础沉降量来反映，主要指标包括总沉降、不均匀沉降、沉降速率等。其中：

（1）总沉降量取四个观测点累计沉降量的算术平均值；

（2）基础整体倾斜率＝基础整体倾斜量/基础直径；

（3）本期沉降速率＝本期沉降量/相邻两次观测时间间隔。

表 2－3－5 地基变形允许值

轮毂高度 H（m）	沉降允许值（mm）		倾斜率允许值 $\tan\theta$
	高压缩性黏性土	低、中压缩性黏性土，砂土	
$H \leqslant 60$	300	100	0.006
$60 < H \leqslant 80$	200		0.005
$80 < H \leqslant 100$	150		0.004
$H > 100$	100		0.003

条文 3.1.13 每次沉降监测应记录各点高程、观测时间、风速、风向数据。当发现沉降观测结果异常或遇特殊情况（如地震、台风、长期降雨、回填土沉降或出现裂纹、基础附近地面荷载变化较大）时，应相应加密沉降观测频次。

【释义】依据《建筑变形测量规范》（JGJ 8—2016）7.1.5（3）条规定，基础沉降观测过程中，若发现大规模沉降、严重不均匀沉降或严重裂缝等，或出现基础附近地面荷载突然增减、基础四周大量积水、长时间连续降雨等情况，应提高观测频率，并实施安全预案。

条文 3.1.14 在地质条件易导致沉降的区域（黄土高原、云贵高原、海上、采矿）及台风、地震、泥石流等自然灾害频发地区，风力发电机组应埋设基础沉降观测点或装设倾斜在线监测装置，宜采取年度定期观测。

【释义】考虑到条文所列区域地质的特殊性，建议连续监测风力发电机组基础沉降情况，或通过装设塔架形态在线监测系统，实时监测基础倾斜及塔架晃动情况，发现异常提前预警。

条文 3.1.15 海上风力发电机组均应配备塔架形态在线监测系统，实现实时监测基础倾斜、塔架晃动及预警功能。

【释义】对于海上风力发电机组，其塔架本身既承受自身重力、风的推力、叶轮扭力等复杂多变的载荷，又受极端恶劣气象及潮汐影响。塔架作为一个弹性刚体会产生一定幅度的摇摆和扭曲等弹性变形，过大的摆动将导致塔体结构疲劳载荷增大，或使塔架基础发生倾斜，甚至倒塔。因此，需对塔架变形状态进行连续监测，发现异常及时预警。

条文 3.1.16 风力发电机组基础回填应严格按照设计要求施工，基础周围出现回填土沉降、裂缝后应及时补填、夯实。严禁在现役风力发电机组基础周围取土作业；基础加固应履行施工方案审查和批准流程，由具备资质的基础设计单位进行复核后方可施工。

【释义】依据《风电机组地基基础设计规定》（FD 003—2007）9.5.9 条规定，扩展基础、桩基础承台和岩石锚杆基础周围及上部的回填土应满足上覆土设计密度的要求。依据《建筑地基基础设计规范》（GB 50007—2011）6.3.6（5）、6.3.7 条规定，不得使用淤泥、耕土、冻土、膨胀性土以及有机质含量大于 5%的土作为基础回填土；基础回填时，要排净基坑内积水后均匀回填，每回填一层须夯实一次，回填土容量及压实系数应不小于 0.94；回填土如有沉降、裂缝，应及时补填夯实；在工程移交时坑口回填土不得低于地面。

风力发电机组基础加固前，为保证基础的承载力、抗滑移能力和抗倾覆能力等满足设计要求，应由具备资质的设计单位进行设计，并经复核后方可施工。

条文 3.1.17 加强风力发电机组基础混凝土检查和保护，混凝土表面严禁倾倒油液、燃烧可燃物等破坏混凝土强度的作业。

【释义】混凝土中的水泥是水硬性胶凝材料，须在水中才能水化硬化。基础混凝土施工前期（浇筑后 14 天以内），如在混凝土表面燃烧可燃物，混凝土内水分蒸发，水泥无法水化，导致混凝土强度无法达标；基础混凝土施工后期，如在混凝土表面燃烧可燃物，混凝土内结合水丧失，微观结构破坏，导致混凝土强度损失。因此，为保证基础混凝土强度，严禁在混凝土表面燃烧可燃物。

基础混凝土质量直接关系到整机的安全运行，在生产运维阶段应定期对其进行检查，提前发现隐患，避免基础变形、失效等事件发生。

条文 3.1.18 应定期检查风力发电机组基础环与混凝土接缝处防水措施完好情况，发现破损渗水等情况应及时采取灌浆、防水措施。

【释义】风力发电机组基础环与混凝土接缝处防水措施失效或基础存在裂缝，水分会从接缝、裂缝渗入基础，随着基础内部水分的增加，混凝土吸水饱和，逐渐将基础环周边的混凝土粉末淘蚀挤出，引起风力发电机组振动异常。因此，基础设计施工时应采取止水措施，如在基础环与混凝土接缝处灌浆等。根据基础损伤特点，建议从以下四个方面定期对基础外观进行检查。

（1）检查基础环周边是否存在冒浆现象。冒浆是因基础环与混凝土之间出现严重研磨，防水层失效，导致水分侵入，加剧基础混凝土磨损。出现冒浆后，应采取停机措施，并对冒浆位置及范围进行拍照记录。

（2）检查基础防水措施是否失效。绕基础环内外各一周，检查基础防水层老化情况。若出现冒浆，应掀开防水保护层对下部混凝土干湿程度进行检查，并对防水层失效的部位进行拍照记录，为后期加固处理提供依据。

（3）检查基础环主风向侧混凝土受压破损、裂缝情况。基础环主风向周边混凝土受压破损易于观测，若存在需拍照并记录对其位置及范围；由于防水层的存在，基础环周边混凝土裂缝往往不宜被观察到。因此，对于基础环周边出现冒浆时，必须掀开防水保护层对下部混凝土表面裂缝的宽度及长度进行测量和拍照。

（4）检查基础积水情况。现场调研表明，风力发电机组基础周边存在积水往往会严重影响基础安全。因此，需重点观察基础周边是否存在积水、排水是否良好、回填土是否流失，并详细记录。

【案例】2017 年，某风电场多台风力发电机组基础出现冒浆、压溃及响动等异常情况。经检查，现场 33 台风力发电机组基础环与混凝土接缝处防水措施普遍失效，且存在不同程度的混凝土疲劳破坏现象。其中一台风力发电机组基础环水平度为 8.95mm，塔架已出现明显倾斜，严重威胁风力发电机组安全。如图 2－3－3 所示。

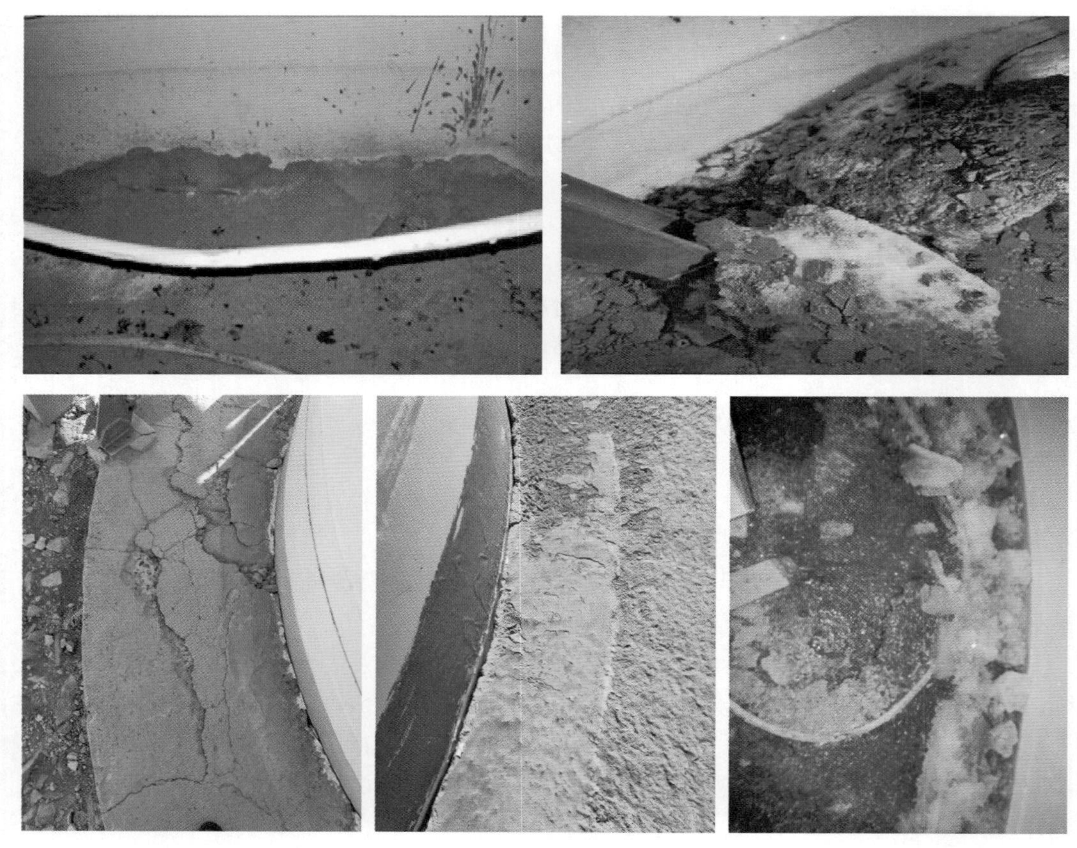

图 2－3－3　风力发电机组基础冒浆、压溃、防水措施失效

条文 3.1.19　风力发电机组进行叶片加长、塔架加高等变更载荷的技术改进前，应校核基础载荷。

【释义】风力发电机组叶片加长、塔架加高后，叶片形变、振动频率及整机载荷等都会发生变化。因此，须重新校核风力发电机组相关部件的强度及基础载荷，确定风力发电机组基础、叶片及相关部件的强度能够满足新的载荷及净空要求，避免风力发电机组部件破坏及倒塔。

条文 3.1.20　遇地震、台风等特殊情况，应及时开展风力发电机组基础及周围边坡安全检查，发现隐患应立即停机进行处理。

【释义】依据《风力发电场运行规程》（DL/T 666—2012）6.1.7.2（c）条规定，在气候剧烈变化、自然灾害、外力影响和其他特殊情况时，对运行中的风力发电机组运行情况进行检查，及时发现设备异常现象和危及风力发电机组安全运行的情况。尤其遇地震、台风、洪水、泥石流等极易造成风力发电机组整机结构破坏的特殊情况，应及时确认风力发电机组已安全停机；如具备安全作业条件，应及时对基础及周围边坡进行安全检查，发现隐患及时处理。

【案例】2006 年 8 月，某风电场遭遇台风，28 台风力发电机组全部受损，其中 5 台风力发电机组倒塔。测风数据显示，事故发生时瞬时风速达 85m/s。如图 2－3－4 所示。

图 2－3－4　风力发电机组遇台风倒塔

条文 3.2　塔架

条文 3.2.1　塔架主体（包括筒体、法兰、门框）所用钢材应考虑塔架的强度、运行环境温度、材料的焊接工艺以及经济性，可根据《碳素结构钢》（GB/T 700—2006）和《低合金高强度结构钢》（GB/T 1591—2008）选择使用。非塔架主体用钢与塔架主体焊接时，应与塔架母材相容。

【释义】该条文引用了《风力发电机组　塔架》（GB/T 19072—2010）6.1.1 条规定。塔架应在全部设计载荷、工况情况下，安全、稳定地支撑风轮和机舱，通过塔架设计、材料选择和防护措施减少外部条件对塔架安全性和完整性的影响。

风力发电机组塔架对母材质量的特殊要求主要与地域环境有关，如“三北”地区，冬季最低温度低于－30℃，低温型塔架在选材时，为避免塔架母材、焊缝在低温环境下出现较大冲击载荷，要求母材具有防低温脆断性能。同时，风力发电机组低温停机设定值应满足塔架母材运行环境温度要求。

异种金属焊接时，由于焊缝两侧的金属和焊缝的合金成分有明显的差别，焊接过程中，母材和焊材都会熔化并相互混合，对于焊接接头不同的位置混合均匀程度也有很大差异，这就造成其化学成分的不均匀性。因此，非塔架主体用钢与塔架主体焊接时，应与塔架母材相容。

【案例 1】2009 年 2 月，某风电场发生一起风力发电机组倒塔事故。现场勘察，塔架从中、下段法兰连接处折断。事故后对塔架法兰进行取样分析，发现其低温冲击强度远低于设计规范，判断法兰材质不满足设计要求是造成此次倒塔事故的原因之一。

【案例 2】 2017 年 11 月，某风电场一台风力发电机组倒塔。现场勘察，塔架朝下风向弯折，弯折发生在塔架高度 28.76m～31.60m 区域，塔架表面无叶片扫掠痕迹。对 SCADA 数据进行分析，该风力发电机组在塔架弯折前运行状态未见明显异常。根据塔架弯折失效形态及计算结果，塔架疲劳强度不满足设计要求，最终酿成倒塔事故。如图 2－3－5 所示。

图 2－3－5 塔架疲劳强度不满足要求导致风力发电机组倒塔

条文 3.2.2 塔架拼焊法兰毛坯不宜超过 6 片拼接，且螺栓孔不能在焊缝上。环锻法兰按照相关国家标准执行，法兰使用的钢材质量等级应等于或高于塔架筒体使用钢材的质量等级。

【释义】 该条文引用了《风力发电机组　塔架》（GB/T 19072—2010）6.1.6 条规定。风力发电机组塔架法兰采用低合金结构材料，通常为 Q345D 或 Q345E。塔架安装后，其所受载荷主要为绕塔架中心的转矩以及弯矩，而塔架法兰是塔架的主要应力集中部位之一，为保证法兰的刚性及承载能力，要求使用的钢材质量等级应等于或高于塔架筒体使用钢材质量等级。对于拼焊法兰，拼接数量越多，焊接应力越大，极易造成法兰变形，而焊缝是拼接法兰载荷的薄弱点，其疲劳特性及质量严重影响法兰寿命。此外，塔架安装是通过高强螺栓拉伸将法兰平面加紧，如螺栓孔位于焊缝处，会降低焊缝强度。为避免法兰加工工艺不佳，导致风力发电机组倒塔，在塔架监造过程中，应按法兰质量证明书中的检验项目进行逐项验收。

条文 3.2.3 塔架制造应严格执行《风电机组筒型塔制造技术条件》（NB/T 31001—2010）的有关规定。塔架应由具备资质的单位进行监造和监检，监造报告应和生产厂家出厂资料一并作为原始资料移交业主单位存档。

【释义】《风电机组筒型塔制造技术条件》（NB/T 31001—2010）规定了风力发电机组塔架的制造、检验、标识、包装、储存、运输和验收等方面的技术要求。为保证塔架制造质量，应由具备资质的单位对塔架制造过程进行全方位跟踪监造。监造方式分文件见证、现场见证、停工待检三种。文件见证由塔架制造单位出具证实文件，监造方代表核对确认后在见证表上签字；现场见证和停工待检由委托方和监造方代表在工厂参与检查试验，符合要求确认后，在见证表上签字。监造代表应具有丰富的本专业工作能力，熟悉风力发电机组塔架监造流程及质量管理要求。监造项目结束后，监造单位及监造方代表应及时向委托方提供完整的监造总结、监造报告、监造记录及联络函件等文件。

【备注1】塔架主要监造项目见表2-3-6。

表2-3-6　　塔架主要监造项目

序号	制造工序	监造项目
1	原材料进厂	原材料外观检验及资料审查
2	筒节下料	检查下料几何尺寸
3	卷圆	检查筒节圆度
4	组装	检查对接间隙长度尺寸，直线度
5	法兰	检查平面度、粗糙度、几何尺寸、螺孔位置、螺孔直径
6	组装法兰	检查法兰平面度、组装间隙
7	焊纵环焊缝	检查焊缝外观，超声波探伤检查
8	喷砂	检查粗糙度
9	喷漆	检查漆膜厚度
10	内件安装	检查安装位置、定位尺寸、焊缝外观

【备注2】塔架出厂资料见表2-3-7（应包含但不限于表中所列文件）。

表2-3-7　　塔架出厂资料

序号	制造工序	出厂资料
1	塔架的制作和焊接	主体钢材质量证明书
		材料追踪列表
		焊接日志
		法兰质量检测报告
		拼焊法兰的热处理报告（若存在时）
		无损检测报告
		塔段的几何尺寸检测报告
		减震装置的泄漏试验报告（若存在时）
2	表面处理	表面处理方案
		表面处理记录
		表面处理返修记录
3	最终检验和交付	附件安装检验报告
4	第三方监理报告	产品发货清单
5	其他	制作过程中的设计变更文件（若存在时）

【**案例**】塔架监造过程中常见问题见表 2-3-8。

表 2-3-8 塔架监造过程中常见问题图表

序号	问　题	案　例
1	原材料保护不善	
2	门框切割失误	
3	基础环开孔失误	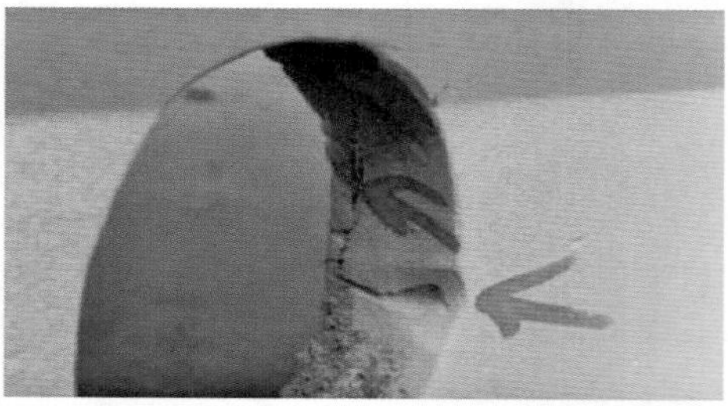
4	法兰内圆弧加工失误	
5	起吊压痕	

续表

序号	问　　题	案　　例
6	修复失误导致筒体表面凹坑	
7	受热融化	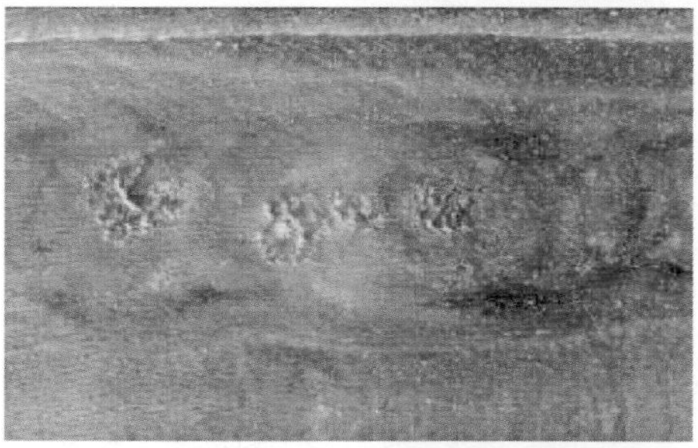
8	电弧损伤	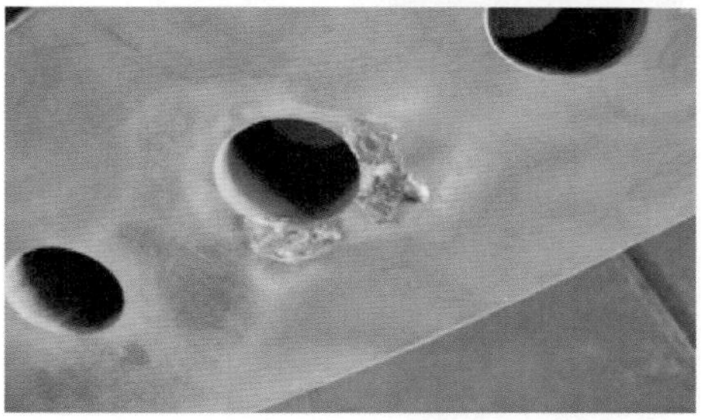
9	超差间隙	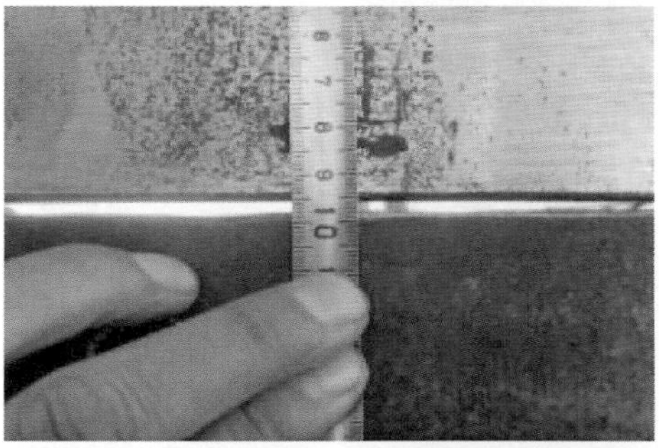
10	错边	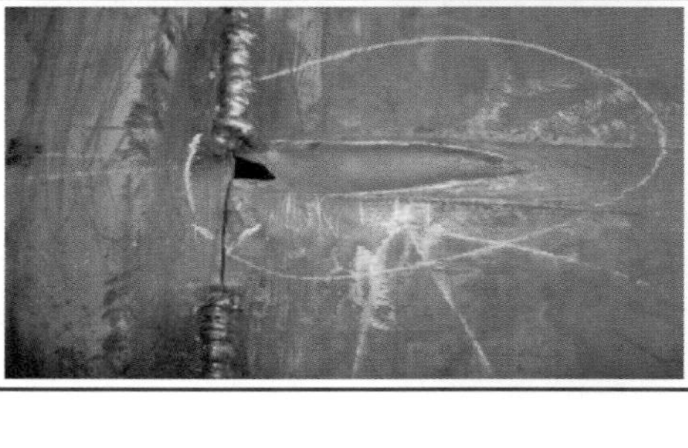

续表

序号	问　　题	案　　例
11	接头不合格	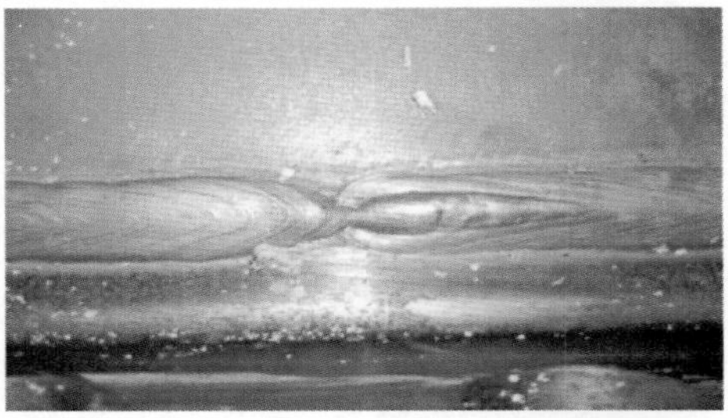
12	裂纹	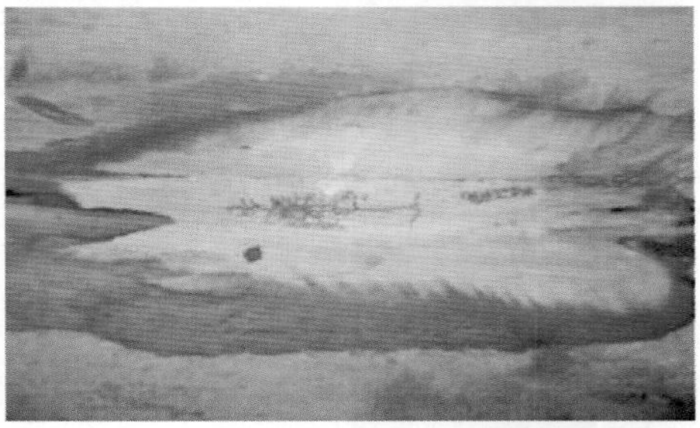
13	咬边	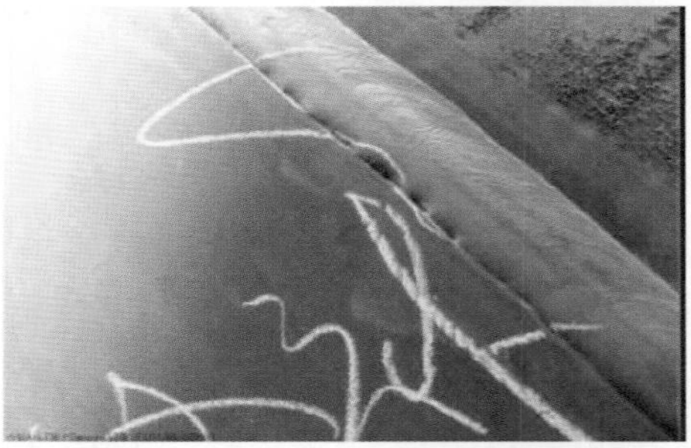
14	缺乏保护造成损伤	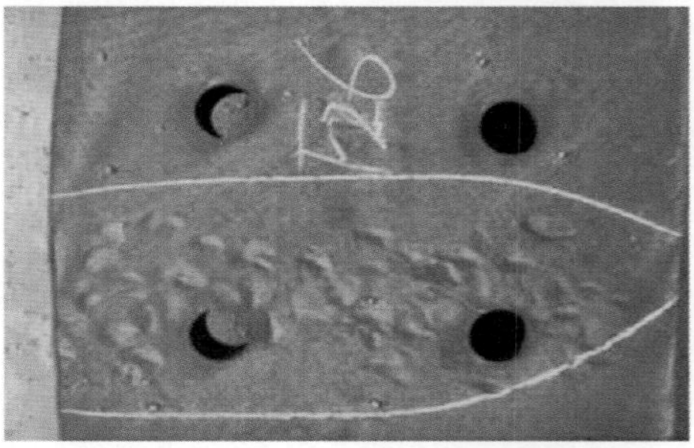
15	喷砂工艺差	

续表

序号	问　题	案　例
16	喷漆工艺差	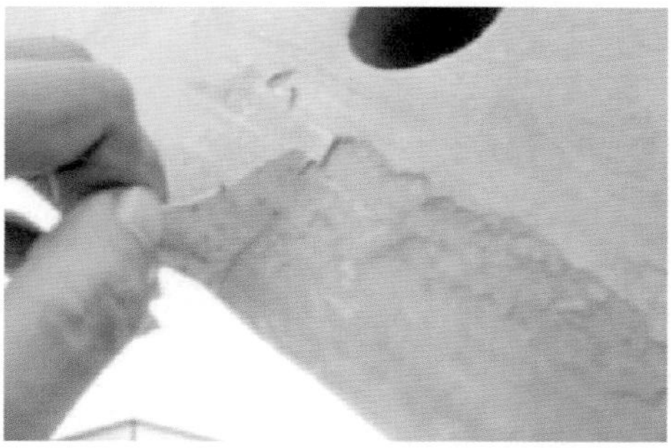
17	内件安装工艺差	
18	报告、记录造假	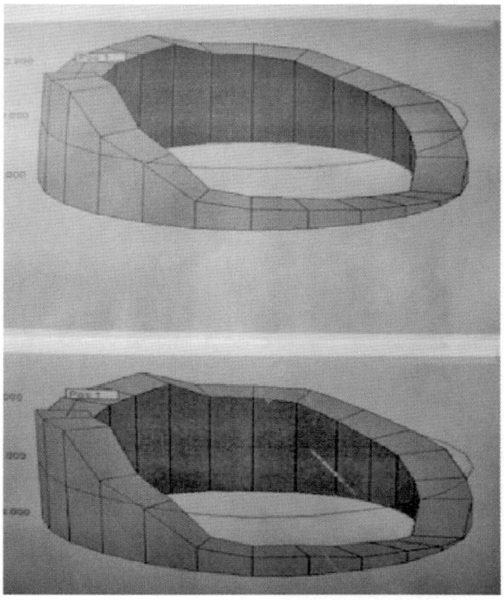

条文 3.2.4　塔架出厂前应进行 100%检测，检测项目包括钢材尺寸、钢材材质、法兰平面度和法兰焊后变形情况、焊缝内外部及涂装层质量，检测合格后方可出厂。

【释义】该条文引用了《风电机组筒形塔制造技术条件》（NB/T 31001—2010）10.3.2、10.3.3 条规定。出厂检验每台均应进行 100%检测。验收检查以不大于 20 台为一个验收批次，每一验收批次随机抽两台进行检测，一台成品检验涂装层质量，一台半成品（未涂装）进行其余项目检验，钢材材质试样在同一批次的原材料中抽取。产品检验项目按质量特性的重要程度分为A类和B类，质量特性划分情况见表2-3-9。

表2-3-9　　检验项目及质量特性划分

项目名称	不合格分类		样本数	判定组数	
	A	B		*Ac*	*Re*
钢材外形尺寸	√		20	0	1
钢材材质	√		3	0	1
零部件加工各项目尺寸偏差（不包括法兰平面度及法兰焊后变形）		√	筒体数+2	0	1
法兰平面度		√	法兰数	0	1
法兰焊后变形		√	法兰数	0	1
焊缝外部质量（外观及尺寸）		√	筒体数+2	0	1
焊缝内部质量	√		筒体数	0	1
涂装层外观		√	筒体数+2	0	1
涂装层厚度		√	筒体数+2	0	1
涂装层结合力/附着性	√		3	0	1
镀锌层均匀性	√		3	0	1

注　样本数“筒体数+2”中的“2”为两件附件。

判定原则如下：

（1）筒体和附件中A类项目的实测点应全部合格。

（2）筒体和附件中B类项目检查的实测点合格率达到95%及以上，则判定该项目合格。

（3）当筒体和附件的A类项目全部合格，B类项目中筒体部件加工尺寸偏差不合格项不大于1项时，附件部件加工尺寸偏差不合格项不大于3项时，则判定该筒体和附件合格。

（4）当样本中检查出的不合格品数不大于接收数*Ac*值时，则判定该批产品合格，当样本中检查出的不合格品数大于或等于拒收数*Re*值时，则判定该批产品不合格。

条文3.2.5　塔架运输应捆绑牢固，做好防塔架漆膜磨损的措施，塔架两侧法兰应做支撑。

【释义】依据《风力发电机组　塔架》（GB/T 19072—2010）12.4条规定，为防止塔架运输时受损，应采取以下措施：

（1）塔架的搬运和吊装不允许损伤防腐层，除商定的吊点，不允许在涂漆表面装起吊索具，吊装索具（钢丝绳）必须采取可靠的防护措施，避免与防腐层直接接触。

（2）塔架在运输过程中应捆绑牢固，两边放置楔形垫木防止滚动；捆绑索具及垫木与塔架之间须垫放棉制缓冲物，防止运输过程中摩擦损伤防腐层。

（3）塔架两端应用防雨布封堵，防止污物等进入筒体，塔架外表面应采用铝塑合成材料或聚丙烯编织袋进行全包装，防止运输过程中碰撞损伤防腐层，如图 2－3－6 所示。

（4）为防止塔架法兰在运输过程中变形，法兰宜采用槽钢进行米字支撑固定，如图 2－3－7 所示。

图 2－3－6 塔架防磨措施不完善损伤防腐层

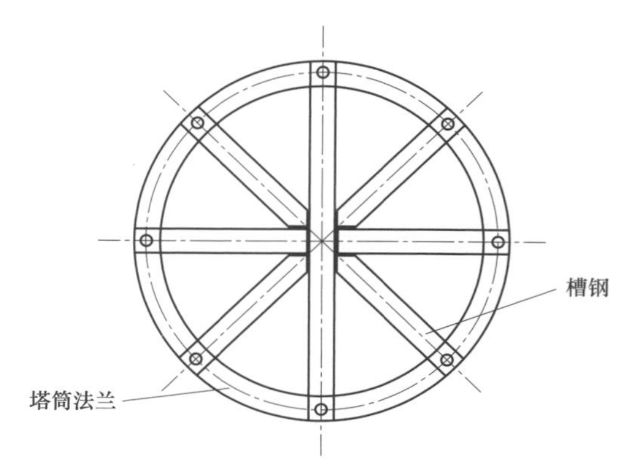

图 2－3－7 塔架法兰支撑示例

条文 3.2.6 塔架进场存放时，法兰两端应安装专用支脚；塔架两端用防雨布封堵，防止污物等进入筒体。

【释义】为防止塔架法兰因自重变形导致法兰圆度不满足技术规范要求（≤2mm），同时避免塔架与地面、硬物接触造成筒体损伤，塔架放置时应使用专用支架，严禁将塔架直接放置地面；为防止灰尘、雨水、污物进入筒体，造成筒体污染及腐蚀，塔架两端应用防雨布封口，并捆扎密封。

条文 3.2.7 风力发电机组安装作业应由有资质单位进行，特种作业人员应持证上岗。吊装过程中应防止塔架漆膜破损，如有损坏应及时修补。每节塔架安装时，在法兰结合面应涂刷密封胶，装配过程质量文件可追溯。

【释义】风力发电机组安装为特种作业，须由具备机电安装工程施工总承包二级及以上资质或机电设备安装工程专业承包一级资质，并具有风力发电机组吊装工程及其以上相关工程施工经验的单位进行。依据《建筑施工起重吊装工程安全技术规范》（JGJ 276—2012）3.0.2 条规定，起重机操作人员、起重信号工、司索工等特种作业人员必须持特种作业资格证书上岗，严禁非起重机驾驶人员驾驶、操作起重机。

塔架在运输或安装过程中漆膜不可避免会刮伤和碰伤，如漆膜破损，应参照 3.2.13 条“塔架破损涂层修补工艺”进行修补，并做好记录。为防止水分从法兰结合面进入塔架，腐蚀法兰、筒体、焊缝及高强螺栓等，在塔架安装时，应在法兰结合面均匀涂刷密封胶（通常使用中性硅酮密封胶），如图 2－3－8 所示。

图 2－3－8 塔架法兰结合面涂刷密封胶

条文 3.2.8 风力发电机组基础环和各段塔架法兰水平度不合格、塔架法兰螺栓孔不对应的，严禁吊装。

【释义】 风力发电机组基础环连接法兰水平度的微小偏差和倾斜都会造成塔架顶部中心与垂直轴线之间错位，使塔架在垂直轴方向发生偏移，影响塔架稳定性。塔架安装前，应复测基础环和各段塔架法兰水平度，根据不同整机厂家提供的施工工艺标准，一般要求控制在1mm～2mm。为保证塔架连接高强螺栓拧紧后受力均匀，避免螺栓剪切，在塔架吊装前应检查法兰螺栓孔对应情况，发现问题及时处理。

条文 3.2.9　塔架表面应无油污、锈蚀；在塔架上作业时，应防止破坏塔架漆膜，如破损应及时修复。

【释义】 塔架漆膜脱落会造成塔架母材锈蚀，塔壁局部变薄、应力集中，影响塔架支撑安全。因此，在日常巡检时，应重点检查塔架表面锈蚀（如图 2－3－9 所示）情况，发现问题及时处理；在塔架上作业时，应注意防止破坏塔架漆膜。如漆膜破损（如图 2－3－10 所示），应参照 3.2.13 条“塔架破损涂层修补工艺”进行修补，并做好记录。

图 2－3－9　塔架表面油污侵蚀

图 2－3－10　塔架漆膜剥落、表面锈蚀

条文 3.2.10　日常巡检中应对塔架内焊缝、螺栓进行目视检查。塔架表面出现扩散性漆膜脱落或焊缝周围有漆膜脱落，应检查分析，必要时进行超声波检测；塔架法兰螺栓断裂或塔架本体出现裂纹时，应立即停止风力发电机组运行，同时采取加固措施。

【释义】 塔架常见的失效类型有防腐失效、螺栓断裂、焊缝开裂、法兰变形等，严重影响塔架安全。因此，应加强塔架巡检工作，重点检查塔架防腐层、连接螺栓、焊缝、法兰等外观变化情况。塔架表面若出现扩散性漆膜脱落或焊缝周围有漆膜脱落，须分析判断塔架防腐层是否失效、应力变化是否异常。如因应力变化导致漆膜脱落，须联系整机厂家深入分析，必要时进行超声波检测；如塔架法兰连接螺栓断裂或塔架本体出现裂纹，应立即停机，同时采取加固措施，防止风力发电机组倒塔。

【案例 1】 2010 年 3 月，某风电场一台风力发电机组振动大报警停机，检修人员登塔检查发现：中、下塔架法兰连接螺栓断裂（如图 2－3－11 所示）48 颗（该处法兰连接螺栓数量共 125 颗），在螺栓未断裂的塔架一侧，中塔架下法兰与筒节焊缝间出现长约 1.7m 的裂缝（如图 2－3－12 所示）。立即采取就地停机措施，并对塔架进行加固，避免了风力发电机组倒塔。

图 2－3－11 中塔架法兰连接螺栓断裂

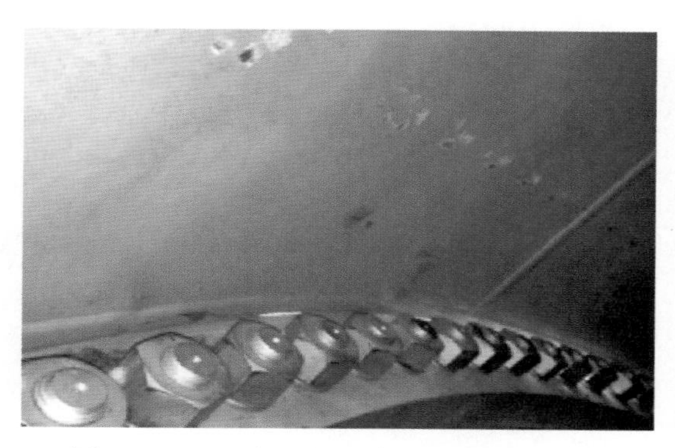
图 2－3－12 中塔架下法兰焊缝出现裂缝

【案例 2】2015 年 1 月，某风电场检修人员在风力发电机组巡检过程中发现：距中塔架下法兰焊缝约 30mm 处的筒体出现扩展性褶皱（如图 2－3－13 所示），长度已达筒体 1/4 周长，最大凸起高度 3.5mm。随即采取就地停机措施，避免了风力发电机组倒塔。

图 2－3－13 中塔架下法兰筒体扩展性褶皱

条文 3.2.11 严禁在塔架本体上进行焊接作业（塔架本体焊缝补焊除外），塔架发生因外力撞击造成变形、过火受热的情况，应由具备资质单位鉴定校核，满足强度要求后方可投运。

【释义】塔架在加工过程中已承受焊接的热影响，如再次在塔架本体上进行焊接作业，新的焊缝热影响区将会对塔架其他焊缝、筒体强度造成严重影响。因此，严禁在塔架本体上进行焊接作业。此外，塔架本体如遇外力撞击变形、过火受热，在恢复风力发电机组运行前，应校核塔架强度是否满足设计要求，如不满足要求，应按评定合格的工艺进行返修。

条文 3.2.12 塔架法兰对接处出现缝隙时，应立即停止风力发电机组运行并进行处理。处理完成后测量法兰水平度、同心度满足要求后，方可运行。

【释义】如发现塔架法兰对接处出现缝隙，应立即停机检查，重点检查法兰连接螺栓是否松动、法兰是否偏移、风力发电机组振动是否异常等。隐患消除后，应测量法兰水平度、同心度是否满足要求，必要时可测量塔架垂直度。

【备注 1】塔架法兰移动情况检查包括以下几项：

（1）检查法兰结合处是否有金属颗粒物（如图 2－3－14 所示）。

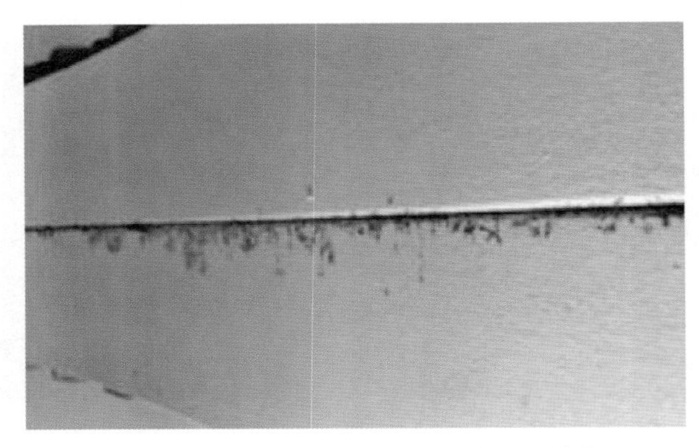

图 2－3－14　塔架法兰处挤出金属颗粒物

（2）检查法兰结合处漆膜是否破裂（如图 2－3－15 所示）。

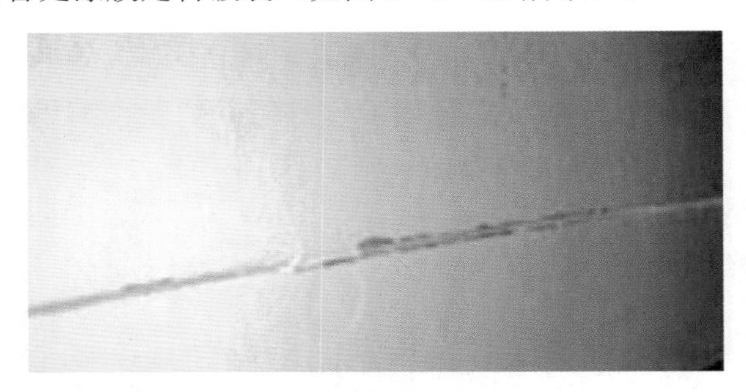

图 2－3－15　塔架法兰处漆膜破裂

（3）检查法兰结合处是否渗水（如图 2－3－16 所示）。

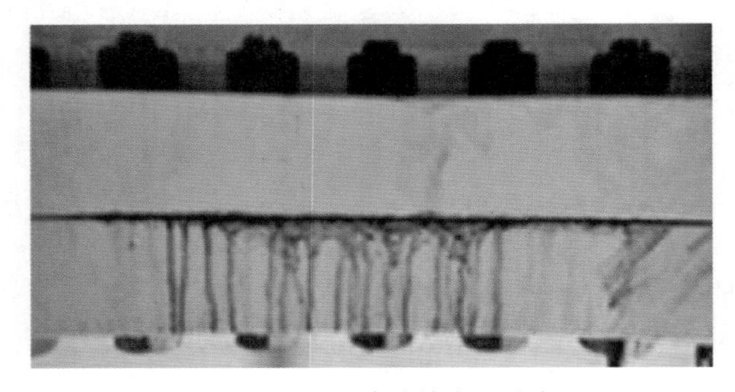

图 2－3－16　法兰结合处渗水

【备注 2】塔架垂直度测试方案示例。

（1）测试环境。风速小于 3m/s，天气晴朗，可视度好。

（2）被测风力发电机组要求。处于停机状态。

（3）测量原理。通过使用全站仪，采用圆柱偏心测量方法进行测量，得到塔架顶部和底部圆柱中心的坐标，对坐标进行计算，得出塔架的垂直度（如图 2－3－17 所示）。

（4）测试方法。

1）将全站仪放置距被测风力发电机组 200m 左右的位置，调整至水平。

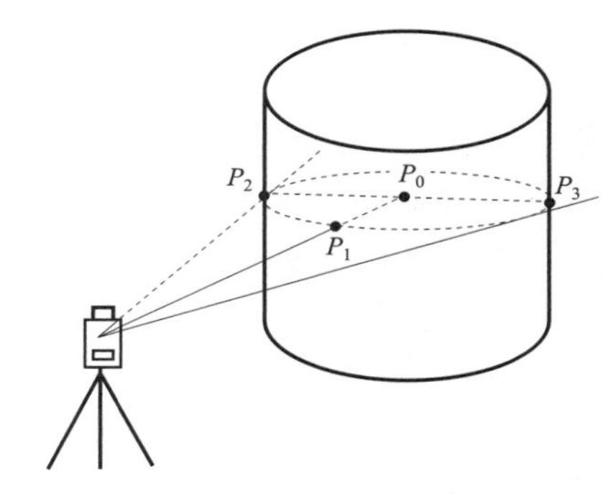

图 2-3-17 风力发电机组塔架垂直度测试

2）使用全站仪目镜，程序选择角度测量模式，在塔架顶端得到塔架顶端左右切点 P_2 和 P_3。

3）P_1 的方向角等于圆柱面点（P_2）和（P_3）方向角的平均值，移动目镜找到 P_1 位置。

4）使用全站仪圆柱偏心程序，计算得出塔架顶端圆柱中心的坐标（N，E）。

5）将全站仪目镜测量光标移至塔架底端，按上述方法，找到底端 P_1 位置。使用全站仪圆柱偏心测量程序，计算得到塔架顶端圆柱中心的坐标（N'，E'）。

6）将两坐标点带入以下公式，得到相应的测量值。

计算最大倾斜距离：

$$a=\sqrt{\left|(N-N')\right|/2+\left|(E-E')\right|/2}$$

计算倾斜度（其中 H 为塔筒高度）：

$$\tan\alpha=a/H$$

计算垂直度（mm/m）：

$$Lh=a/H$$

条文 3.2.13 潮间带、沿海地区的风力发电机组塔架内外壁油漆的防腐等级应满足外部 C5、内部 C4 的要求。运行期间应加强腐蚀性监测记录，及时修复漆膜破损部位。

【释义】潮间带、沿海地区空气腐蚀性较强，风力发电机组金属部件易腐蚀，为满足此类地区塔架的防腐蚀需要，《沿海及海上风电机组防腐技术规范》（GB/T 33423—2016）对如何提高防腐蚀综合性能提出详细的技术要求。对于该类地区的风力发电机组，随着塔架服役时间增加，防腐涂层存在老化、破损、牺牲阳极损耗破坏等问题，应定期对塔架防腐措施进检测和维护，掌握其腐蚀情况。

（1）检测要求。工程实施后初期 2 年内，至少每半年检测一次：在运行维护 2 年后每年检测一次，视防腐系统的运行情况，可适当增加检测频率。检测周期为一个季度的，应检查可见部位；检测周期为一个季度以上的，应全面检查设备结构面、焊缝及连接处等，并对需要维修区域做好涂层的开裂、脱落、起泡、生锈、粉化等缺陷类型及面积比例等记录。

（2）对于塔架涂层破损处应按如下要求进行修补。

1）采用原涂料并按原工艺进行修补，条件不具备时可选用适合现场条件的涂料体系进行修补，所选涂料应满足钢制件防护涂层体系性能要求，且与原体系具有良好的相容性。

2）修补前要对漆膜损伤进行评估，然后做出修补计划，修补从损坏的最底涂层开始。

3）如中间漆和面漆损伤，应对损伤涂层做表面拉毛处理，然后涂装相应中间漆、面漆。

4）如底漆损伤，应重新对金属基体进行表面处理，损伤部位周边完好的涂层也应打磨到 St3 级（无可见油脂和污垢，无附着不牢的氧化皮、铁锈和油漆涂层等附着物），然后涂装相应底漆、中间漆、面漆。

5）大面积修补宜采用无气喷涂，小面积修补可采用多次刷涂，干膜厚度应不低于涂层设计值。

条文 3.3　螺栓

条文 3.3.1　塔架的高强螺栓连接副应按批配套进场，并附有产品质量检验报告书。高强度螺栓连接副应在同批内配套使用，使用前应由业主独立完成分批次抽样送检，严禁使用检测不合格的同批次产品。

【释义】该条文引用了《钢结构高强度螺栓连接技术规程》（JGJ 82—2011）6.1.2 条规定。高强螺栓连接副的质量影响连接安全性，应达到《风电机组塔架用高强螺栓连接副》（NB/T 31082—2016）“5　技术条件”要求，不符合要求的产品不得使用。高强螺栓制造厂是按批保证扭矩系数或紧固轴力，应同批配套使用。高强螺栓到场后应及时按批次和数量要求送检，试验项目包括螺栓楔负载试验、螺母保证荷载试验、螺母硬度试验、垫圈硬度试验、螺栓连接副扭矩系数试验。上述试验抽检数量均为 8 件，螺纹脱碳试验试件数量为 3 件。送检时应附制造厂的质量检验出厂报告，报告中应包括批号、规格、数量、材料、炉号、化学成分、试件拉力试验和冲击试验数据、实物机械性能试验数据、连接副扭矩系数测试数据等内容。需注意，润滑剂应随螺栓试样一起送试验室，并严格按照安装指导手册要求进行涂敷。

【案例】某风电项目高强螺栓送检时，未告知试验人员在垫片与螺母、螺栓头接触面涂敷润滑剂，致使送检螺栓试验结论中扭矩系数超出规范要求（0.10～0.15）。重新送检，并按照安装指导手册要求涂敷润滑剂后检测合格。

条文 3.3.2　在安装过程中，不得使用螺纹损伤及沾染脏物的高强度螺栓连接副，不得用高强度螺栓兼作临时螺栓。

【释义】该条文引用了《钢结构高强度螺栓连接技术规程》（JGJ 82—2011）6.4.5 条规定。螺栓从开始使用到终拧完成相隔时间较长，在这段时间内受安装环境等因素影响（如下雨、超限温度等），其扭矩系数会发生变化，特别是螺纹损伤或沾染赃物，扭矩系数会大幅变大，在同样终拧扭矩下达不到螺栓设计预紧力，严重影响高强螺栓终拧预紧力的准确性，并直接影响连接安全性。风力发电机组塔架安装时，应先用安装螺栓固定对孔，再插入数量不少于 1/3 的临时螺栓进行中心调整，用扳手拧紧。若螺栓孔偏差较大，应先修孔，修孔后再安装高强螺栓，保证螺栓对孔准确、轴力均匀。不得直接用高强螺栓代替安装螺栓使用，防止因螺纹损伤、螺栓预紧力不足导致螺栓断裂。

条文 3.3.3　塔架安装前应取下直埋螺栓型基础的地脚螺栓浇注保护套，并将螺栓根部清理干净。

【释义】该条文引用了《风力发电机组装配和安装规范》（GB/T 19568—2004）4.5.1.1 条规定。对于锚栓型风力发电机组基础结构，基础混凝土浇筑过程中应采取措施保护锚栓组合件不受污染或损坏。塔架安装前应对地基进行清洗，将地脚螺栓上的浇注保护套（如图 2－3－18 所示）取掉并清掉螺栓根部水泥或砂浆，保证地脚螺栓的预拉力和螺杆强度，避免螺栓松动、断裂。

条文 3.3.4　高强度螺栓紧固前，螺栓螺纹表面应做好润滑，并按规定力矩和紧固工艺进行安装。紧固后的螺母和螺栓表面应完好无损，螺栓头部应露出 2 个～3 个螺距，带有正反方向的螺栓弹簧垫和垫片安装方向应正确，每一颗高强螺栓都应做好安装标记，塔架法兰结合面应密封。

图 2－3－18 地脚螺栓浇筑保护套

【释义】 该条文引用了《风力发电机组高强螺纹连接副安装技术要求》（GB/T 33628—2017）“7 安装工艺要求”规定。高强螺栓安装前，应按以下要求在外螺纹接触面上涂敷抗咬合润滑剂，以防止螺纹旋合过程中发生咬合：

（1）对于螺栓/螺柱、平垫圈和螺母的组合形式应遵循以下要求。

1）螺栓/螺柱外螺纹应保证涂敷抗咬合润滑剂。

2）螺母与垫片的接触面上涂抹润滑剂。

（2）对于螺栓直接拧入零部件形式应遵循以下要求。

1）螺栓外螺纹应保证 3/4 长度的螺纹上涂敷润滑剂。

2）垫片与螺栓头的接触面涂敷润滑剂。

（3）润润滑剂涂敷厚度应遵循以下：

1）螺栓外螺纹润滑剂涂敷厚度约为螺纹深度的 1/2；

2）螺母及垫圈接触面上的润滑剂涂敷厚度为约 0.1mm。

高强螺栓长度应保证终拧后螺栓外露 2～3 个螺距。风力发电机组塔架高强螺栓垫圈带有方向，一面为平面无圆倒角，另一面有标志和圆倒角。垫圈设置内倒角是为了与螺栓头下的过渡圆弧相配合，安装时垫圈带倒角的一侧应朝向螺栓头，否则螺栓头不能很好地与垫圈密贴，影响螺栓受力性能。对于螺母一侧的垫圈，因倒角侧表面平整、光滑，拧紧时扭矩系数和离散率较小，所以垫圈有倒角一侧应朝向螺母。高强螺栓安装技术交底可归纳为一句话：螺母和垫圈放置时标志朝外。在现场安装过程中如遇螺母或垫圈放置方向错误，应予以纠正。如图 2－3－19 所示。

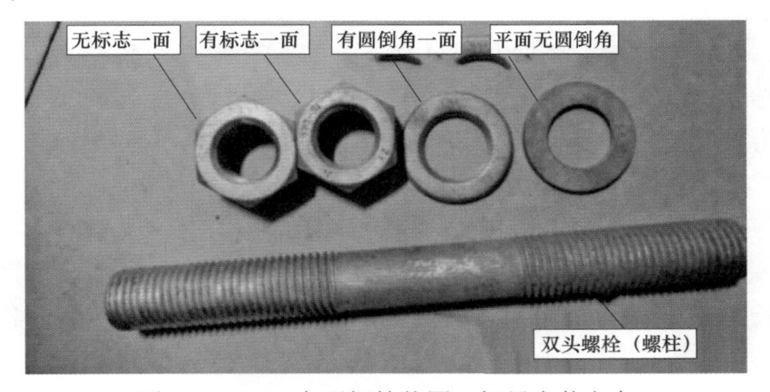

图 2－3－19 高强螺栓垫圈、螺母安装方向

螺纹连接副初拧、复拧、终拧后，应用黑色（或其他醒目颜色）漆笔在螺母或螺栓头上涂标记，然后按照规定的扭矩值施拧。标记色及样式如下所示：

（1）初拧。标记颜色：黑色（或其他醒目颜色）；标记式样：—。

（2）复拧。标记颜色：黑色（或其他醒目颜色）；标记式样：|，与第一次组合形成+。

（3）终拧。标记颜色：黑色（或其他醒目颜色）；标记式样：○，与第一次、第二次组合形成⊕。

（4）安装完成后，在螺母（或螺栓头）及垫圈与被连接件交接处做好防松检验标记。

【案例】 2010 年 8 月，甘肃瓜州地区连续大风，造成某在建风电场一台 1.5MW 风力发电机组倒塔，如图 2－3－20 所示。事故前，该风力发电机组在吊装完毕后叶轮处于锁定状态，叶轮不能自由旋转，随着叶轮风载增大，作用力传至塔架整体。该风力发电机组中塔架上法兰和上塔架下法兰连接螺栓只进行对角 50%力矩紧固，其他螺栓人工手动拧紧；中塔架下法兰以下与下塔架连接螺栓均按 50%力矩液压扳手全部紧固。初步分析，造成此次倒塔事故的原因主要是螺栓拧紧力矩不满足安装技术要求，大风时螺栓承受剪切力，超过载荷极限发生断裂。

图 2－3－20　高强螺栓紧固工艺不满足安装要求导致风力发电机组倒塔

条文 3.3.5　安装高强度螺栓时，严禁强行穿入。不能自由穿入时，该孔可用铰刀进行修整，修整厚度不应大于 1mm，且修孔数量不得超过该节点螺栓数量 10%；修孔前应将两侧螺栓全部紧固。

【释义】 该条文引用了《钢结构高强度螺栓连接技术规程》（JGJ 82—2011）6.4.8 条规定。安装高强螺栓时，螺栓应自由穿入螺栓孔，且穿入方向一致，严禁使用锤子等将高强度螺栓敲入孔内，防止螺纹受损，扭矩系数达不到设计预紧力。如不能自由穿入，可用绞刀进行修整，修整后螺栓孔最大直径不应超过 1.2*d*（*d* 为高强螺栓公称直径）。为防止铁屑落入连接件夹缝中，应将四周螺栓全部拧紧，使连接件密贴后再修孔。气割扩孔随意性大、切割面粗糙，严禁采用该方法修孔。

条文 3.3.6　紧固螺栓所用的力矩扳手等工具，应由具备资质单位定期检验合格。力矩扳手使用前应进行校正，其力矩相对误差应为 ±5%，合格后方可使用。校正用力矩扳手，其扭矩相对误差应为 ±3%。

【释义】 该条文引用了《钢结构高强度螺栓连接技术规程》（JGJ 82—2011）6.4.11 条规

定。除扭矩外，紧固工具是影响高强螺栓预紧力的重要因素。风力发电机组高强螺栓一般使用力矩扳手、电动力矩扳手、液压力矩扳手、液压拉伸器进行紧固，以上紧固工具应为计量合格产品，具有计量合格证书，并在计量周期内由有资质的计量部门进行计量鉴定，其最大精度误差应符合说明书要求。力矩扳手使用前，应调好挡位，并使用扭矩测量扳手反复校正其扭矩力与设计要求是否一致。扭矩值过高，会使高强螺栓过拧，超负载运行，高强螺栓产生裂纹；扭矩值过低，会使高强螺栓达不到预紧力，造成连接面摩擦系数降低，承载能力下降，螺栓松动或受剪切断裂。

条文 3.3.7　采用外法兰的风力发电机组，在螺栓上部应设置防雨、防腐的保护帽。

【释义】对于采用外法兰的风力发电机组，为防止雨水、砂石侵蚀基础环外露螺栓，影响其使用寿命，应在螺栓上部加装保护帽（如图 2－3－21 所示），并定期检查，发现缺失或损坏应及时补装。

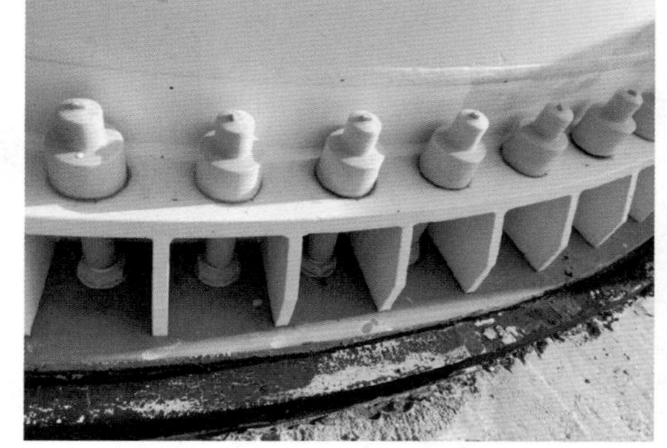

图 2－3－21　高强螺栓保护帽

条文 3.3.8　应根据风力发电机组制造厂要求，定期进行风力发电机组高强度螺栓外观和力矩检查；螺栓和螺母的螺纹不应有损伤、锈蚀，螺栓力矩应符合要求。

【释义】依据《风力发电机组高强螺纹连接副安装技术要求》（GB/T 33628—2017）9.5、9.6 条规定，为实现高强螺栓全寿命周期管理，应定期对高强螺栓进行检查和维护。

9.5　高强紧固件应进行以下项目的检查：

a）巡检时应检查紧固件的防松标记有无移位现象；

b）检查螺栓（钉）、螺母有无缺失现象；

c）检查紧固件有无断裂现象；

d）检查螺栓（钉）、螺母有无松动现象。

9.6　对于高强紧固件应做好以下维护措施：

a）对防松标记移位的紧固件应进行及时紧固；

b）对缺失和断裂的螺栓（钉）、螺母及时补充；

c）对松动的螺栓（钉）、螺母及时紧固；

d）对松动补拧、缺失补充的紧固件在紧固后应重新做防松标记；

e）在月检、季检、半年及年检中的全数检查，其紧固方法应符合以下要求：

1）对扭矩紧固的紧固件采用 110%的安装力矩对紧固件进行施拧，合格、不合格及实施措施按《扭矩转角检验法检验螺栓紧固性能》的规定执行，并做好记录；

2）对采用扭矩转角紧固的紧固件按 8.3.2 的规定执行；

3）对采用拉伸法紧固的紧固件按 8.3.3 的规定执行；

4）紧固后防腐层出现划伤的，应在划伤处进行修补，达克罗涂层可以推荐使用冷镀锌修补。

【备注】塔架连接高强螺栓检查方法如下：

（1）螺栓断裂情况检查。可使用橡胶锤敲击螺母，检查螺栓是否断裂。敲击时应小心螺栓从法兰中脱落，做好防高空落物措施。如发现螺栓断裂，应立即停机。

（2）根据外部迹象评估螺栓、法兰是否存在异常。

1）检查塔架平台上是否存在螺栓、螺母或垫圈的腐蚀痕迹（如图 2-3-22 所示）。

2）检查高强螺栓力矩时，高强螺栓是否存在松动迹象（如图 2-3-23 所示）。

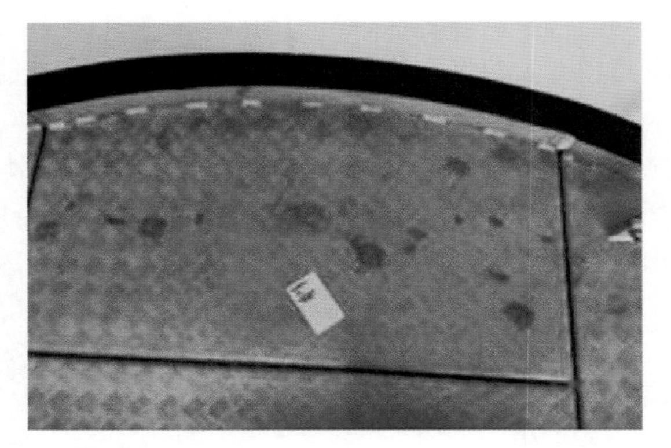

图 2-3-22　塔架平台上高强螺栓腐蚀痕迹

图 2-3-23　塔架法兰连接高强螺栓松动

3）检查螺栓表面是否有水迹或水锈（如图 2-3-24 所示）。

图 2-3-24　高强螺栓表面有明显水锈

条文 3.3.9　高强度螺栓力矩检查发现螺栓松动时，应认真分析原因并及时处理，做好标记，同时对同部位的螺栓进行力矩检查。

【释义】高强螺栓松动的主要原因有：施拧工艺不规范，如拧紧顺序错误，螺栓过拧、未拧紧；未按规范要求涂抹润滑剂等；接合面被污染，如接合面浮锈、焊渣、尘土、油污、杂物等污染，使其摩擦系数下降，大大降低高强螺栓连接强度；风力发电机组频发振动或振动大，将引起塔架接合面应力变化，可能导致高强螺栓反松。

依据《风力发电机组高强螺纹连接副安装技术要求》（GB/T 33628—2017）9.6（e）条规定，对于塔架连接螺栓，宜采用扭矩转角检验法检验高强螺栓力矩情况。扭矩转角检验法是利用增加部分扭矩对已紧固的螺栓进行紧固性能检查，即用液压力矩扳手对已紧固的螺栓施拧，当扭矩超过原施拧力矩 10%时通过螺母或螺栓的转动角度来判断其紧固性能。检查方法如下。

（1）将校验合格的力矩扳手（可以是电动或液压）调整到被测螺栓原施拧力矩的 110%。

（2）对被检查螺栓做好观察基准线。

（3）对被测螺栓进行施拧，施力时应均匀，观察显示器的数值及螺栓旋转状态，按转动角度判断其合格性，见表2-3-10。

按增加10%扭矩检查螺栓紧固性能时，垫片与法兰面不应发生相对转动，如有转动，应更换螺母和垫片。第一次判断应100%全检，后续抽检仍沿用该检查力矩。

表2-3-10　　风力发电机组高强度螺栓扭矩转角法检验标准

转动角度	紧固状态	合格评定	处理措施
0°	过拧	不合格	更换全套螺纹连接副
<30°	完全拧紧	合格	无
30°～60°	基本拧紧	基本合格	检验该螺栓相邻的两个螺栓
>60°	未拧紧	不合格	更换螺栓并检验该螺栓相邻的两个螺栓

对于已出质保的风力发电机组，应按照维护手册规定抽检一定比例的螺栓，每次抽检不同的螺栓，依次循环；抽检时可拆下一定比例主风向的连接螺栓进行外观检查，重点检查螺栓根部是否有裂纹，必要时进行无损探伤。

【案例】某整机厂家高强螺栓维护方案示例。

（1）对于首次维护，即风力发电机组运行500h进行的维护。

1）检查所有螺栓紧固力矩，在所有螺栓上标记第二条线，使其与第一条线形成一个“十”字，其中第一条线为风力发电机组安装（装配）时第一次施加预紧力矩所做标记，如图2-3-25所示。

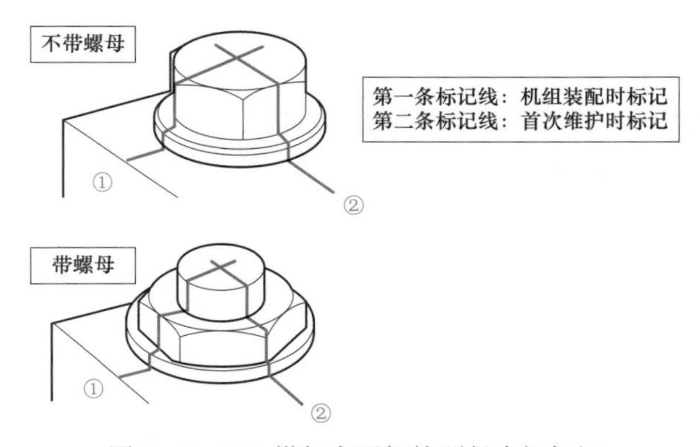

图2-3-25　塔架高强螺栓预紧力矩标记

2）标记的位置。螺栓头的前端面或者六角螺栓头上。标记线划过的范围要涵盖螺栓头、垫片和所紧固的部件连接面，并且要成一条直线。

（2）对于每年维护，即从首次维护开始计算每年进行的维护。

1）目视检查所有螺栓标记线。如果有一颗螺栓的标记线有移位，则检查所有螺栓力矩，并记录预紧力不够的螺栓编号。

2）如果目视检查所有螺栓标记线都没有移位，则按照规定的力矩和抽检比例进行螺栓维护（均布抽检至少10%螺栓力矩）。

3）所有进行过力矩检查的螺栓使用绿线（或其他醒目颜色）进行标记。

4）标记的位置。螺母侧面或旁边位置，如图2-3-26所示。

5）对于每次维护，螺栓力矩检查顺序按照图 2-3-27 所示开展。

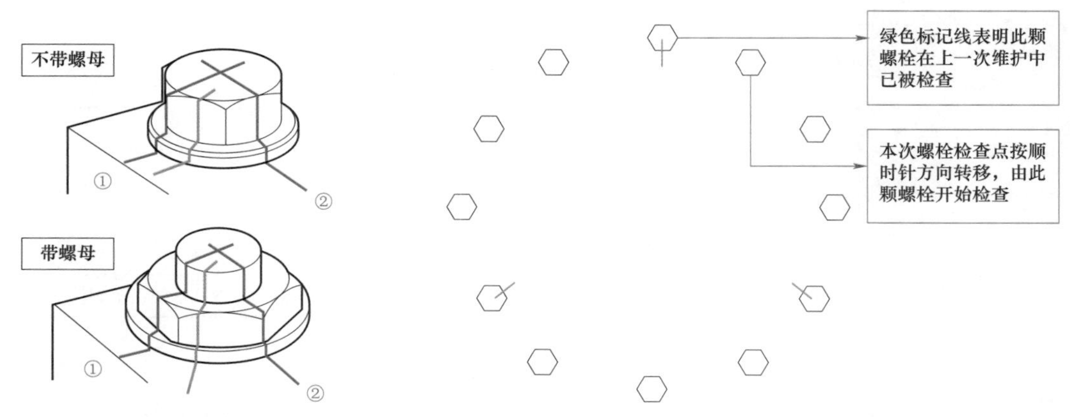

图 2-3-26　塔架高强螺栓力矩抽检标记　　图 2-3-27　塔架高强螺栓维护顺序

6）如果抽检中发现有一颗螺栓的预紧力不够或者发生相对转动，则检查所有螺栓力矩，并在记录预紧力不够的螺栓编号及松动角度。

（3）螺栓颜色标记的要求。

1）红色标记线。用于标记螺栓是否松动。

2）绿色标记线。用于标记螺栓在上一次定期维护作业中是否进行了力矩检查。

3）紧固螺栓后原标记线产生位移，需清除原标记线，并重新用红线标记；对于新更换的螺栓，紧固后用红线进行标记。

条文 3.3.10　风力发电机组更换的高强度螺栓应有检验合格证，螺栓强度等级应不低于原螺栓强度，安装后应做好区别标记。

【释义】在风力发电机组安装阶段，如需更换高强螺栓，应整体同批次更换；在风力发电机组运行阶段，如需更换高强螺栓，应根据其受损情况及同部位螺栓受力情况确定更换方案。如新更换的高强螺栓强度高于原螺栓强度，其拧紧力矩应重新核算。依据 3.3.1 条，新更换的高强螺栓应进行检验，合格后方可使用。注意高强螺栓更换后，应做好区别标记，并重点关注。

条文 3.3.11　应建立风力发电机组螺栓力矩台账，对螺栓进行编号，记录各部位连接螺栓的检查、损坏更换、无损检测（必要时）等情况，实现螺栓全寿命周期管理。

【释义】高强螺栓连接是风力发电机组应用最广泛、最重要的连接方式，应专业化管理，重点监督。应按照高强螺栓连接类型、安装位置进行编号，建立高强螺栓管理台账，填写维护记录表和故障处理卡。维护记录包括检查结果、紧固件状态和维护内容；故障处理卡包括故障状态、故障类型和处理方法。完整的螺栓力矩紧固、维修和更换记录，有助于分析螺栓问题，对于跟踪螺栓维护质量具有实际意义。

【备注】风力发电机组高强螺栓建议编号原则如下：

（1）塔架与基础、各节塔架间、塔架与偏航轴承处连接螺栓以主风向对应的螺栓为起点，顺时针编号。

（2）各变桨轴承、叶片连接螺栓以叶片零位对应的螺栓为起点，顺时针编号。

（3）自行确定轮毂与主轴连接螺栓起点位置，顺时针编号。

（4）上述所有螺栓的编号均应就地标记。

条文 3.3.12 发现塔架螺栓断裂或塔架本体出现裂纹时，应立即将机组停运，并采取加固措施。发生高强度螺栓断裂时，应进行系统性的原因分析，并对相邻螺栓进行检测分析，确定是否更换临近螺栓；因螺栓质量问题的应更换同批次产品，更换螺栓时一次只能拆装一颗螺栓。对频繁发生螺栓断裂的部位宜装设螺栓状态在线监测装置。

【释义】《风力发电场安全规程》（DL/T 796—2012）9.2.7 条规定对发现塔架螺栓断裂或塔架本体出现裂纹时的应急处理措施做了明确规定。为避免拆卸过多造成螺栓受力不均，影响螺栓使用寿命，更换螺栓一次只能拆装一颗螺栓。此外，高强螺栓应按一定顺序施拧，确定施拧顺序的原则为：由螺栓群中央顺序由外拧紧，从接头刚度大部位向约束小的方向拧紧。

【备注】高强螺栓状态在线监测原理为：在螺母与被连接构件之间安装压电感应元件，用于监测螺栓在使用过程中螺杆的张力变化，采集该变化下的反馈响应信号，并将其与预定的安全阈值对比分析，确定螺栓松动情况；若螺杆张力低于安全阈值，判定螺栓发生松动，发出预警信号。

条文 3.3.13 风力发电机组经历设计极限风速 80%工况或遭受其他非正常受力工况后，应抽检 5%的风力发电机组，抽检 10%基础环螺栓，如发现问题要进行 100%检查。

【释义】依据《风力发电场运行规程》（DL/T 666—2012）6.1.7.2（c）条规定，在气候剧烈变化、自然灾害、外力影响和其他特殊情况时，对运行中的风力发电机组运行情况进行检查，及时发现设备异常现象和危及风力发电机组安全运行的情况。尤其遇地震、台风、洪水、泥石流等极易造成风力发电机组整机结构破坏的特殊情况，应开展基础环高强螺栓力矩检查工作，并做好记录。

条文 3.4 叶片

条文 3.4.1 叶轮气动平衡性和防止叶片打击塔架是避免叶轮引发倒塔的关键，应保证在设计工况下叶片变形后，叶尖与塔架的安全距离不小于未变形时叶尖与塔架间距离的 40%。

【释义】该条文引用了《风力发电机组　风轮叶片》（GB/T 25383—2010）6.2.3 条规定。叶片迎风受力旋转所形成的旋转曲面往往会随风载的变化而变化，为避免叶片与塔架的运动干涉，通常用净空来分析风速增大和风力发电机组工况变化时叶片是否会出现扫掠塔架。净空是指风力发电机组叶片扫过塔架时，叶尖距离塔架的最小几何距离，影响净空的主要因素有叶片刚度、叶片动态变形情况、轮毂锥角、风力发电机组仰角和当地风资源情况等。近年来，随着风电行业快速发展，风力发电机组容量越来越大，叶轮直径不断增长，柔性塔架技术广泛应用，有效防止叶片扫掠塔架至关重要。在风力发电设备选型或叶片加长改造时，应同整机厂家核实叶片变形分析结果是否满足规范要求，避免发生叶片变形扫塔事件。

条文 3.4.2 叶片的固有频率应与风轮的激振频率错开，避免发生共振。

【释义】该条文引用了《风力发电机组　风轮叶片》（GB/T 25383—2010）6.2.4 条规定附录 A.2。

风力发电机组叶片在高速旋转下产生的离心力和不均匀流场会造成叶片升力变化，从而激发叶片振动，当风轮激振频率与叶片固有频率相同或成倍时，风力发电机组会发生共振，造成叶片及整机部件提前疲劳破坏。在技术资料交接时，应向整机厂家索取叶片固有频率和风轮激振频率的检测报告，核实叶片固有频率是否避开风轮激振频率。

叶片固有频率与叶片质量有关，在叶片维修、更换、加长等作业实际时，应充分考虑叶片质量变化对叶片频率的影响。叶片维修时，应参照修补工艺，严格控制修补用料质量；叶片更换前，应对更换的叶片进行配重，保证三支叶片动平衡；叶片加长前后，应对叶片固有频率等技术参数进行复核，避免叶片固有频率与风轮激振频率接近，造成风力发电机组共振，甚至倒塔。

条文 3.4.3　叶片的实际长度与设计长度公差应不大于 1.0‰，质量互差应不大于 ±3.0‰，扭角公差应不大于 ±0.3°。

【释义】该条文引用了《风力发电机组　风轮叶片》（GB/T 25383—2010）6.3 条规定。如开展叶片维修、更换、加长作业，应复核叶片公差，防止叶轮气动不平衡、质量不平衡导致风力发电机组运行过程中振动加剧，甚至倒塔。

条文 3.4.4　叶片出厂检验报告应齐全并及时存档。检验报告至少包括叶片长度、叶根接口尺寸、叶片质量、重心位置和外观质量目视检查、无损检测、定桨距叶片功能性测试结果。

【释义】该条文引用了《风力发电机组　风轮叶片》（GB/T 25383—2010）10.3.1 条规定。叶片出厂检验报告中各检测结果对今后开展叶片巡检、维修等指标对比有参照作用。在技术资料交接时，应索取每支叶片的出厂检验报告并及时归档；并依据检验报告及时建立叶片技术档案，为叶片检修、改造及事故责任认定提供依据。

条文 3.4.5　叶片安装应严格执行风力发电机组生产厂家工艺要求，做到叶片零点位置正确、叶片力矩紧固均匀、叶片表面无损伤。

【释义】依据《风力发电机组装配和安装规范》（GB/T 19568—2004）4.5.2.5、《风力发电机组高强螺纹连接副安装技术要求》（GB/T 33628—2017）7.5.1.4（c）及《风力发电机组　风轮叶片》（GB/T 25383—2010）12.4 条规定，为防止叶轮气动不平衡引发叶片及风力发电机组振动，叶轮组装时，应严格执行整机厂家安装工艺要求，具体如下：

（1）将叶片 0° 标尺与变桨轴承上的 0° 标记对齐。

（2）叶根螺栓按对角紧固顺序分两次紧固：初拧为 50%扭矩值，终拧为 100%扭矩值。在安装过程中吊车起吊负载始终保持，在螺栓连接副完成终拧后起吊负载完全释放。

（3）对叶片进行保护，避免损坏叶片表面。

1）叶片吊点位置后缘应使用防护罩，其长度不小于 500mm。

2）不允许在叶片下面垫硬性支撑物，以免造成叶片结构纤维损伤。

对于已并网运行的风力发电机组，应严格按照整机厂家的维护标准定期对叶片力矩进行检查，并对叶片零位进行标定。

【案例】2017 年 9 月，某风场一台风力发电机组运行过程中发生叶片扫塔事件，如图 2-3-28 所示。查阅故障叶片生产记录，发现叶片生产厂家错将叶片初始 0° 安装角设置为 −3.91°。经仿真计算，叶片在 −3.91° 下塔架净空减少 2m，是造成叶片扫塔的主要原因。

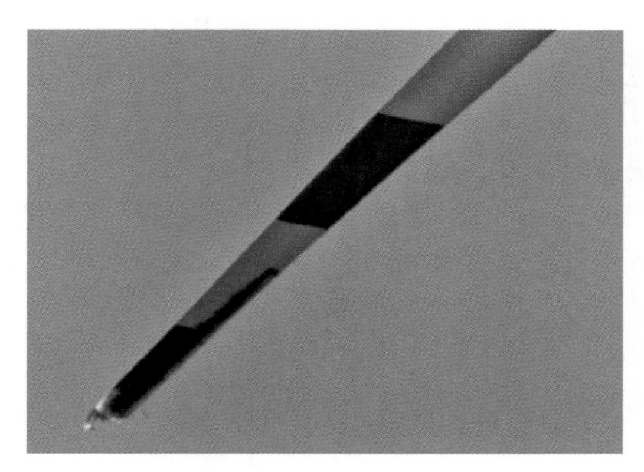

图 2－3－28 叶尖扫塔

条文 3.4.6 风力发电机组启动前，叶轮表面应无结冰、积雪；叶片出现严重覆冰时，严禁投入运行。

【释义】依据《风力发电场运行规程》（DL/T 666—2012）6.3.1 条及《风力发电场安全规程》（DL/T 796—2012）8.3 条规定，风力发电机组手动启动前叶轮表面应无覆冰、积雪、结霜现象；风力发电机组内发生冰冻情况时，禁止使用自动升降机等辅助爬升设备；停运叶片结冰的风力发电机组，应采用远程停机方式。

风力发电机组叶片结冰时，外形会严重变形，同时引起载荷增加。如继续运行，叶片应力发生变化，将导致叶片性能降低，缩短使用寿命，严重时将导致叶片断裂、击打塔架。风力发电机组因叶片结冰引起不平衡，甚至共振，并增大疲劳载荷，叶片、传动链、塔架可能过载损坏，甚至发生倒塔事故。为防止叶片覆冰伤人，恢复运行前，应赴现场检查叶片结冰情况。

此外，依据中国船级社《风力发电机组规范》9.5.16 条规定，对于容易结冰区域安装的风力发电机组，应设有能够自动监测到风力发电机组部件上结冰的装置；检测到部件结冰时，控制系统应立即关闭风力发电机组，防止冰块损坏转动部件。只有在确定所有旋转部件无冰后方能自动重启，重启前应进行故障排查。因此，对于地处易结冰区域的风力发电机组，应具备“叶片结冰报警停机”功能。

条文 3.4.7 叶片运转中出现异音、叶片表面出现裂纹或雷击痕迹，应停机检查，及时修复。

【释义】叶片长期在复杂的外部环境下运转，经常受到雷电、暴晒、盐雾、沙尘、覆冰等自然侵袭，极易引起叶片损伤，常见的损伤类型如下：

（1）前缘腐蚀。由于叶片前缘的气动敏感性，前缘腐蚀会导致叶片气动性能大幅下降。

（2）前缘开裂。叶片前缘开裂后如不及时修补，随着裂缝增长，叶片蒙皮会脱开。

（3）后缘损坏。后缘损坏应在早期及时处理，否则扩大后会导致叶片失效。

（4）表面裂纹。即使很小的裂纹、砂眼也会使水分渗入叶片复合材料，低温时水分结冰导致叶片内芯快速损坏，裂纹继续蔓延，最终导致叶片失效。

（5）雷击损坏。叶片虽然有雷电保护措施，但轻微的表面击伤和大的结构损坏还是时有发生。叶片表面雷击一般表现为黑斑、翘皮和前后缘不同程度开裂。有时这种损伤呈现为叶片壳体贯穿性孔洞，导致夹芯材料外漏，水分渗入，逐渐腐蚀复合材料本体。即使雷电保护系统成功保护叶片壳体免遭损伤，但叶片内部水分较多，雷击瞬间可能会导致叶片二次损伤。雷电会产生瞬时高温，叶片内的水分将迅速转化为水蒸气，内部压力瞬间升高，进而膨胀，导致壳体分层、开裂、脱胶及主梁与蒙皮分离。

叶片发生故障应立即停机检查，不允许带病运转，否则可能造成风力发电机组振动加剧，甚至叶片断裂击打塔架，进而造成风力发电机组倒塔。因此，应定期对叶片进行检查，及早发现问题，及时采取有效措施，做到“应修必修”。

【案例1】 2017年，国外某地区一台95m高的风力发电机组倒塔，如图2－3－29所示。调查发现其中一支叶片损坏导致叶轮出现严重的不平衡，进而导致塔架从距地面15m处弯折。

图2－3－29　叶片开裂导致风力发电机组倒塔

【案例2】 2016年2月，河北某风电场一台风力发电机组倒塔，塔架变形，叶片、机舱和轮毂等设备损坏，并导致相邻风力发电机组陪停。造成此次事故的直接原因是该风力发电机组1号叶片局部结构胶偏厚以及后缘局部缺胶，叶片运行时后缘开裂不断扩展，最终导致叶片腹板与壳体的结构胶完全剥离，叶片本体开裂，叶轮气动不平衡，引起风力发电机组剧烈摆动。同时，由于叶片击打塔架，最终酿成倒塔事故。

条文3.4.8　因叶片角度不一致、桨叶轴承损坏等引发机组振动时，应立即停机处理。

【释义】 风力发电机组运行过程中如叶片角度不一致或桨叶轴承损坏，将引起叶轮气动不平衡，进而引起叶片及整机振动。若不立即采取停机措施，将导致叶片及风力发电机组相关部件因振动过大而破坏，甚至发生倒塔事故。注意，对于“叶片角度不一致”等报警，严禁擅自屏蔽或盲目复位。

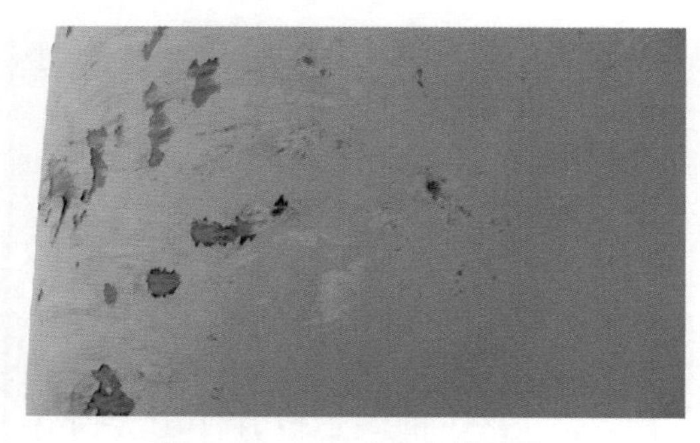

图2－3－30　叶片扫塔痕迹

【案例】 2010年1月，某风电场一台风力发电机组倒塔，在塔架变形部位发现明显的叶尖刮蹭痕迹，如图2－3－30所示。调取运行记录，事故前该风力发电机组多次激活“桨叶角度不一致”报警，检修人员将该报警屏蔽，风力发电机组继续运行，叶轮气动不平衡引起风力发电机组振动超限，最终酿成倒塔事故。

条文 3.4.9　变更叶轮直径等增加载荷的技改工作，施工前应对变桨驱动功率、轮毂强度、风力发电机组载荷进行校验。

【释义】风力发电机组叶轮直径增加，叶片的形变、振动频率及整机载荷等都会发生变化。如开展叶片加长等增加载荷的改造工作，应对风力发电机组变桨电机、变桨驱动器进行容量校核，对机组载荷及相关部件进行强度校核。确定风力发电机组改造后的变桨驱动能力及各部件（含基础）强度能够满足新的载荷及净空要求，避免风力发电机组部件及叶片损坏，甚至倒塔。

条文 3.4.10　风力发电机组长期退出运行时，定桨距风力发电机组应释放所有叶尖阻尼板，机舱尽可能处于侧对风（90°）状态，有条件的应使设备处于自动侧对风状态；变桨距风力发电机组应使所有叶片处于顺桨状态。

【释义】依据《风力发电场运行规程》（DL/T 666—2012）6.1.6 条及《失速型风力发电机组控制系统技术条件》（GB/T 19069—2017）5.3.5.2 条规定，风力发电机组长期退出运行时，为保证叶片及风力发电机组承受的载荷最小，对于定桨距风力发电机组应释放所有叶尖阻尼板，机舱尽可能处于侧对风（90°对风）状态，有条件的应使设备处于自动侧对风状态；对于变桨距风力发电机组应使所有叶片处于顺桨状态，如可能，机舱应处于自动偏航对风状态；在保障风力发电机组安全的前提下，如可能，应将制动系统处于释放状态，使叶轮及传动链处于自由旋转状态。

条文 3.5　控制系统

条文 3.5.1　风力发电机组安全链的设计应以“失效—安全”为原则。当安全链内部发生任何部件单一失效或动力源故障时，安全链应仍能对风力发电机组实施保护。

【释义】该条文引用了《风力发电机组　变速恒频控制系统　第 1 部分：技术条件》（GB/T 25386.1—2010）5.4.2 条规定。风力发电机组安全链是独立于 PLC 控制系统的硬件保护措施，即使控制系统发生异常，也不会影响安全链执行保护风力发电机组安全的动作。安全链将可能对风力发电机组造成致命伤害的故障接入，采用“失效—安全”原则，若安全链中个别部件失效时，仍能进行紧急停机，保障风力发电机组安全。

条文 3.5.2　安全链应能优先触发制动系统及发电机的断网设备，一旦具备安全链触发条件，即执行紧急停机，使风力发电机组保持在安全状态。

【释义】该条文引用了《风力发电机组　设计要求》（GB/T 18451.1—2012）8.3 条规定。当控制系统功能失效、内外部故障或危险事件发生时，安全链应起作用。安全链动作后将执行紧急停机，安全链的输出将控制风力发电机组执行相应的安全动作，如紧急收桨、风力发电机组脱网等，从而最大限度地保障风力发电机组安全。例如：风力发电机组超速时，超速保护激活，安全链断开，变桨系统执行紧急停机程序，将叶片快速顺桨至安全停机位置，保障风力发电机组安全。

条文 3.5.3　风力发电机组的安全链应包括振动、超速、急停按钮、看门狗、扭缆、变桨系统急停的触发条件。上述触发条件未进入安全链的不得投入运行，严禁在屏蔽安全链条件下将机组投入运行。

【释义】依据《风力发电机组　设计要求》（GB/T 18451.1—2012）8.3 条规定，风力发电机组安全链是一种由若干保护节点串联组成的独立于控制系统的硬件保护回路，应包括振动、超速、急停按钮、看门狗、扭缆、变桨系统急停的触发条件，上述任一条件满足或元件失效时均能触发急停。在风力发电机组调试阶段，应检查安全链逻辑结构是否合理、设计是否完善；在风力发电机组运行阶段，应定期检查安全链，并进行整体功能测试（测试周期为 6 个月）。如安全链断开，应排查故障点，并通过功能测试后，方能重新投入运行。

【案例】2017 年 7 月，某风场发生一起风力发电机组倒塔事故。事故发生前，风力发电机组主轴超速，最高转速达到 31.13r/min（超速保护定值为 19.2r/min），主控控制系统报“紧急变桨超时”。经事故调查，维护人员擅自将 24V 电源引入安全链出口，导致整个安全链回路失效，风力发电机组超速时无法执行紧急收桨程序，最终导致风力发电机组失稳倒塔。

条文 3.5.4　风力发电机组控制系统应设计人机接口分级授权使用；用户口令实行权限管理；记录任何远程登录信息和操作。

【释义】为防止误操作事件的发生，风力发电机组控制系统的登录口令及操作权限应进行分级管理，严禁任何未授权人员擅自操作或越权限操作。控制系统人机交互优先级应满足“机舱控制系统优于塔基控制系统，塔基控制系统优于 SCADA 系统”的要求。此外，主控系统应具有登录和操作追溯功能，可以完整记录控制系统登录、手动操作、参数修改、故障屏蔽等信息。

条文 3.5.5　风力发电机组调试阶段应进行振动、超速、急停按钮、看门狗、扭缆、变桨系统急停等安全链保护功能测试。

【释义】依据《风力发电场安全规程》（DL/T 796—2012）7.2.4（f）条规定，在风力发电机组调试阶段，应完成安全链回路所有元件检测和试验，并正确动作。具体如下：

（1）检查安全链逻辑结构是否合理。

（2）检查振动、超速、急停按钮、看门狗、扭缆、变桨急停是否接入安全链。

（3）检查安全链相关保护定值设置是否正确，是否存在保护屏蔽现象。

（4）检查安全链回路中每个输出继电器的触点是否存在并联使用情况，是否存在保护拒动隐患。

（5）检查安全链回路线缆的屏蔽层是否可靠接地。

（6）检查正常收桨和紧急收桨回路是否共用同一电气连接元件。

（7）手动触发安全链回路的各个节点，能否正确断开安全链（具体测试项目、周期及流程见条文 3.5.8 释义）。

在风力发电机组调试阶段，存在安全链检查项目不全面、检测方法错误等问题，导致风力发电机组在运行阶段存在较大安全隐患。因此，建议按上述内容对安全链进行检查及整体功能测试，避免发生倒塔等重大安全事故。

条文 3.5.6　风力发电机组应设置振动保护，振动开关量用于触发安全链，模拟量用于实时测量机组振动数据启动软件保护。

【释义】风力发电机组振动保护分为软件保护和硬件保护。软件保护是在控制程序中设置振动参数限值，一旦检测到振动超限，控制系统将激活“振动超限”报警，并触发相应级别的制动程序，以保障风力发电机组安全；若振动继续增大，达到硬件保护（即振动开关）

触发定值，即触发安全链，实现紧急停机。

条文 3.5.7 风力发电机组投入运行时，严禁将控制回路信号屏蔽；严禁未经授权修改设备参数、电路接线及保护定值。

【释义】该条文引用了《风力发电场安全规程》（DL/T 796—2012）8.2 条规定。控制系统和保护系统决定着风力发电机组的运行和安全。为保障风力发电机组安全运行，应定期核对保护定值及状态码使能设置是否正确，严禁擅自屏蔽信号或修改保护定值；如工作需要，临时修改参数、定值或改变回路等，应得到授权，并做好修改记录，工作完毕后应及时恢复原状；如需永久变更参数、定值或修改回路等，应严格执行审批流程（详见条文 3.5.12 释义）。

【案例】2010 年 2 月，某风电场一台风力发电机组发生倒塔事故。事故前该机组多次报“变桨蓄电池故障”和“发电机故障”，为避免故障停机影响设备可利用率，检修人员擅自屏蔽上述故障信号。之后，该风力发电机组因发电机故障扩大，保护系统动作，但变桨蓄电池失效无法紧急顺桨，造成飞车，最终发生倒塔。

条文 3.5.8 风力发电机组定检项目中应包括对振动、超速、急停按钮、看门狗、扭缆、变桨系统急停等安全链条件的检验，宜进行整体功能测试，严禁只通过信号短接代替整组试验。

【释义】为确保风力发电机组保护功能完好，对于安全链测试，应对检测元件、逻辑元件、执行元件进行整体功能测试，严禁人为将保护定值提高，严禁擅自解除保护、屏蔽信号。风力发电机组安全链测试标准参照表 2－3－11。

表 2－3－11　　风力发电机组安全链测试标准

序号	测试项目	测试周期	测 试 流 程
1	急停按钮	6 个月	依次激活塔底控制柜、机舱控制柜、变频器（如有）急停按钮，风力发电机组安全链断开，紧急收桨，并网断路器断开，同时激活“急停按钮动作”报警
2	振动	6 个月	拨动振动开关摆锤到触发位置，风力发电机组安全链断开，紧急收桨，同时激活“振动安全链断开”报警（对比该型号风力发电机组摆锤触发位置有无明显差异）
3	超速	6 个月	方式 1：设置超速保护模块参数（建议：叶轮转速设定值小于 5r/min），启动机组，达设置转速，超速保护动作，风力发电机组安全链断开，紧急收桨，同时激活“超速安全链断开”报警。 注意：测试完毕后应及时回复保护定值，并做好记录。 方式 2：利用转速模拟器在转速传感器与码盘间模拟转速信号，至虚拟转速达超速定值，超速保护动作，风力发电机组安全链断开，紧急收桨，同时激活“超速安全链断开”报警
4	扭缆	6 个月	手动偏航（依次进行 CW、CCW 偏航），触发扭缆限位开关，风力发电机组安全链断开，紧急收桨，同时激活“扭缆超限”报警
5	看门狗	6 个月	断开看门狗电源模块，风力发电机组安全链断开，紧急收桨，同时激活“看门狗动作”报警
6	变桨急停	6 个月	触发变桨急停，风力发电机组安全链断开，紧急收桨，同时激活“变桨急停”报警

条文 3.5.9 更换安全链回路的传感器、继电器时应进行回路测试，确保更换后的安全回路功能正常。

【释义】如需更换风力发电机组安全链回路的传感器（如振动分析模块、超速模块、振动开关等）或继电器时，应按照整机厂家提供的保护定值单及的作业指导书配置硬件保护参数，并逐一核对。更换后应进行功能测试，确保功能正常。

条文 3.5.10 对于采用重锤单摆形式的振动开关，每年应对单摆的摆长进行测量，符合机组出厂设计要求。

【释义】摆锤式振动开关是采用微动开关加摆锤方式，实现对强烈振动的感应功能，并通过微动开关输出信号。振动开关灵敏度可以通过上下移动摆锤进行调整，摆臂通常安装在垂直方向，剧烈振动可以激活振动开关的微动节点，内部节点状态发生变化。振动开关动断触点串入安全链，触发紧急停机；有些风力发电机组利用振动开关动作后动断触点闭合，给主控系统传送振动开关动作信号，这种设计方式在振动开关故障或到主控系统的接线开路时，风力发电机组将失去振动保护功能，不符合“失效—安全”原则。

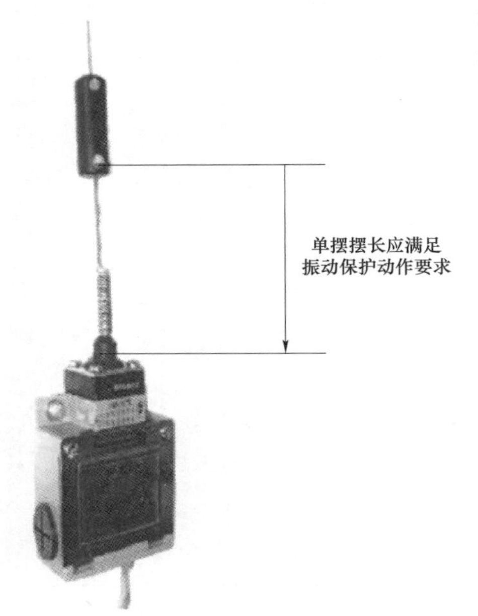

图 2－3－31 振动开关单摆摆长调整图例

为保证机舱振动保护能够正确动作，应按照整机厂家提供的振动开关调试指导书定期对单摆摆长进行测量，并进行振动保护传动。

【备注】机舱振动保护常见失效原因如下：

（1）振动开关摆锤位置太高。

（2）振动开关摆锤位置太低。

（3）振动开关摆锤丢失。

（4）振动开关损坏。

振动开关单摆摆长调整图例如图 2－3－31 所示。

条文 3.5.11 受台风影响地区的风电场，超过切出风速的风力发电机组停运后，应将叶轮处于顺桨状态、偏航处于释放状态。

【释义】随着风电行业的快速发展，尤其是风电场在沿海地区的快速建设，提高风力发电机组抗台风能力显得尤为重要。对于地处该类地区的风力发电机组，应设计台风控制模式。风力发电机组切出停运后，为保证叶片及风力发电机组承受的载荷最小，应使所有叶片处于顺桨状态，偏航处于释放状态，叶轮或机舱尾部处于正对风状态。

条文 3.5.12 严禁擅自解除控制系统的保护或改动保护定值，若有调整应经生产副总经理或总工程师批准。

【释义】一般情况下，严禁擅自解除风力发电机组控制系统的保护或改动保护定值。如因检修（或改造）需解除保护或修改保护逻辑及定值时，应严格履行设备异动手续。设备异动应由相关单位填写异动申请单，向设备异动管理部门申报，经设备管理部门审核并按程序报主管生产的副总经理或总工程师批准后方可实施。设备异动单应标明异动原因、异动前后设备及系统状况，必要时应附图说明。设备异动完成后，设备管理部门应及时组织验收，异动单经验收签证完毕及时归档。异动设备投入运行前应由专业管理部门向运行人员进行交底，必要时制定专项运行措施或修改相应的规程、制度并事先组织运行人员学习和考试。设备管理部门应定期组织有关单位对设备异动单进行整理并修订相应的技术资料、规程、规范，修订周期一般不超过 1 年。

条文 3.5.13 风力发电机组超速保护拒动时，宜具备自动连锁偏航功能。

【释义】风力发电机组超速保护拒动时，如进行偏航操作可使叶轮转速快速下降，保障风力发电机组安全。因此，建议完善风力发电机组超速保护逻辑，增加变桨拒动冗余保护功能，如增加自动连锁偏航功能。在紧急偏航过程中，应实时监测风速、风向信息，确保风力发电机组安全可控。

条文 3.6 紧急收桨失败、机组超速应急措施

电动变桨风力发电机组紧急收桨失败时，建议及时切换到正常变桨回路收桨；如紧急变桨与正常收桨均失败时，应进行偏航操作，偏离主风方向 90°；紧急偏航中，应防止叶轮转速及振动超过安全范围；机组处于增速、变桨失效时，严禁采取重启 PLC 等可能导致机组脱网的措施。

【释义】如风力发电机组紧急收桨和正常收桨失败，可首先尝试远程手动收桨，如手动收桨失败，再尝试进行远程手动偏航。需注意，风力发电机组正常发电过程中，如变桨系统失灵（正常变桨、紧急变桨均失效），且手动变桨干预无效时，严禁重启 PLC，防止发电机脱网甩负荷，转速迅速上升，机侧电压瞬间增大，导致风力发电机组倒塔风险不可逆转。另外，因风力发电机组超速时存在倒塔风险，为防止紧急操作（如手动变桨、偏航）过程中对人员造成伤害，严禁就地操作。

4 防止风力发电机组轮毂（桨叶）脱落事故措施释义

总体情况说明

风力发电机组叶片与轮毂、轮毂与主轴采用螺栓连接，这两处连接点是整机传动链低速端的关键部位。同时，叶轮的关键受力点集中在叶根及轮毂连接螺栓，因此桨叶固定螺栓、轮毂连接螺栓是防止风力发电机组轮毂（桨叶）脱落的关键部位。

对近年来发生的多起轮毂（桨叶）脱落事件进行原因分析，结合现场实际，提出防止轮毂（桨叶）发生脱落的具体防范措施。建议重视轮毂、主轴等结构件的监造与安装，细化安装工艺、验收标准、日常检查维护的技术要点；针对轮毂裂纹、主轴振动及裂纹等缺陷提出具体的处理措施；细化主轴轴承润滑、螺栓对称紧固、胀紧套紧固等注意事项；强调叶片监造、运输、安装等环节技术管理的重要性。特别是叶根裂纹，已经成为近年来叶片批次损坏的主要原因。

桨叶轴承及其固定螺栓是防止叶片脱落的关键部位，建议对出现机组振动、螺栓断裂等情况进行细化分析，必要时安装在线监测装置，查找问题原因，从源头开展治理工作。

摘　要

主轴轮毂质量严，结构表面不能焊；
主轴不能前后窜，轴承润滑时量限；
振动监测要可靠，超前预警轴不破；
螺栓力矩对称紧，松动断裂要防止；
叶片内外无损伤，引雷排水表面光；
每年重点查叶根，横向裂纹应谨慎；
叶片改造勤巡检，表面覆冰不能转；
桨叶修复应平衡，听音测振手段行。

条文说明

条文 4.1　轮毂、主轴的监造与安装

条文 4.1.1　主轴和轮毂生产制造过程中应委托具备资质单位进行监造、监检，主轴及轮毂所用材质应满足设计要求，出厂时应逐套进行出厂检验并提供出厂质量证明书，业主单位应及时向风力发电机组制造厂索取并存档。

【释义】该条文引用了《电力设备监造技术导则》（DL/T 586—2008）4.1 条规定：设备

监造是以国家和行业相关法规、规章及设备供货合同为依据，按合同确定的设备质量见证项目，在制造过程中，监督检查合同设备的生产制造过程是否符合设备供货合同及有关规范、标准，包括专业技术规范要求。

风力发电机组设备关键部件主要为叶片、齿轮箱、主轴、轴承、发电机、变流器、大型结构件、紧固件等，主轴和轮毂是风力发电机组传动链上主要承载部件，产品质量隐患会影响风力发电机组安全。轮毂一般为球墨铸铁，主轴一般为合金钢锻造件，产品设计、铸造、锻造、热处理工艺不合格会带来内部质量缺陷，影响风力发电机组安全和寿命。

风力发电机组设备监造包括关键部件监造和整体装配监造，关键部件监造重点包括原材料性能、生产工艺、性能试验等，整机装配监造重点包括装配工艺、装配实施过程、出厂试验等，在监造过程中应依据图纸要求严格把控。风力发电机组监造过程中应注意以下事项：

（1）监造前全面了解并掌握项目监造书的具体内容，同时按照设备供货主合同主机配置要求作为监造过程中最终产品配置的主要依据（必须对照组装车间的设备配置表）。

（2）熟悉设备组装的工艺流程，全面掌握每个工艺流程的关键环节，并在监造过程中作为重点监造对象。

（3）严格按照合同配置执行，禁止整机厂家随意更改主机设备的配置，确实由于某一品牌产品质量达不到要求的部件经请示业主后再做决定；若出现更换部件品牌情况时，必须有书面材料记录清楚，同时注明“不由于更换部件厂家（品牌）而豁免整机厂家的合同义务”。

（4）低温地区的风力发电机组应重点关注低温指标，包括主要结构件的材质及防腐要求（机架、主轴、主轴轴承、偏航、变桨轴承、主轴轴承座、齿轮箱等），液压站必须出具低温试验报告，同时所有液压管路（材质）满足低温运行要求，所用油品（润滑油、润滑脂）必须满足低温环境下风力发电机组正常运行，机舱必须满足主机保温及防风沙的功能要求。

（5）主轴监造重点查看原材料是否符合设计要求，热处理、机械加工等工艺流程是否满足设计要求，关注无损探伤、型式试验数据及试验过程，总成装配质量是否满足技术规范。

（6）轮毂监造重点查看原材料、机械加工是否满足设计要求，出厂验收时查看无损检测数据以及外观质量，重点关注变桨轴承、变桨齿轮箱、变桨电动机、变桨驱动柜、变桨润滑、导流罩等装配工艺及实施过程，并关注电气设备接线工艺质量。

（7）叶片监造主要关注原材料是否符合设计要求，叶片成型时间、工艺流程是否满足设计要求，抽查叶片的关键尺寸，出厂验收时主要关注叶片外观质量，包括表面粗糙度（可以通过用手摸的办法）、表面凹坑等小缺陷；叶尖、叶中接闪器安装质量；挡雨环安装质量等。

（8）变流器监造要关注功能试验，试验期间，检查电气线路的所有部分以及冷却系统的连接是否正确，控制、辅助、保护装置等性能应能与主电路协调工作，设备的静态特性满足规定要求。

因此，在设备制造过程中开展监造、监检工作十分必要，设备原材料应满足技术要求，每套设备出厂均应进行检验，检验合格方可出厂；同时，建议及时索要、存档相关出厂质量证明文件。

【案例】2015 年 2 月 22 日，某风电场一台风力发电机组主轴断裂、叶轮掉落（如图 2-4-1 所示）。经分析该主轴存在原始缺陷。事发前，现场风速瞬间增大，较大的力矩使原始缺陷的疲劳积累达到极限，致使主轴断裂，如图 2-4-2 所示。经跟踪调查，这一批次主轴是由整机厂委托另一家铸造单位加工，由于赶工期，存在热处理、探伤不全面等情况。

图 2-4-1　叶轮脱落

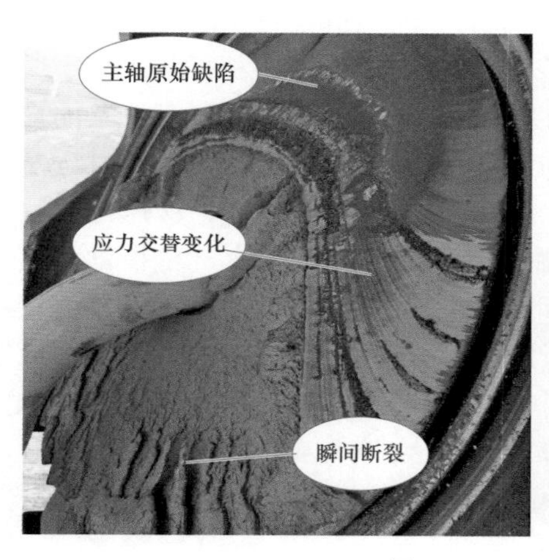

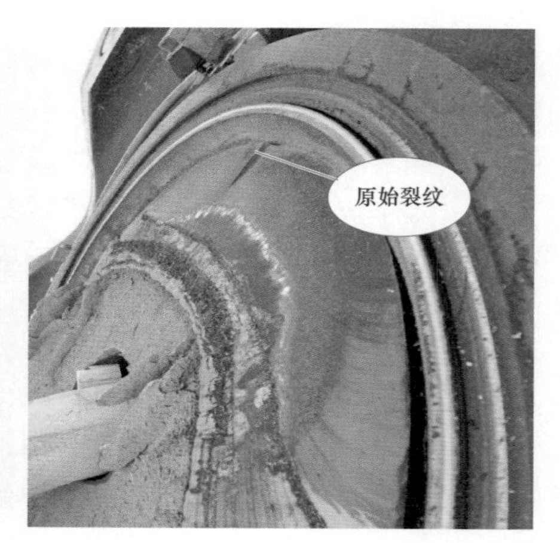

图 2-4-2　主轴断裂截面

条文 4.1.2　主轴轴承及胀紧套在运输过程中应固定牢固，外观无裂纹、划痕、位移，主轴连接轮毂法兰面水平度应满足工艺要求。

【释义】 该条文引用了《滚动轴承　风力发电机组主轴轴承》（GB/T 29178—2013）13.2 条和《滚动轴承　防锈包装》（GB/T 8597—2013）7.1 条规定。

13.2　轴承应水平放置在交通工具上固定，必要时可加装辅助支撑。

7.1　轴承在运输过程中应防止雨淋，不应与酸、碱、盐等腐蚀性化学介质直接接触，搬运中不应发生破损。

风力发电机组主轴受叶轮扭矩作用，风况变化引起疲劳载荷增加，对主轴轴承造成一定冲击。若主轴轴承进入异物、运输过程中受损或者装配不规范，将埋下设备隐患，降低其使用寿命。因此，轴装配前必须仔细检验主轴各装配面的尺寸是否在允许的公差范围内。特别是主轴尾部和齿轮箱输入轴内孔相配的轴颈尺寸，在装上胀紧套后必须达到包容件与被包容件之间的过盈量，确保轴系可靠连接。主轴部件装配流程如下：

清洗零件→装配胀套或制动盘→装配主轴轴承及轴承支架→将输入轴穿进胀套，插入齿轮箱输入轴孔内→旋紧胀套→进入总装。

主轴轴承装配时应采用热装，加热宜使用电磁感应加热器。加热杆位于轴承中心处，轴承加热温度不应高于 120℃，如轴承内外圈同时加热，应根据轴承游隙控制内外圈温差，见式（2－4－1），轴承与加热器支撑座应加绝缘垫层。

$$\Delta\mu = \Delta t'\alpha(D+d)/2 < G \tag{2-4-1}$$

式中 $\Delta\mu$ ——轴承径向游隙的变化量，mm；

$\Delta t'$ ——轴承内外圈控制温度差，℃；

α ——轴承钢的线性膨胀系数，$\alpha=12.5\times10^{-6}$，1/℃；

D ——轴承外圈直径，mm；

d ——轴承内圈直径，mm；

G ——轴承理论的最小间隙，mm。

热装时应保证轴承内径与主轴装配轴径的间隙量不小于 0.15mm。对于首次装配的轴承，应进行工艺试验确定加热温度及安装方法。试验时，应在轴承加热前后用内径千分尺分别测量轴承内径，获取膨胀量数据。

装配圆锥滚子轴承时，应控制端盖对轴承外圈的压紧量，以保证圆锥轴承的负游隙，对采用调整垫的圆锥轴承，应控制好调整垫的厚度。安装圆锥滚子轴承和圆柱滚子轴承时，轴承内圈端面与轴套端面的贴合间隙应不大于 0.05mm，轴承内圈端面紧靠轴向定位面，圆锥滚子轴承应不大于 0.05mm，其他轴承应不大于 0.1mm。轴承外圈装配后定位端轴承盖端面应接触均匀，并注入适量的清洁润滑脂。

条文 4.1.3 轮毂与主轴应装配牢固，螺栓紧固时按设计要求避免发生应力集中的情况。

【释义】该条文引用了《风力发电机组装配和安装规范》（GB/T 19568—2017）3.2 条规定，轮毂与主轴装配时，螺钉、螺栓、螺柱连接应符合以下要求：

（1）紧固件根据设计要求紧固时，采用扭矩法或拉伸法，应使用扭矩扳手或拉伸器。扭矩板手使用前应进行校正，其扭矩允许偏差为±5%；校正用扭矩扳手其扭矩允许偏差为±3%。

（2）有紧固扭矩要求的紧固件，应使用规定的扭矩扳手并按规定的紧固扭矩拧紧，双头螺柱宜采用液压拉伸器并按规定的预紧力拉伸紧固。

（3）螺栓或螺柱连接副，安装垫圈时，有倒角的一侧应分别向螺母、螺栓头部支撑面；安装螺母时，带字头的端面应朝向外侧，旋入前：

1）检查连接副表面无毛刺、坏牙、锌瘤；

2）规格 M16（含 M16）以上螺栓、螺钉、螺柱在其有效旋合部位、垫圈在其与紧固件接触面应均匀涂敷抗咬合润滑剂；

3）规格 M16 以下螺栓、螺钉、螺柱在其有效旋合部位宜均匀涂抹螺纹锁固剂（自锁螺母除外）。

（4）同一零件用多件螺栓或螺钉连接时，在相关紧固件头部用阿拉伯数字做紧固顺序号，根据紧固件分布形态，紧固顺序号的标准方法参照图 2－4－3～图 2－4－5。紧固时应按交叉、对称、逐步、均匀原则拧紧。如有定位销，无特殊要求时应从定位销开始拧紧。

⑧ ⑥ ④ ② ① ③ ⑤ ⑦ ⑨

图 2－4－3 “一字形分布”紧固件的紧固顺序

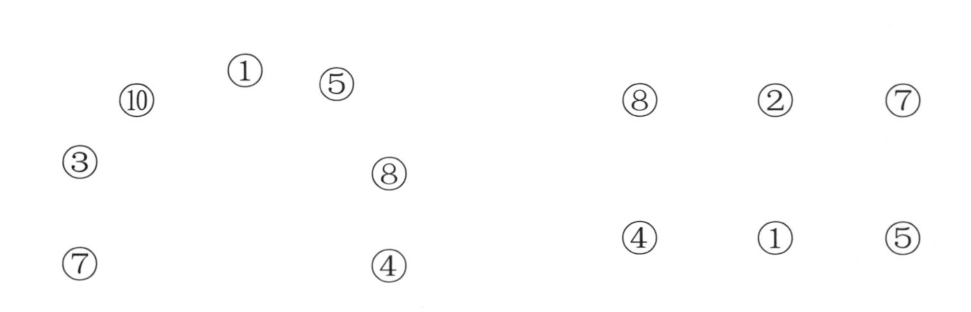

图 2－4－4 “圆形分布”紧固件的紧固顺序　　图 2－4－5 “方形分布”紧固件的紧固顺序

（5）有螺母的螺栓或螺钉连接，无特殊要求紧固时应紧固螺母。螺母拧紧后，螺栓头部应露出 2～3 个螺距；沉头螺钉紧固后，沉头不应高出沉孔端面。紧固后螺钉槽、螺母和螺栓头部不应损坏。

（6）螺栓、螺钉按扭矩紧固法紧固时，应按相应作业指导书要求进行，当采用 3 次紧固，以扭矩值的 50%、75%、100%按紧固顺序号依次紧固，每紧固一个螺栓或螺钉后用记号笔划一横线作为紧固标志。采用拉伸紧固法紧固时，螺柱宜旋入到底后再旋转 1/4 圈～1/6 圈，按 100%预紧力一次拉伸到位，每紧固一个螺柱后用记号笔划一横线，作为紧固标志。若分两次紧固结构件时，以扭矩值的 50%、100%按紧固顺序号依次紧固。以机舱罩等复合材料连接用不锈钢螺栓按 100%紧固扭矩一次紧固，每紧固一个不锈钢螺栓用记号笔划一横线，作为紧固标志。

（7）螺栓、螺钉、螺柱和螺母与被连接件拧紧后，其支撑面与被紧固零件应贴合。

（8）应按图样和技术文件规定等级进行紧固件装配。

物体由于外因（受力、湿度、温度场变化等）而变形时，在物体内各部分之间产生相互作用的内力，以抵抗这种外因的作用，并试图使物体从变形后的位置恢复到变形前的位置，单位面积上的内力称为应力。应力集中是指受力构件由于外界因素或自身因素几何形状、外形尺寸发生突变而引起局部范围内应力显著增大的现象；局部范围内应力增大，物体产生疲劳裂纹，影响疲劳寿命。因此，轮毂与主轴螺栓紧固时应按设计要求，避免发生应力集中，按紧固顺序施加力矩，防止受力不均，造成应力集中部位螺栓断裂，部件损坏。

【案例】某风电场投运半年，运行人员发现某台风力发电机组报主轴轴承温度高故障，登塔检查发现，主轴下方有大量铁屑。通过对主轴拆解，发现主轴轴承内套裂纹，如图 2－4－6 所示。经过分析，该风力发电机组由于主轴装配不合格，局部范围内应力显著增大，造成轴承超温、抱死情况。

图 2-4-6 主轴轴承内套裂纹

条文 4.1.4 主轴连接轮毂用高强度螺栓连接副应按批配套进场，并附有产品质量检验报告书。高强度螺栓连接副应在同批内配套使用，使用前应分批次进行抽样，并经具备资质单位检测合格。

【**释义**】该条文引用了《风力发电机组高强螺纹连接副安装技术要求》（GB/T 33628—2017）3.13 条，《钢结构用高强度大六角头螺栓、大六角螺母、垫圈技术条件》（GB/T 1231—2006）5.1、5.2、6.3 条规定。

3.13 同一部件使用的螺纹连接副应为同一厂家、同一批次的产品。

每一连接副包括 1 个螺栓、1 个螺母、2 个垫圈；同一性能等级、材料、炉号、螺纹规格、长度（当螺栓长度小于等于 100mm，长度相差小于等于 15mm；螺栓长度大于 100mm，长度相差小于等于 20mm 时，可视为同一长度）、机械加工、热处理工艺、表面处理工艺的螺栓、螺母、垫圈为同批；分别由同批螺栓、螺母、垫圈组成的连接副为同批连接副，同批高强度螺栓连接副最大数量为 3000 套。螺栓连接副在使用前应按上述要求逐批抽样送检，螺栓连接副抽样、送检、检测宜由独立第三方完成。

6.3 制造厂应以批为单位提供产品质量检验报告书，内容如下：

a）批号、规格和数量；

b）性能等级；

c）材料、炉号、化学成分；

d）试件拉力试验和冲击试验数据；

e）实物机械性能试验数据；

f）连接副扭矩系数测试值、平均值、标准差和测试环境温度；

g）出厂日期。

条文 4.1.5 固定主轴用的胀紧套安装工艺应符合设计要求，胀紧套螺栓应按预紧力比例对角逐步紧固，防止胀紧套受力不均；液压胀紧套在紧固完毕后应锁紧高、低压注油口。

【**释义**】胀紧套或锁紧盘是一种无键连接装置，由带锥度的内环和外环组成，通过高强度拉力在内环与轴、外环与轮毂间产生巨大抱紧力，常用于重型载荷下的机械连接。风力发电机组胀紧套用于连接主轴和齿轮箱，分为螺栓和液压两种紧固型式。

螺栓紧固胀紧套由不易变形具有内锥孔的外套和具有相同锥度外锥面且在受到挤压时

易于变形的薄壁内套组成。将内外锥套套在一起置于两传动轴和互连接部位（包容面和被包容面分别是孔和轴），利用螺栓作用力推动内外锥套相对移动，两锥面间产生径向力使薄壁套收缩变形，并迫使两传动轴配合面产生一定的过盈，使之互相连接。

液压胀紧套在锥套和外锥套之间制成液压油腔，借助压力油的作用推动外套轴向移动使内套收缩，从而锁紧两轴的连接部位。

螺栓胀紧套安装应遵循以下程序：

（1）检查齿轮箱空心轴和主轴轴颈结合表面，应无污物、无腐蚀和无损伤；尺寸公差在允许范围内。

（2）为便于安装，在清洗干净的胀套和齿轮箱空心轴的结合表面上，均匀涂抹一层薄润滑油。

注意：润滑油不应含二硫化钼添加剂；空心轴与主轴配合面不能涂油。

（3）将胀套放置在两连接轴的配合部位并推移到规定位置，注意推移时用力均匀，防止胀套卡滞损坏结合面；齿轮箱输入轴孔与主轴之间的配合间隙，采用专用对中工装进行装配操作时，间隙量应不小于 0.02mm；采用天车进行对中装配操作时，间隙量应不小于 0.04mm。

（4）再次检查胀套内套和外套彼此是否正确定位，必要时借助定心套管或类似的工具。

（5）紧固收缩盘螺栓时，应均匀、对称拧紧螺栓，宜按照 10%、90%、100%的扭矩值分三次紧固，连续紧固若干圈后，按规定力矩值检查全部螺栓。

（6）目测胀套内套和外套前端面完全齐平，沿该平面在轴径向划“十”字标记线（如图 2－4－8 所示），用于日常检查确认主轴是否窜动或打滑。

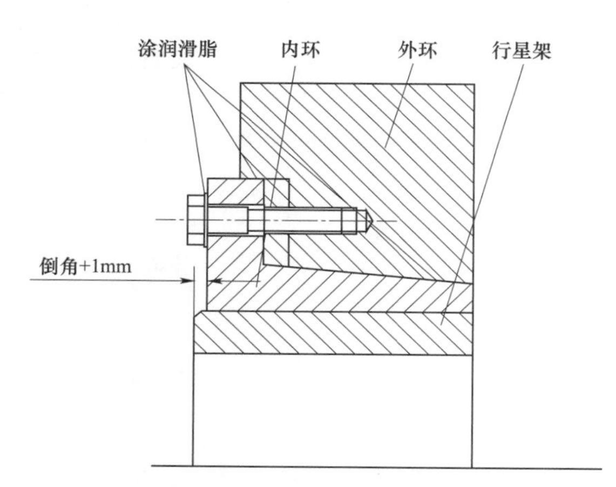

图 2－4－7 胀紧套内外套安装示意图

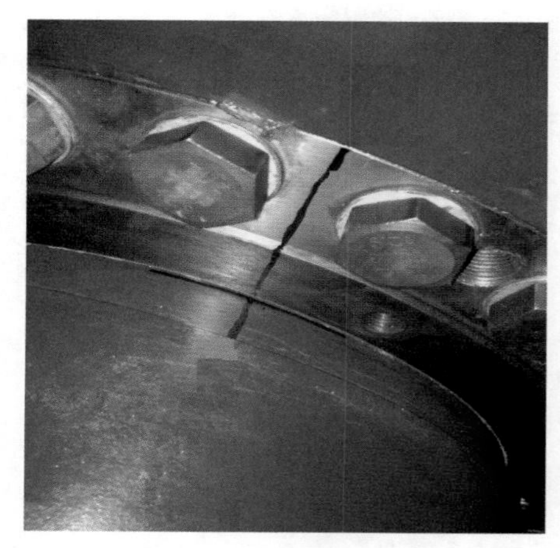

图 2－4－8 主轴与胀紧套“十”字标记线

（7）安装完毕后，在胀套外露端面和螺栓头部涂上一层防锈油脂。

如果胀紧套安装工艺不良或传动链扭矩超过允许范围，可能造成主轴与胀紧套发生相对位移，这种位移不仅对齿轮箱轴承、齿面造成损坏，对主轴轴承的径向、轴向承载力也会产生影响，严重时可能引发主轴窜动，叶轮空转。因此，胀紧套安装时，应按照整机厂家设计工艺要求进行安装，胀套表面的结合面应干净无污染、无腐蚀、无损伤，安装前均匀涂抹一层不含 MoS_2 等添加剂的润滑油。螺栓连接胀套按照设计力矩要求使用力矩扳手对称、交叉、均匀拧紧。液压胀紧套按照整机厂家设计压力参数，利用液压油压力对液压胀紧套进行紧固，达到设计压力值时，锁紧高、低压注油口，防止压力泄漏。

条文 4.1.6 轮毂安装时，应严格执行风力发电机组整机厂家的技术要求，轮毂固定螺栓在安装前应涂抹 MoS_2 并按预紧力要求进行紧固。

【释义】该条文引用了《风力发电机组装配和安装规范》（GB/T 19568—2017）3.2.1.3 条及《风力发电机组高强螺纹连接副安装技术要求》（GB/T 33628—2017）7.4 条规定。

7.4 抗咬合润滑剂的涂敷

高强度螺栓（钉）安装前应在外螺纹相应的接触面上涂敷抗咬合润滑剂，以防止螺纹啮合过程中发生咬合。并按以下要求涂敷：

a）对于螺栓/螺柱、平垫圈和螺母的组合形式应遵循以下要求：

1）螺栓/螺柱外螺纹应保证涂敷抗咬合润滑剂。

2）螺母与垫片的接触面上涂抹润滑剂。

b）对于螺栓直接拧入零部件形式应遵循以下要求。

1）螺栓外螺纹应保证 3/4 长度的螺纹上涂敷润滑剂。

2）垫片与螺栓头的接触面涂敷润滑剂。

c）润滑剂涂敷厚度应遵循：

1）螺栓外螺纹润滑剂涂敷厚度约为螺纹深度的 1/2。

2）螺母及垫圈接触面上的润滑剂涂敷厚度为约 0.1mm。

螺栓、螺母紧固工艺要求参照 4.1.3 条文执行。螺栓紧固时需克服螺纹间的摩擦力，涂抹抗咬合润滑剂可以起到润滑作用，减少摩擦，达到设计的预紧力，螺栓预紧力的计算是通过连接面润滑实验得出。风力发电机组高强度连接螺栓抗咬合润滑剂一般采用 MoS_2，涂抹均匀后，按照规定力矩值紧固轮毂连接螺栓。

【案例】2009 年 3 月，某风电场一台风力发电机组因“振动传感器触发”故障停机，现场检查发现该风力发电机组桨叶连接螺栓断裂，桨叶脱落。对断裂的螺栓检查，螺栓断裂截面疲劳损坏面积较大，拉伸断裂面积较小。经过分析，螺栓断裂原因是，安装螺栓时未在螺栓头部和螺纹处涂抹润滑剂，造成预紧力不足，且未按安装手册要求紧固螺栓，运行过程中螺栓松动，多数桨叶连接螺栓疲劳损坏，导致迎风面螺栓断裂，桨叶脱落。

图 2-4-9 事故风力发电机组

图 2-4-10 脱落的桨叶

条文4.2 主轴、轮毂的日常维护

条文4.2.1 风电场运行维护人员应加强主轴承温度、风力发电机组振动等运行参数监测，发现异常应分析原因并组织处理。

【释义】该条文引用了《风力发电场运行规程》（DL/T 666—2012）7.1.1、7.2.1条及《风力发电场检修规程》（DL/T 797—2012）5.3.1条规定。

7.1.1 当风电场设备在运行过程中出现异常时，当班负责人应立即组织检修人员查找异常原因，采取相应措施，及时处理设备缺陷，保证设备正常运行。

7.2.1 对于风力发电机组有异常情况的报警信号，运行人员要根据报警信号提供的部位，组织检修人员进行现场检查和处理。

5.3.1 对风力发电机组振动状态、数据采集与监控系统（SCADA）数据进行监测，分析判定运行状态、故障部位、故障类型及严重程度，提出检修决策。

风力发电机组的主轴轴承旋转速度缓慢，由轴承内部摩擦产生的热量较小，如果润滑得当，主轴轴承内摩擦产生的温升不高；若轴承内滚子、轴承保持架、内外套出现缺陷，轴承温升异常，严重影响轴承使用寿命，甚至烧坏轴承。因此，运行维护人员应加强主轴承运行温度监视，确保轴承异常时能及时处理。

风力发电机组振动检测数据可以真实反映传动部件的运行情况，振动超限会引起轴承座或轴承的损坏以及螺栓松动，螺栓松动进一步加剧振动程度，致使运转设备损坏，甚至造成轮毂、桨叶脱落。开展振动监测，能够提前发现风力发电机组早期机械故障，避免设备损坏严重，降低维修成本。

因此，应加强主轴轴承温度、风力发电机组振动等运行参数监测，注重主轴承日常润滑养护工作。

条文4.2.2 定期开展主轴和轮毂的检查和维护，按制造厂维护手册要求，定期按计量补充主轴承润滑油脂，紧固轮毂连接螺栓，定期检查主轴轴承是否有窜动情况。

【释义】该条文引用了《风力发电机组运行及维护要求》（GB/T 25385—2010）附录A、附录B及《风力发电厂检修规程》（DL/T 797—2012）附录A相关内容要求。

风力发电机组运行过程中，由于润滑不良或安装工艺不合格等原因，引起轴承滚动体和滚道严重磨损，甚至造成轴承散列和断裂的情况。应按整机厂家维护手册，定期定量补充轴承润滑油脂，使轴承始终处于良好润滑状态，避免轴承损坏。轮毂与主轴、叶片与轮毂都是通过螺栓连接，在风力发电机组振动以及交变载荷作用下易造成螺栓松动，轮毂和主轴连接失效。因此，应定期开展轮毂和主轴检查维护工作，具体如下：

（1）轮毂、主轴本体表面无裂纹，防腐层无脱落。

（2）主轴轴承部位无过热痕迹。

（3）轴承支座密封处无渗漏油脂，集油盒位置正确有效，油脂积满及时清理。

（4）自动润滑装置功能良好，周期与给油量符合风力发电机组实际情况。

（5）连接螺栓无松动、断裂情况等。

按照制造厂维护手册要求，定期使用液压力矩扳手检查主轴与轮毂连接螺栓、主轴与齿轮箱连接螺栓。同一部位宜抽检10%，若发现一个螺栓力矩不合格，对该部位所有螺栓紧固到规定值；若发现螺栓松动且润滑条件不良，需要拆卸螺栓，并重新涂抹润滑剂后再次拧紧到规定值，并做好维护记录。主轴与轮毂连接螺栓、主轴与齿轮箱连接螺栓若轻微锈蚀，应除锈并涂防锈油；若严重锈蚀，应立即更换。

条文 4.2.3　长期限负荷的风电场，应轮换选择降负荷的风力发电机组，避免同一台风力发电机组负荷频繁波动。

【释义】因风电场送出线路容量有限，部分风电场长期处于限负荷情况下运行。针对限电模式，应结合风力发电机组健康状况、检修维护计划、风资源变化情况进行动态规划限负荷运行风力发电机组，实现设备的安全性、可靠性与经济性管理。风电场限负荷可以采用风力发电机组均参与限负荷，所有风力发电机组采取变桨距限负荷运行，此种方式应明确风力发电机组的最低变桨角度（风力发电机组在不同风速下的最低允许负荷），避免风力发电机组载荷超限。另一种方式是通过全场风力发电机组轮换启停方式调整负荷，避免同一台风力发电机组频繁启停，高风速下频繁启停风力发电机组使疲劳载荷增加，对桨叶的使用寿命产生较大影响。应结合设备健康状况选择参与负荷调节的风力发电机组，此外，冬季还应避免长时间停运造成的风力发电机组低温启动受限。

条文 4.2.4　巡检中目测轮毂或主轴出现裂纹，主轴承发生移位、损坏时，应立即停止风力发电机组运行。

【释义】该条文引用了《风力发电场运行规程》（DL/T 666—2012）7.2.8 条规定。

7.2.8　发生下列情况之一者，风力发电机组应立即停机：

a）叶片处于不正常位置或相互位置与正常运行状态不符合时；

b）风力发电机组主要保护装置拒动或失效时；

c）风力发电机组受到雷击后；

d）风力发电机组发生叶片断裂、开裂，齿轮箱轴承损坏等严重机械故障时。

日常巡视检查中，若发现轮毂或主轴出现裂纹以及主轴承发生移位、损坏，为防止裂纹进一步扩大导致轮毂脱落，酿成事故，主轴移位造成齿轮箱损坏，应立即停止风力发电机组运行，并上报设备管理单位，制定检修方案，防止事故进一步扩大。

条文 4.2.5　每年视风电场具体情况可按一定比例抽检机组，对轮毂及叶片固定螺栓进行超声检测，发现问题可扩大抽检比例。

【释义】风力发电机组高强度螺栓所处环境恶劣，受力复杂，易出现松动、裂纹及断裂缺陷，而这些缺陷不易发现，发展到一定程度时，极易造成重大安全事故。

高强螺栓一旦在运行中突然失效，将会造成重大损失和灾难性后果。因此，高强螺栓连接可靠性直接影响整个风力发电机组安全。目前，运用超声波技术检测螺栓是一种有效的技术手段，避免了拆装工序，节省了大量人力、物力，操作简单、方便，对螺纹无任何不良影响。

螺栓超声检测原理为：声波在传播过程中遇到齿根尖部，部分声波发生绕射，少量波形发生反射并返回探头，在荧光屏上产生回波显示。螺栓与螺母相互啮合时存在空隙，对声波正常传播不会造成影响。当螺栓齿根存在裂纹时，绕过齿根的声波被大量阻挡，同时，由于裂纹向纵深伸展，将原没有阻挡的声波也反射回来，裂纹的不规则形状将加大反射声波能量，从而在荧光屏上产生一个远远高于正常齿形波高的缺陷波。当缺陷较大时，绕过缺陷的声波将无法抵达缺陷后部的正常齿面，荧光屏上出现缺齿现象，缺陷后面的齿形波高度下降甚至消失。

开展螺栓超声检测，依靠其相对于正常齿形波的波高及影响大小来判断缺陷程度，发现问题扩大抽检比例，当发现有裂纹等敏感缺陷时应立即更换，以消除重大安全隐患，确保安全生产。

条文 4.2.6　单支撑主轴在风力发电机组机舱上分解时，应利用专用工装固定主轴，防止主轴受力变形甚至轮毂脱落。

【释义】单支撑主轴是由主轴前端轴承和齿轮箱两侧的支架组成“三点式”布置，如图 2－4－11 所示。主轴上只有一个前轴承，另外两个支撑点设置在齿轮箱上。

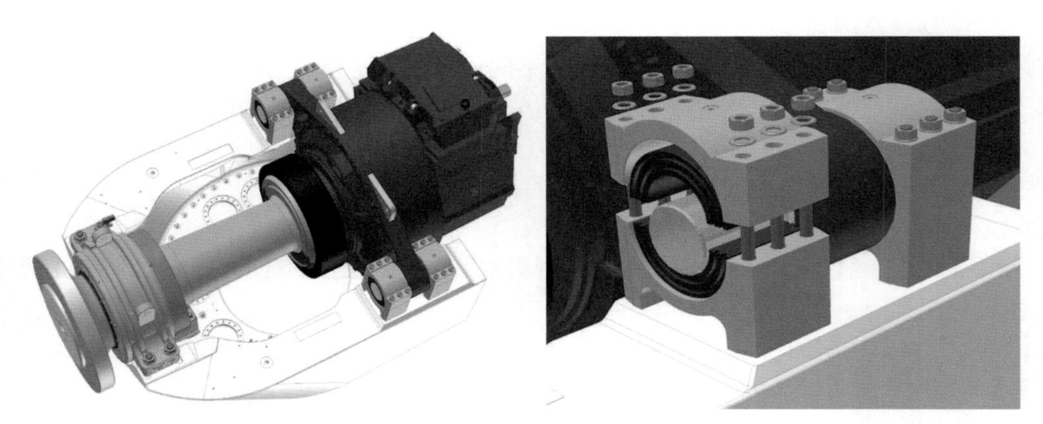

图 2－4－11　“三点式”支撑应用实例

风力发电机组的叶轮是通过与主轴的连接来支撑，在维修齿轮箱时，有时需要将其吊装到地面。当固定主轴的零部件如齿轮箱发生故障，在拆除齿轮箱后，单支撑主轴失去了齿轮箱侧固定点，此时由于叶轮自重的影响，只靠前端轴承座不能固定主轴；若不将主轴固定，主轴和叶轮将发生倾斜。因此，当齿轮箱拆除时，利用专用工装，将主轴固定，防止主轴因外部载荷受力变形甚至轮毂脱落。目前，常采用压主轴工装（如图 2－4－12 所示），主要包括套设在主轴上并将其固定的上下支撑座、支撑座两端的调节装置；上支撑座与下支撑座之间形成安置主轴的空腔（空腔可调），套设在主轴上，支撑座固定在风力发电机组主机架上，保证单支撑主轴受力平衡。如图 2－4－13 所示。

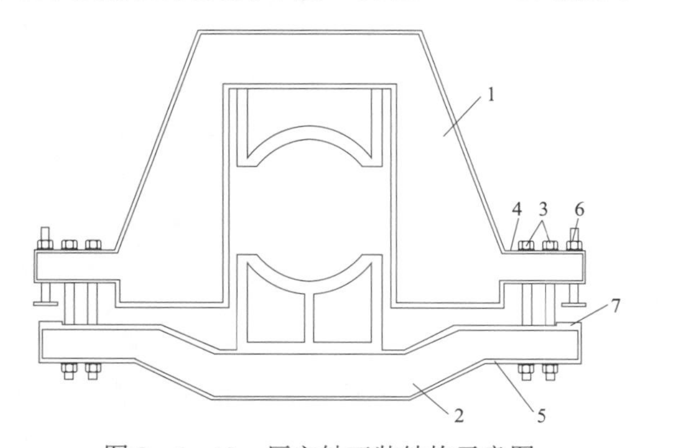

图 2－4－12　压主轴工装结构示意图

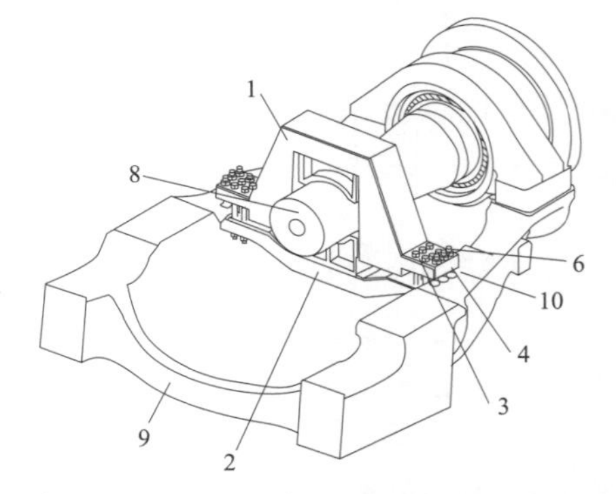

图 2－4－13　压主轴工装固定主轴示意图

1—上支撑座；2—下支撑座；3—螺栓；4—第一耳板；5—第二耳板；6—调整螺栓；7—凸台；
8—主轴；9—风力发电机组主机架；10—机架臂翻边

条文 4.2.7 禁止在主轴、轮毂的金属结构上进行钻孔、焊接等破坏应力的作业。

【释义】该条文引用了《风力发电机组 球墨铸铁件》（GB/T 25390—2010）6.7 条及《风力发电机组主轴锻件 技术条件》（JB/T 12137—2015）4.4.2 条规定。

6.7 铸件不允许用焊补加以修复。

4.4.2 在制造和包装过程中，主轴不得进行焊接。

轮毂多采用具有良好成型性能的球墨铸铁铸造，主轴为锻件直接锻造成型。在主轴、轮毂的金属结构上进行钻孔、焊接等行为将破坏原应力结构，造成疲劳损伤，影响风力发电机组安全。因此，严禁止在主轴、轮毂的金属结构上进行钻孔、焊接等作业。

【案例】2011 年 1 月 17 日，某风电场一台风力发电机组主轴与齿轮箱连接部位断裂（如图 2－4－14 所示），齿轮箱弹性支撑固定座向发电机方向移位 1cm，联轴器因挤压产生变形。经分析，该主轴存在原始缺陷，主轴在加工过程中质量控制不当，车间技术人员采取表层堆焊措施补救，造成综合性能降低及脆化，且未进行相关的检测及热处理，导致补焊处在运行过程中疲劳断裂。

图 2－4－14 主轴与齿轮箱连接处部位断裂

条文 4.2.8 海上风力发电机组、陆上 2MW 及以上风力发电机组应装设固定式振动监测系统；陆上 2MW 以下风力发电机组可选择半固定或便携式振动监测系统。定期对监测装置进行检查维护及数据分析，保证其可靠性和报告的指导性。

【释义】该条文引用了《风力发电机组振动状态监测导则》（NB/T 31004—2011）4.1.4 条规定。

4.1.4 振动状态监测系统选择原则为：

a）海上风力发电机组应选择采用固定安装系统；

b）陆上 2MW 以上（含 2MW）风力发电机组应选择采用固定安装系统；

c）陆上 2MW 以下风力发电机组可选择半固定安装系统或便携式系统；

d）风力发电机组质保期满进行验收时，应出具风力发电机组振动状态监测系统提供的振动状态报告。

对风力发电机组振动状态、数据采集与监控系统（SCADA）数据等进行监测，分析判定设备运行状态、故障部位、故障类型及严重程度，有利于提出检修决策。对特殊部位、高速运转部件、重要部件可安装在线振动监测系统，系统可独立配置，通过振动在线监测系统数据采集、分析设备主要部件的振动情况，判定传动部件的故障及损伤，超前预警，使检修人员能够制定合理的检修计划。风电场应定期开展振动在线监测装置检查维护以及数据分析工作，确保各测点的可靠性，并利用振动数据分析齿轮箱、主轴承等早期设备隐患，指导风电场检修全过程管理。

振动状态监测一般采用加速度传感器、速度传感器、位移传感器三种类型传感器。风力发电机组监测系统所需最少测量点见表 2－4－1，陆上单机容量低于 3MW 的有齿轮箱的风力发电机组振动评估的标准值见表 2－4－2，风力发电机组测点布置简图见图 2－4－15。

表 2-4-1　　风力发电机组监测系统所需最少监测点

风电机组部件	每个部件需要的传感器支数（支）	安装方向	频率范围（Hz）
主轴承	1	径向	0.1～100
齿轮箱	3	径向	0.1～100（行星齿轮，中间轴轴承） 10～10 000（高速轴轴承）
发电机轴承	2	径向	10～10 000
机舱	2	轴向及横向	0.1～100
塔架上部	2	轴向及横向	0.1～100

表 2-4-2　陆上单机容量低于 3MW 有齿轮箱的风力发电机组振动评估的标准值

<table>
<tr><th>部件</th><th colspan="2">加速度均方根值（m/s²）</th><th colspan="2">速度均方根值（mm/s）</th></tr>
<tr><td rowspan="3">机舱与塔架</td><td colspan="2">频率范围≤0.1Hz～10Hz</td><td colspan="2">频率范围≤0.1Hz～10Hz</td></tr>
<tr><td>注意值</td><td>报警值</td><td>注意值</td><td>报警值</td></tr>
<tr><td>0.3</td><td>0.5</td><td>60</td><td>100</td></tr>
<tr><td rowspan="3">主轴承</td><td colspan="2">频率范围≤0.1Hz～10Hz</td><td colspan="2">频率范围 10Hz～1000Hz</td></tr>
<tr><td>注意值</td><td>报警值</td><td>注意值</td><td>报警值</td></tr>
<tr><td>0.3</td><td>0.5</td><td>2.0</td><td>3.2</td></tr>
<tr><td rowspan="5">齿轮箱</td><td colspan="2">频率范围≤0.1Hz～10Hz</td><td colspan="2">频率范围 10Hz～1000Hz</td></tr>
<tr><td>注意值</td><td>报警值</td><td>注意值</td><td>报警值</td></tr>
<tr><td>0.3</td><td>0.5</td><td>3.5</td><td>5.6</td></tr>
<tr><td colspan="2">频率范围 10Hz～2000Hz</td><td colspan="2" rowspan="2"></td></tr>
<tr><td>7.5</td><td>12.0</td></tr>
<tr><td rowspan="3">发电机</td><td colspan="2">频率范围 10Hz～5000Hz</td><td colspan="2">频率范围 10Hz～1000Hz</td></tr>
<tr><td>注意值</td><td>报警值</td><td>注意值</td><td>报警值</td></tr>
<tr><td>10</td><td>16</td><td>6.0</td><td>10</td></tr>
</table>

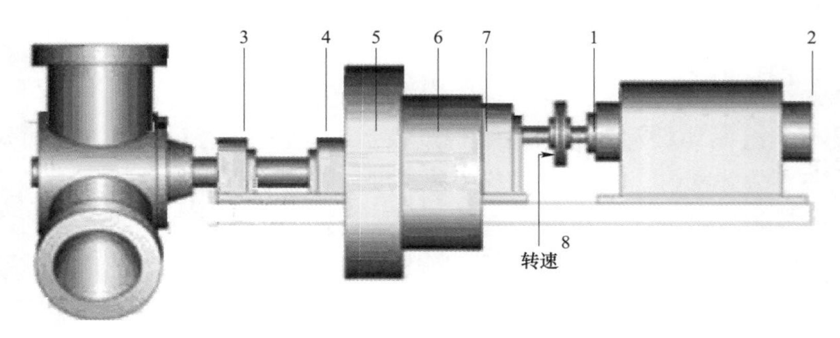

图 2-4-15　风力发电机组测点布置简图

1—发电机前轴承水平径向；2—发电机后轴承水平径向；3—主轴前轴承水平径向；4—主轴后轴承垂直径向；5—齿轮箱外齿圈垂直径向；6—齿轮箱输入轴垂直径向；7—齿轮箱输出轴垂直径向；8—高速轴转速

条文 4.2.9　每年定检中，应检测机组偏航驱动与偏航齿圈的间隙，出现偏航齿圈变形、间隙过大、偏航刹车盘变形情况应及时停机处理。

【释义】依据《风力发电机组装配和安装规范》（GB/T 19568—2017）规定，偏航驱动装配时，应平稳吊起偏航驱动装置，使吊装状态与安装状态保持一致。偏航减速机齿轮与偏航轴承标记齿啮合，侧隙测量位置处于偏航轴承两个标记齿之间。安装偏航驱动后调整侧隙，将驱动之间侧隙差值调整到规定范围内。

法向侧隙是两个相啮合齿轮工作齿面接触时非工作齿面间的最短距离，为保证偏航小齿轮与外齿圈啮合良好，如整机厂家有特殊技术规定，应按照厂家技术要求调整；如整机厂家无特殊技术规定，应按照偏航驱动法向侧隙公式计算，见式（2－4－2）：

$$j_{bn}=(0.03\times 0.05)\times m \tag{2-4-2}$$

式中 j_{bn}——侧隙，mm；

m——模数，mm。

偏航驱动与偏航齿圈的间隙在组装时已调整好，每年定检过程中应检查偏航齿轮啮合间隙，如果出现偏航齿圈变形、间隙过大、偏航刹车盘变形，应及时停机处理；间隙过大，可通过偏心盘进行调整，直至齿轮啮合间隙符合要求（每个偏航减速机小齿轮与大齿轮的啮合间隙都必须符合要求）。

偏航小齿轮与外齿圈的啮合间隙一般采用塞尺或压铅法检测：将铅丝用油脂粘附于齿侧（非啮合面），齿轮啮合后取下，并测量铅丝厚度；通过塞尺检测已装配好的齿轮副间处于啮合位置时的齿面最小间隙，得到该齿轮副的侧隙。

条文4.3 叶片监造及安装

条文4.3.1 叶片制造应由具备资质单位进行监造、监检，叶片制造过程中应注意不能出现气泡、夹层、分层、变形、贫胶等情况，叶片出厂应逐片进行检查，并提供叶片使用维护说明书。

【释义】该条文引用了《电力设备监造技术导则》（DL/T 586—2008）4.1条、《风力发电机组 风轮叶片》（GB/T 25383—2010）8.2.3.1条以及《风力发电机组 风轮叶片》（JB/T 10194—2000）10.6.6、10.6.7、13.1条相关规定。

8.2.3.1 应对部件的加工过程及完成的叶片成品进行检验，特别注意气泡、夹杂、分层、变形、贫胶等。

10.6.6 对部件的加工过程及完成的叶片成品进行目视检验，应特别注意气泡、夹杂起层、变形、变白、变污、损伤、积胶等，对表面涂层也要进行外观目视检验。

10.6.7 对叶片及部件内部缺陷可采用X射线或超声波等无损检验方法来检验，检验标准可由设计工艺、检验部门共同制定或确定一标准样件作为判据。

13.1 每支叶片均做出厂检验；新产品试制完成时应进行鉴定检验。

叶片是风力发电机组关键部件之一，在风力发电机组设计中，叶片外形设计及质量尤为重要，为保证叶片制造过程中质量达标，开展设备监造、监检非常有必要；监造、监检的目的是委托人委托具备资质单位见证合同产品与合同的复合型，协助和促进制造厂保证设备制造质量，对原材料质量控制、制造过程、成品质量检验以及制造监控进行监督检查，严格把好质量关，努力消灭常见性、多发性、重复性质量问题，把产品缺陷消除在制造厂内，防止不合格品出厂。

叶片说明书应包括制造商、名称、型号，叶片技术数据，叶片安装原理图，叶片安装、运输过程中的吊装位置及吊装要求，叶片储存要求，叶片使用维护要求等，能够对叶片检修维护提供技术指导。

【案例】 2017 年 5 月 27 日，某风电场一台风力发电机组报“振动超限”、“振动传感器故障”。现场检查发现 3 号桨叶根部断裂，查阅该风力发电机组运行记录，其 1、2 号桨叶都曾断裂，如图 2-4-16 所示。经分析，叶片监造把关不严、叶片质量不合格，是导致此次事件发生的主要原因。

图 2-4-16　叶片开裂

条文 4.3.2　叶片运输宜要求出厂时加装运输状态记录仪（卫星定位及加速度传感器），用以评价运输过程中是否发生撞击等情况。

【释义】 该条文引用了《风力发电机组　第一部分：通用技术条件》（GB/T 19960.1—2005）9.2.3 条以及《风力发电机组　风轮叶片》（JB/T 10194—2000）15.5.1 条相关规定。

9.2.3　运输过程中各部件不能有撞击、位移和晃动。

15.5.1　在叶片运输时，要对叶片启封并对金属部件重新油封包装，并用支架支撑和固定牢固，保证叶片在运输过程中不损坏。

风力发电机组叶片由复合材料固化成型，其外形尺寸、结构强度都会影响发电效率和使用寿命。叶片在运输过程中，可能会发生撞击、磕碰情况，为实现叶片运输过程的全程监督，可采取必要的技术手段进行实时监控。目前，通常采用运输状态记录仪对叶片运输进行监控，记录仪含有加速度传感器，叶片运输过程中，通过加速度传感器来实现电子记录，并通过测量其变形量判断叶片是否发生撞击。另外，也可以利用卫星定位系统车载终端监控叶片运输过程，对运输车辆进行记录、显示和查询，有效记录叶片运输过程，评价运输过程中是否发生撞击等情况。防止运输过程中造成叶片损伤，未经业主同意，擅自修复，破坏叶片强度和空气动力学性能。

条文 4.3.3　叶片运输或存放中发生倾倒、撞击等情况时，应对叶片表面采用目测和敲击，内部采用超声波检测等无损检测方法进行检验，合格后方可使用。

【释义】 该条文引用了《风力发电机组　风轮叶片》（GB/T 25383—2010）12.2 条及《风

力发电机组 风轮叶片》（JB/T 10194—2000）10.7.4、15.4 条相关规定。

12.2.2 野外存放叶片时，应考虑现场地形和风向影响，必要时应采取适当的保护措施。

10.7.4 对于运输过程中造成的叶片损伤，可根据损伤的具体情况，由制造商制定修补计划，在使用现场进行修补，并由制造商提供质量保证。

15.4 叶片可以露天存放，但要对叶片进行适当保护，避免损坏叶片表面。

15.5.1 在叶片运输时，要对叶片启封并对金属部件重新油封包装，并用支架支撑和固定牢固，保证叶片在运输过程中不损坏。

叶片在运输及存放过程中，如发生倾倒、撞击，叶片表面可能出现裂纹（未引起明显程度的下降或胶层减弱）、涂料剥落、分层等表面失效现象。在外部环境下，表面失效经过一段时间后可能发展为功能失效（当某一具体部件或组件在可接受的范围内不再起作用）和灾难性失效（导致至关重要功能丧失的、损害安全保障的部件、结构破裂或毁坏的失效模式），表面缺陷若不及时修复将会导致不可逆后果，检修维护人员可通过放大镜、内窥镜观测叶片内外表面来检查叶片缺陷。

通常叶片被钝物撞击后，其表面不会出现明显伤痕，也不会引起技术人员的注意，但叶片内部结构可能已经受到严重损伤，如玻璃钢分层破坏。对于该类缺陷若未及时发现和修复，将会影响叶片使用寿命，并成为后期事故隐患。检查叶片内部损伤常采用无损检测法来诊断。

敲击检测法是最原始的无损检测方法之一，当物体内部存在缺陷时声音会显得“沉闷”；若叶片内部有脱层，缺陷处的刚度会下降。使用敲击棒、小锤、硬币叩击叶片表面，通过仔细辨听声音的差异来查找和判断内部裂纹、内部脱层等内部缺陷。

超声波检测是目前无损检测中一种常用方法，可检测出叶片复合材料结构中的分层、脱粘、缺胶、气泡、裂缝、冲击损伤等缺陷。根据超声发射和接收方式不同，可以分为超声脉冲回波法和穿透法，这两种方法都已在叶片的检测领域应用。超声脉冲回波法主要应用于叶片主梁帽区域以及叶片前缘粘接区域的纤维布分层、脱粘、缺胶、气泡等缺陷检测；对于叶片后缘粘接区域的脱粘、缺胶、气泡等缺陷可通过超声脉冲穿透法进行检测。

因此，在运输过程中，对叶片的薄弱部位（如后缘），应进行有效保护（如安装适当的保护罩），每支叶片至少需要 2 个支撑点，一个支撑点在叶根处，另一个在叶片长度约 2/3（距叶根）处。叶片储存时，可以露天存放，但要对叶片进行适当保护，避免损坏叶片表面，野外存放时，应考虑现场地形和风向的影响，必要时采取适当的保护措施。

条文 4.3.4 叶轮在地面组装完成未起吊前，应可靠固定；起吊叶轮和叶片时至少有两根导向绳，导向绳长度、强度应满足要求。

【释义】该条文引用了《风力发电场安全规程》（DL/T 796—2012）6.4.2、6.4.5 相关规定。

6.4.2 吊装风轮时，为防止发生转动、磕碰受损，起吊叶轮和叶片时至少有两根导向绳，导向绳长度和强度应足够，应由足够人员拉紧导向绳，保证起吊方向；

6.4.5 叶轮在地面组装完成未起吊前，必须可靠固定。

通常叶轮吊装步骤（如图 2－4－17 所示）参考如下：

（1）检查叶片是否有污垢，如有将其清理干净；利用变桨控制箱把叶片调整到逆顺桨位置，锁定叶片，防止转动。

（2）将两条无接头扁平吊带连接到处于垂直位置的两个叶片的叶根处，将吊带连接到主吊机吊钩上。

（3）在主吊机相对的叶片叶尖处安装吊带并将其连接到辅助吊机上，由于辅助吊点位置较高，为方便拆卸吊带，可以在吊带上系上缆风绳。

（4）将导向绳穿过叶尖吊装保护罩的安装孔，安装好导向绳，以便在叶轮安装好后可以从地面轻易地将其卸掉。

（5）在卸掉工装螺栓之前，将主辅吊机起吊拉起，将吊带拉直绷紧。吊起叶轮系统到1.5m～1.8m高后，清理轮毂底部法兰面的杂质油污，把双头螺柱旋入轮毂，安装定位导向销。注意短螺纹一头旋入轮毂内，露出部分剩余长度不大于180mm（或按装配技术指导书要求执行）。

（6）起吊叶轮系统，主吊机开始向上起吊轮毂，辅助吊机保持叶片底部离开地面。同时，导向绳操作人员保持叶轮不随风向改变而移动。待叶轮系统吊至直立位置时，卸除辅助吊机的吊带。

（7）起吊叶轮系统至轮毂高度后，机舱中的安装人员通过对讲机与吊车保持联系，指挥吊车缓缓平移，轮毂法兰接近主轴法兰时停止。

图2－4－17 叶轮吊装过程

【案例】2009年6月，某风电场一台风力发电机组在更换齿轮箱后，复装叶轮作业时，当叶轮起吊到达机舱位置准备对接时，风速急剧变化，达到12.5m/s，并持续上升至最高20m/s。此时，吊装人员开始进行落钩操作，在叶轮下降2m左右时，其中一条叶片导向绳突然断裂，致使叶轮失去平衡，发生旋转，并撞击第三节塔筒和吊车吊臂。一支叶片插入地面后折断，另外两支叶片及轮毂导流罩严重损坏，发生吊装事故，如图2-4-18、图2-4-19所示。经过分析，此次吊装过程中风速由3.75m/s急剧上升至20m/s，导向绳断裂是造成本次事故的直接原因。

图2-4-18　轮毂损坏

图2-4-19　叶片损坏

条文4.3.5　起吊变桨距风力发电机组叶轮时，叶片桨距角应处于逆顺桨位置，并可靠锁定。叶片吊装前，应检查叶片引雷线连接是否良好，叶片各接闪器至根部引雷线阻值应不大于该风力发电机组规定值。

【释义】该条文引用了《风力发电场安全规程》（DL/T 796—2012）6.4.3、6.4.4条规定。

6.4.3　起吊变桨距风力发电机组叶轮时，叶片桨距角必须处于顺桨位置（此顺桨位置是指前缘朝向地面，便于固定吊带），并可靠锁定。

6.4.4　叶片吊装前，应检查叶片引雷线连接良好，叶片各接闪器至根部引雷阻值不大于该风力发电机组规定值。

起吊叶轮时，应注意顺桨位置和叶片引雷线连接情况。起吊风轮时，利用临时变桨控制箱将叶片调整至逆顺桨位置（逆顺桨位置是指与风力发电机组正常顺桨状态相差 180°，后缘迎风，前缘背风），并可靠锁定，防止叶轮在吊装过程中迎风产生旋转力矩。此位置，在吊装时有利于保护叶片后缘不受破坏，或者避免叶片后缘触碰地面风险，同时可减少风对叶片的作用力，以免吊装过程中叶轮旋转。

叶片各接闪器至根部引雷线的材料一般为铝材或者铜材，类型一般是绞线、扁导体、编织带和圆导体，测量叶片接闪器到叶片根部法兰之间的直流电阻不应大于该风力发电机组规定值（一般为 50mΩ）。

条文 4.3.6　叶轮组装时应严格执行风力发电机组制造厂的技术要求，保证叶片排水孔畅通，前后缘无开裂；叶片轴承润滑部位应畅通，轴承转动应无异音，固定螺栓在安装前应涂抹 MoS_2 并按预紧力要求进行紧固。

【释义】该条文引用了《风力发电工程施工与验收规范》（GB/T 51121—2015）6.2.1 条规定。

6.2.1　风力发电机组的装配和连接应按整机厂家技术要求执行。

叶片组装时，应严格按照执行整机厂家提供的作业指导书，叶片吊点位置后缘应使用后缘防护罩，防止叶片磕碰、磨损；检查叶片排水孔，清处除叶片排水孔污垢和异物，确保叶片排水孔无堵塞；清理变桨轴承和变桨变桨减速机齿面的杂质灰尘，用毛刷在变桨轴承齿面均匀涂抹润滑脂，确保轴承转动正常、无异音；连接螺栓安装点涂抹 MoS_2，按预紧力要求，用紧固扭矩扳手对螺栓进行紧固。

条文 4.3.7　叶轮吊装就位后应及时连接避雷引下线，并保证与风力发电机组机舱、塔架避雷引下线、接地网可靠连接。

【释义】该条文引用了《风力发电场安全规程》（DL/T 796—2012）6.5.2 条规定。

6.5.2　风力发电机组安装完成后，应测量和核实风力发电机组叶片根部至底部引雷通道阻值符合技术规定，并检查风力发电机组等电位连接无异常。

在雷雨天，当较低的云层接近桨叶时，形成桨叶被云包围的情形。云层底部多带负电，负电荷积聚到一定程度击穿空气，由于桨叶的不同部位分布着接闪器，将发生雷电对桨叶接闪器放电现象。同时，雷电流将由桨叶选择电阻小的路径迅速传向大地。此时，若旋转导雷连接接触面或雷电引下线接触不良，将造成雷电流传导的薄弱环节处过热、拉弧放电，会影响雷电流衰减时间，使叶片接闪器电荷剧烈运动、电离、过热，产生的气体将使桨叶破裂。雷电对桨叶的放电受天气、地理因素影响，具有随机性，若雷电流的传导回路接触良好、容量足够，可有效减小雷电对桨叶造成的损坏。

因此，叶轮吊装就位后应及时连接雷电引下线，确保叶片、轮毂、机舱、塔架、接地网可靠连接，每年应对风力发电机组进行防雷检测，风力发电机组接地电阻值不宜高于 4Ω，对轮毂至塔架底部的引雷通道进行检查和测试，电阻值不高于 0.5Ω；在高土壤电阻率地区，应采取措施降低接地电阻。

【案例】2010 年 6 月 13 日，某风电场雷雨过后，风电场组织检修人员对桨叶进行了全面检查，其有 11 台风力发电机组叶片雷击损坏。经分析，风力发电机组导雷旋转连接接触面和雷电导引线接触不良，造成雷电流传导的薄弱环节处过热、拉弧放电，使桨叶破裂。

如图 2－4－20、图 2－4－21 所示。

图 2－4－20　旋转连接遭雷击痕迹

图 2－4－21　叶尖雷击损坏

条文 4.4　叶片日常维护

条文 4.4.1　风电场每年应对叶片运行声音和外观检查，对叶片排水孔、叶片表面裂纹、胶衣脱落、前后缘磨损、增功组件缺失情况进行检查评估，出具叶片评估报告。

【释义】该条文引用了《风力发电场运行规程》（DL/T 666—2012）附录 A.5 叶片巡检相关内容。为防止叶片因小的隐患造成大的事故，应定期开展叶片清洁度、裂纹、异音、覆冰结霜检查，具体如下：

（1）叶片表面检查与维护。用望远镜检查叶片表面是否有损伤、腐蚀、裂纹情况，特别注意在最大弦长位置附近处的后缘、叶尖附近前后缘是否有开裂和裂纹情况；检查叶片防雨罩与叶片壳体间密封是否完好；检查增功组件是否损坏和脱落。

如存在上述情况，应作如下记录：风力发电机组编号、叶片编号、长度、方向及可能的原因，描述隐患处并进行拍照记录。如在叶片根部或叶片承载部分发现裂纹或裂缝（如图 2－4－22、图 2－4－23 所示），须立即停机并进行修复。

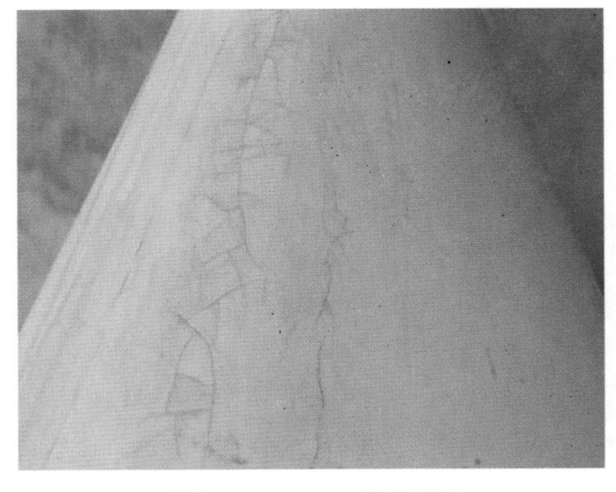

图 2－4－22　叶片裂纹

图 2－4－23　叶根裂纹

（2）叶片异音检查。在风力发电机组附近仔细聆听叶轮转动时叶片是否有刺耳的异常噪声，对比三支叶片声音是否一致。异常噪声通常是由于叶片表面不平整或边缘不平滑造成，也可能是由于叶片内部存在脱落物。若发现异常，应查找噪声来源，并进行处理。

（3）排水孔检查。清洗叶片、修复叶片和进行叶尖加长时，须检查排水孔是否堵塞，如堵塞（如图 2－4－24 所示），应进行清理。

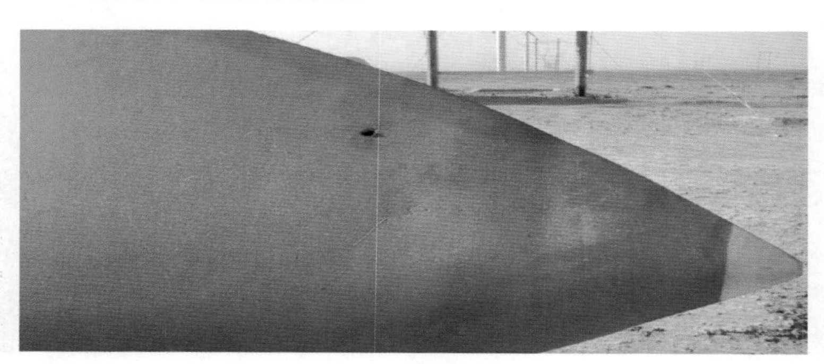

图 2－4－24 叶片排水孔堵塞

条文 4.4.2 风电场出现雾、霜、冻雨等可能导致叶片覆冰的天气，应加强对风力发电机组叶片的检查，叶片覆冰应立即停机，直至覆冰消除后方可启动风力发电机组。

【释义】该条文引用了《风力发电场运行规程》（DL/T 666—2012）附录 A.5 叶片巡检相关内容以及《风力发电场安全规程》（DL/T 796—2012）8.3 条规定。

8.3 手动启动风力发电机组前叶轮上应无结冰、积雪现象；停运叶片结冰的风力发电机组，应采用远程停机方式。

叶片结冰后载荷增加，影响其寿命。每支叶片上的冰载不同，使风力发电机组不平衡载荷增大，引起额外振动，在叶片结冰状态下继续运行会对风力发电机组产生较大危害，甚至存在抛冰伤人及损坏设备风险。且由于叶片每个截面结冰厚度不一样，改变了叶片原有翼型，影响风力发电机组的载荷和出力，风力发电机组寿命也受到一定影响。因此，当出现雾、霜、冻雨等可能导致叶片覆冰的天气，应加强对风力发电机组叶片的巡视检查工作，出现叶片覆冰现象应立即停机，直至覆冰消除后方可启动风力发电机组。

条文 4.4.3 风力发电机组发生变桨系统故障停机后，应登塔查明原因，故障未消除或未经就地检查的风力发电机组禁止投入运行。

【释义】变桨系统作为变桨距风力发电机组的有效安全制动系统，其设备可靠性至关重要。变桨系统故障主要分为：变桨系统通信故障、变桨系统蓄电池故障、变桨桨距位置故障、变桨驱动器故障、变桨驱动电机故障、变桨系统通风加热故障、变桨系统供电故障、变桨系统状态故障等，发生以上故障时，应登塔检查故障原因并彻底处理，严禁未查明缺陷即复位启机，避免故障扩大。

【案例 1】2013 年 12 月 9 日 17 时 53 分，某风电场一台风力发电机组超速继电器动作，安全链断开，故障时变桨角度为 0.7°，尝试手动停止风力发电机组转动无果，风力发电机组飞车。之后，三支叶片严重受损脱落（如图 2－4－25 所示），风力发电机组停机。经分析，飞车的原因是风力发电机组正常运行时安全链突然断开，而直流变桨回路的主接触器损坏导致风力发电机组无法紧急顺桨，风力发电机组超速。而安全链断开后，交流变桨回路无法恢复。变桨系统交直流两路动力电源均失效，最终导致风力发电机组飞车。

【案例 2】2015 年 3 月 11 日，某风电场一台风力发电机组报“安全链断开”“变桨电机过电流”“桨距角差值过大”等故障，风力发电机组停机。登塔检查发现，变桨轴承卡死（如图 2－4－26 所示）。自投运以来，该风场先后有 10 余台风力发电机组多次因变桨系统故障停机。经分析，此批次变桨轴承套圈滚道淬火质量不合格，第一例变桨故障发生时，并未引起检修人员注意，造成连续发生多起变桨系统故障。

图 2－4－25　叶片脱落、损坏

图 2－4－26　变桨轴承损坏

条文 4.4.4　发现叶片根部裂纹或桨叶角度偏差大于 2° 时，应及时停机。

【释义】该条文引用了《风力发电场运行规程》（DL/T 666—2012）7.2.8 条以及《风力发电机组电动变桨控制系统技术规范》（NB/T 31018—2011）4.2.5.1 条规定。

7.2.8　叶片处于不正常位置或相互位置与正常运行状态不符时，应立即停机。

4.2.5.1　自动变桨功能，在桨叶同步性上要求满足以下技术要求：

a）三支桨叶变桨的最大速率不小于 6°/s；

b）变桨驱动器的控制精度不大于 0.05°；

c）三支桨叶不同步度推荐值不大于 2°；

d）变桨接受主控系统下发变桨距指令响应周期不大于 20ms；

e）三支桨叶角度反馈给主控系统时间延迟不大于 20ms。

风力发电机组运行过程中，三支桨叶角度偏差超过 2°，叶轮气动不平衡增大，引起振动，降低捕风能力，影响风力发电机组安全、经济运行。风力发电机组定检过程中，应检查叶片根部内外是否存在裂纹，如发现裂纹须停机处理，避免叶片断裂。

条文 4.4.5　定期检查变桨轴承润滑及磨损情况，及时清除变桨轴承密封胶圈灰尘及泄漏油脂。

【释义】为防止变桨卡涩或轴承损坏，应定期检查变桨轴承润滑及磨损情况。按照风力发电机组整机厂家定期维护手册，定期定量对变桨轴承注润滑脂或者更换油脂，确保变桨轴承润滑良好。轴承密封圈如有磨损、脱落、裂缝和装配错位等情况，应及时更换，防止油脂渗漏，并清除导流罩内及轮毂表面泄漏油脂，确保风力发电机组清洁。如有自动注脂设备，应定期测试自动注脂功能是否正常，确保自动注脂设备可靠、稳定运行。

条文 4.4.6　发生变桨轴承出现裂纹、桨叶螺栓断裂、变桨驱动断齿时，风力发电机组应停止运行。

【释义】该条文引用了《风力发电场运行规程》（DL/T 666—2012）7.2.8 条规定。

7.2.8　*风力发电机组发生叶片断裂、开裂，齿轮箱轴承损坏等严重机械故障时，风力发电机组应立即停机。*

变桨轴承、桨叶螺栓、变桨驱动齿轮是风力发电机组变桨系统的关键部件，其健康状况会直接影响风力发电机组的发电效率和安全。变桨轴承故障、驱动齿轮断齿，造成变桨驱动超载，严重时导致变桨轴承破裂、桨叶脱落。变桨轴承受风沙、潮湿和低温等恶劣条件影响，安装和维护不便，要求具有良好密封性与高可靠性。因此，应加强变桨轴承定期维护和巡检，发现裂纹及时停机，避免裂纹扩大，导致叶片掉落。

桨叶螺栓在安装、维护过程中，紧固力矩过大或者过小将影响螺栓的使用寿命。预紧力过大，可能造成螺栓拉伸应力超过螺栓材料屈服强度极限，而产生塑性变形，甚至断裂。预紧力过小，将增加螺栓疲劳载荷循环幅值（连接件在工作载荷作用下产生分离，降低连接体的刚度），降低螺栓与连接件之间的摩擦力，使螺栓连接副达不到设计预紧力，在工作载荷下，螺栓连接件之间产生相对运动，使螺栓承受额外弯矩、拉伸和剪切等交变载荷，加剧螺栓失效，导致螺栓断裂，多颗螺栓断裂将造成叶片脱落。因此，发现桨叶螺栓断裂，应立即停机，查找断裂原因，及时整改。

【案例】2014 年 10 月 2 日，某风电场一台 3MW 风力发电机组叶片连接螺栓断裂 6 根，如图 2-4-27～图 2-4-30 所示。该风电场投运不足 2 年，多次发现叶片连接螺栓断裂。经分析，螺栓母材中存在大量氧化硅夹杂物，制造过程中热处理工艺控制不当导致晶粒粗大。且叶片连接螺栓安装及定期维护时预紧力分散度较大，螺栓在运行中受到复杂的应力条件下发生疲劳断裂失效。

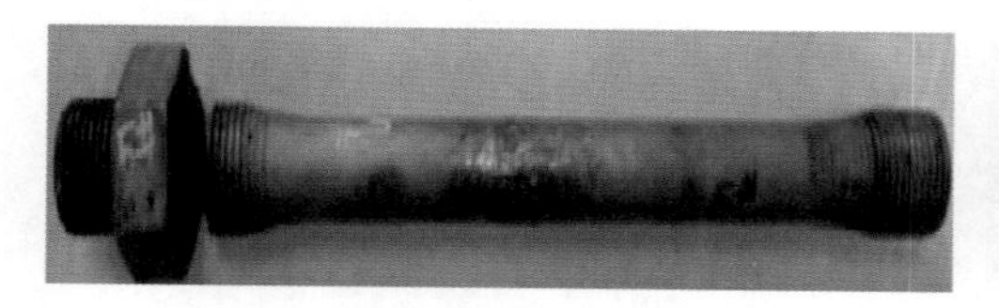

图 2-4-27　5 号螺栓

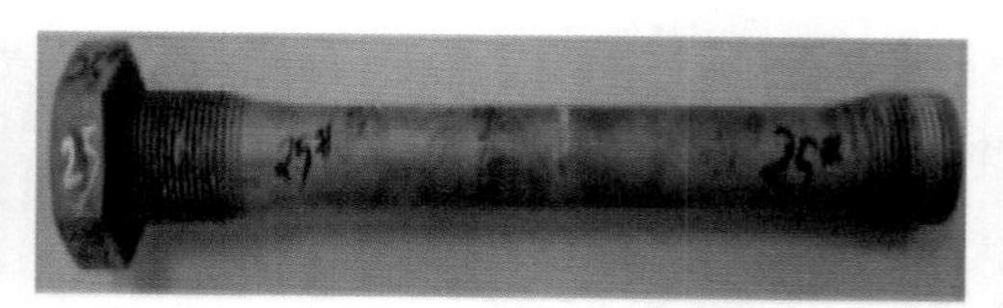

图 2-4-28　25 号螺栓

图 2-4-29　37 号螺栓

图 2-4-30　49 号螺栓

条文 4.4.7　发生桨叶断裂、桨叶螺栓断裂时应查清原因，针对情况开展同批次产品排查，必要时开展超声波探伤检测、叶片零度角校准、叶片载荷测试。

【释义】叶片螺栓主要连接轮毂和叶片，载荷主要来源主要来源于叶片，为防止桨叶批量损坏以及桨叶脱落，当发生个别桨叶断裂、螺栓断裂时应及时查明断裂原因。由于设备本身质量原因，很可能问题批量存在，为防止同批产品发生同类问题，应对同批次产品进行排查。针对桨叶连接螺栓，质量调查应包含螺栓的设计、生产工艺，现场安装工艺，运行维护质量以及桨叶的重量、重心、叶根螺栓孔及螺栓安装的质量。三支叶片不平衡、叶根螺栓孔垂直度不合格等都可能间接造成叶片螺栓断裂。

叶片零度角偏差带来气动不平衡现象，加大了风力发电机组运行的载荷和振动，影响风力发电机组的发电量和可靠性，必要时开展叶片零度角校准、叶片载荷测试，能有效防范桨叶和螺栓断裂。叶片零度角校准可利用激光测量仪和高速度摄像机等方法进行校准。

条文 4.4.8　定期进行叶轮螺栓力矩检查，若发现螺栓松动或损坏，应查明原因并处理。

【释义】该条文引用了《风力发电机组运行及维护要求》（GB/T 25385—2010）附录 B 定期运行维护项目及要求，每半年、一年对叶片连接螺栓、轮毂/加长节连接螺栓、轮毂/叶轮主轴连接螺栓每个部位按 5%个数抽查力矩，若发现一颗螺栓的力矩达不到要求，则检查该部位所有螺栓力矩。

叶轮在运行过程中，阵风、风切变以及桨叶角度调整等因素使叶片螺栓频繁遭受冲击、振动；在螺栓安装中，因工艺不规范导致预紧力分散，部分螺栓疲劳加剧，易出现连接螺栓松动断裂等情况。因此，应定期检查叶轮连接螺栓是否松动，若有松动，应依照螺栓紧固要求及时紧固；叶片螺栓紧固时，应将叶片垂直向下，使螺栓受力均匀。

【案例】某风电场一台风力发电机组 13 颗变桨轴承螺栓在使用过程中螺帽和螺杆连接的 R 角处发生断裂（如图 2－4－31 所示），断裂螺栓螺纹无损坏，螺纹孔内未发现异常，轮毂其他螺栓已全部松动。经过理化性能试验、硬度测试、金相检验、断口分析，由于螺栓未拧紧，且运维阶段，未定期开展力矩校验，致使螺栓出现松动，出现裂纹，最终使螺栓发生疲劳断裂（如图 2－4－32 所示）。

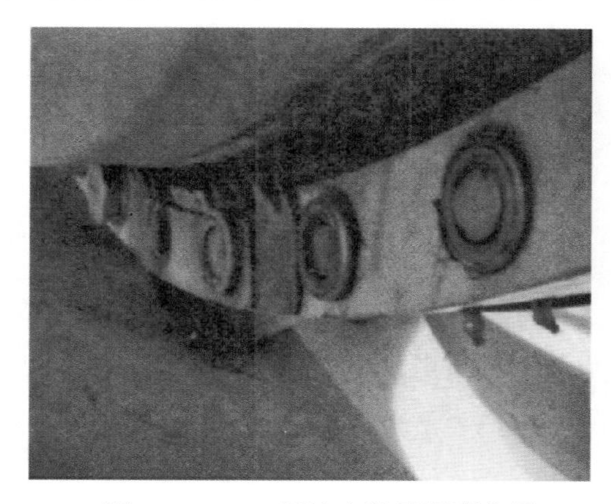

图 2－4－31　螺栓安装及断裂位置

图 2－4－32　断裂螺栓

条文 4.4.9　按规定周期对叶片轴承进行润滑，每年测量一次叶片驱动齿轮与大齿圈的间隙，注意观察 0° 角附近齿形的变化，磨损超过风力发电机组制造厂标准时应及时修复或更换。

【释义】该条文引用了《风力发电机组运行及维护要求》（GB/T 25385—2010）附录 B 相关规定。应定期加注变桨轴承润滑脂，检查变桨齿轮齿面润滑脂厚度，并涂抹润滑脂。

定期对风力发电机组变桨系统润滑、齿面以及齿圈啮合间隙进行检查，定期加注润滑脂，并及时清理变桨轴承排除的润滑脂，检查齿面是否有裂纹、断齿、磨痕、锈迹现象，若有锈迹，用砂纸去除锈迹，并涂抹润滑脂。由于在顺桨和开桨过程中，变桨 0°角附近受到冲击载荷较大，导致齿形变化，注意观察变桨 0°角附近齿形的变化，磨损超过风力发电机组制造厂标准时，应及时修复或更换。用塞尺检查变桨小齿与变桨大齿之间的间隙，若间隙不符合风力发电机组制造厂标准，通过调整偏心盘调整啮合间隙，直至齿轮啮合间隙符合要求。

条文 4.4.10 变桨减速机、偏航减速机润滑油宜每 3 年进行一次取样检测，不合格时应更换新油。

【释义】该条文引用了《风力发电机组运行及维护要求》（GB/T 25385—2010）附录 B 相关规定。应定期检查变桨减速机、偏航减速机润滑油油位、颜色，按照规定年限更换。

变桨和偏航减速机一方面用于控制风力发电机组运行在最佳运行状态，另一方面在风力发电机组紧急情况下用于收桨、偏航制动，减速机的可靠性直接影响风力发电机组的安全性和经济性。因此，应定期开展变桨减速机、偏航减速机检查维护工作。

偏航和变桨减速机内部由多级行星轮系组成，每级有多个行星轮，以实现大传动比的要求，内部齿轮是否良好直接影响减速机的可靠性。通过油位观察窗检查油位，确保行星轮系润滑良好，发现油位偏低应及时补充；通过观察润滑油颜色，判断油质变化，若发现油色明显变深发黑时，应进行油质检验，并加强运行监视。根据风力发电机组多年运行经验，变桨减速机、偏航减速机润滑油宜每 3 年进行一次取样检测，根据油品检验结果分析润滑油性能是否满足设备正常运行需要，不合格时及时更换新油，确保减速机的工作状态保持正常。

条文 4.4.11 定桨距风力发电机组应定期对甩叶尖装置进行检测维护，禁止风力发电机组在甩叶尖装置异常时投入运行。

【释义】该条文引用了《风力发电场检修规程》（DL/T 797—2012）附录 A.3.7 规定，定期检查定桨距系统的叶尖制动系统是否正常工作。

定桨距风力发电机组桨叶与轮毂的连接是固定的，当风速变化时，桨叶的迎风角度不能随之变化。叶片由叶片主体、叶尖两个部分组成，叶尖是通过钢丝绳及液压缸体与叶片本体连接，甩叶尖装置是完成气动刹车的主要部件。在风力发电机组运行一段时间后，叶片前缘会粘附昆虫或脏物形成污染带，这种情况会影响发电量。叶片长期运行，存在液压缸及油缸组件漏油、连接套两端紧固螺母或定位环松动、钢丝绳蠕变伸长、叶根防雷击导线磨损、连接松动、尼龙定位销磨损、金属部件腐蚀等情况，造成甩叶尖装置可靠性降低。因此，应定期对甩叶尖装置进行检测维护。

在风力发电机组频繁启停过程中，甩叶尖装置常发生叶尖未收到位、回收过位、不回收等情况，致使叶轮受力不均，风力发电机组振动过大，如表 2-4-3 所示。因此，当风力发电机组甩叶尖装置异常时，应禁止投入，并及时查找异常原因。

表 2-4-3 甩叶尖装置故障示例

序号	故障	原因	处理方法
1	未收到位	液压泵压力不足	排除液压泵站故障，来消除液压泵站压力不足现象
		液压缸油管或接口漏油	更换液压缸油管或拧紧接头

续表

序号	故障	原　因	处 理 方 法
1	未收到位	钢丝绳蠕变伸长或者连接两端螺纹、螺母松动	旋转连接套，调节连接套两端螺纹长度，收紧钢丝绳，并在连接螺纹处涂厌氧胶，拧紧螺母
2	回收过位	定位环松动，向叶尖方向移动	松开紧固螺栓，调整定位环至正确位置，拧紧螺栓即可解决
3	不回收	连接套与钢丝绳脱开	连接钢丝绳与连接套，调节钢丝绳长度即可解决

条文 4.4.12　叶片损坏修复时，应控制修补材料重量，保证修复后叶轮动平衡不被破坏。更换叶片时，应尽可能成组更换，叶片重量和外形尺寸增加后应进行强度校核。

【释义】风力发电机组叶轮在使用中产生不平衡的原因可简要分为：叶轮磨损、叶轮结垢、叶片修复以及更换单支叶片等。叶轮不平衡主要包括质量不平衡和气动不平衡两方面，通过风力发电机组主控系统的振动传感器可以初步判断，叶片质量不平衡会造成风力发电机组振动过大，并导致传动链扭矩不平衡，造成机舱左右强烈摇晃，振动会造成齿轮箱前后窜动，影响齿轮箱与轴承的寿命和强度。叶片气动不平衡，风力发电机组前后方向振动增加更为明显，振动会造成齿轮箱前后窜动、偏航制动位置窜动。不平衡带来的塔顶振动，会影响塔架安全。无论是哪种不平衡都会给风力发电机组带来隐患，危及风力发电机组的寿命和安全。

开展叶片巡检与修复工作，重点在于控制好叶片的修复工艺及增减重量的核算，对修复叶片使用的纤维布、填充材料、导雷线、金属叶尖等部件质量进行把控，确保叶轮动平衡不受影响。叶片质量和外形尺寸改变后，应通过静强度分析和疲劳分析来验证叶片强度，保证叶片在规定的使用环境条件下有足够的强度和刚度，使其在使用寿命期内不发生损坏。必要时可开展塔架净空测试，当风速处于 5m/s～8m/s，在风力发电机组正常运行状态下，使用激光设备，在叶轮正前方 50m 处进行连续测试，可以得出不同风速下的叶片－塔架净空（叶尖与塔架之间的最小距离）；当风速低于 5m/s 时，使一支桨叶处于轮毂正下方，锁紧风轮，并使该桨叶变桨到 0°，测定叶片—塔架净空，两者比值为叶尖—塔架净空比，将该值与风力发电机组厂家提供的不同风速下净空比进行对比，防止叶片扫塔事件发生。

条文 4.4.13　宜定期开展风力发电机组叶片零度角校准抽检工作，每年视风电场实际情况按比例校验风力发电机组叶片零度角。

【释义】叶片角度偏差易造成气动不平衡、振动、功率降低，如果角度偏差过大，将造成实际载荷超过设计载荷，甚至引发共振，带来灾难性事故。通过对近年风力发电机组事故和振动故障进行分析发现，叶片零度角标定不准确是引起叶片角度偏差的重要原因。风力发电机组叶片角度偏差通常是由装配误差或运行中滑桨造成。

风力发电机组装配时，依据叶片 0° 标尺和轮毂 0° 基准进行叶片安装角校准，实际操作过程中，往往存在叶片 0° 标尺不够准确和轮毂 0° 基准模糊等问题，易造成叶片实际运行 0° 不统一。在风力发电机组运行过程中，变桨角度编码器松动、变桨电机损坏、个别变桨驱动电机的制动抱闸力矩不足、变桨轴承卡涩等会造成叶片变桨运行时出现角度偏差。

对于安装造成的角度偏差，可采用地面激光校准方法。在小风情况下，通过激光测距和叶片翼型在特定位置的弦长尺寸确定三支叶片的角度偏差，通过重新标定编码器零度角进行修正。

对于风力发电机组运行过程中滑桨产生的偏差，针对电动变桨系统，通常检查叶片的极限位置标记、轮毂上的极限位置标记以及与主控系统中叶片零位的误差，同时检查变桨电机编码器、叶片角度编码器是否连接紧固并且功能正常，以确定叶片是否校准。如果误差大于极限值，则进行叶片校准；针对液压变桨系统，变桨位置校正核心任务是确定变桨位置的 0 位，对于变桨位置传感器，即确定输出信号与位置间的准确关系，确保变桨位置准确。

条文 4.4.14　实施叶片延长等技术改进后，应缩短叶片螺栓巡检周期，必要时应加装螺栓断裂在线监测装置。

【释义】为提升风力发电机组发电能力，对老旧、容量较小风力发电机组开展叶片延长改造，改造后在一定程度上增加了叶片载荷，特别是叶根部位的极限载荷和疲劳载荷，虽然项目改造之前进行了载荷计算，但并没有实践验证。因此，对于实施叶片延长等改造项目的风力发电机组，应缩短叶片螺栓巡检周期，在延长后应按 1 个月、3 个月、6 个月周期对叶片螺栓、轮毂固定螺栓进行检查，确认有无松动断裂情况。必要时应加装螺栓断裂在线监测装置，超前发现螺栓疲劳，并防止叶片断裂、脱落。

5 防止风力发电机组超速事故措施释义

总体情况说明

风力发电机组的刹车功能主要依靠叶轮空气动力刹车和高速轴机械刹车两种方式实现。其中空气动力刹车是高速运动状态下的制动方式；高速轴机械刹车是低速制动、保持传动链静止的方式。变桨系统作为驱动空气动力刹车实现紧急停机的唯一执行机构，是防止叶轮超速的重要保护装置。在各类机组执行紧急停机程序时，定桨距失速型风机依靠叶片翼型主动失速和叶尖甩出机构实现超速情况下的紧急停机。变桨距风机分为液压变桨和电动变桨两种型式，其中：液压变桨机组依靠蓄能器储存的备用压力驱动液压缸实现紧急收桨；电动变桨机组依靠蓄电池或超级电容作为后备电源驱动电机实现紧急收桨。

本细则结合近几年国内外发生的机组超速案例、风电场实际生产经验，建议重点关注安全链、蓄电池检测以及控制逻辑的优化；细化变桨系统执行机构，控制回路检查、检测、维修技术标准。尤其针对在机组超速情况下驱动变桨系统、偏航系统实现安全停机，提出了反事故措施。

摘 要

变桨刹车安全链，半年务必做试验；
超速保护软硬件，保护定值不能变；
变桨系统若报警，登机检查要提醒；
备用电源半年检，不合格时整组换；
紧急变桨最关键，清洗滑环在一年；
机械制动定期验，裂纹磨损及时换；
变桨失败勿脱网，发电制动不慌忙；
调试测试反措严，控制策略把好关。

条文说明

条文5.1 变桨系统

条文5.1.1 变桨系统应：选择性能可靠、业绩良好的配套厂家；配置可靠的元器件，满足风力发电机组控制要求；技术资料应与主机同步移交。

【释义】该条文引用了《风力发电机组 变桨距系统》（GB/T 32077—2015）5.1.2、5.2.1、5.3.3、10.1条规定。

5.1.2　通用技术要求

5.1.2.1　角度采样周期不应大于25ms。

5.1.2.2　三个叶片角度反馈给控制系统周期不应大于100ms。

5.1.2.4　变桨距系统接收调桨距指令到变桨距轴承开始动作时间不应大于200ms。

5.1.2.5　变桨距系统在最大负载转矩下持续运行时间不应低于3s。

5.2.1　控制设计要求

5.2.1.1　在风力发电机组安全链动作及其他非安全链动作的故障情况下应能够执行叶片顺桨，保证风力发电机组的安全。

5.2.1.3　在电网掉电时，应在满足电网对低电压穿越要求的基础上自动投入后备动力源驱动叶片顺桨。

5.2.1.4　应采用冗余设计功能，保证装置的可靠性。

5.3.3　变桨距系统的保护功能

5.3.3.1　电源故障：在变桨距电源发生故障时，变桨距系统应能自动投入后备动力源配合控制系统完成低电压穿越［详见《风电场接入电力系统技术规定》（GB/T 19963—2016）的规定］，当超过规定时间后安全顺桨。

5.3.3.2　与控制系统的通信故障：在变桨距系统与控制系统发生通信故障时，变桨距系统应能够自动安全顺桨。

5.3.3.3　控制系统安全链断开：变桨距控制系统安全链断开时应能够自动安全顺桨。

5.3.3.4　变桨距传感器故障：在变桨距传感器故障时，变桨距系统应能够自动安全顺桨。

5.3.3.5　变桨距电机故障：在变桨距电机故障时，变桨距系统应能够自动安全顺桨。

5.3.3.6　变桨距系统低温启动保护故障：在变桨距系统低温启动保护故障时，变桨距系统应能够自动安全顺桨。

5.3.3.7　变桨距控制柜内部温度过低/高故障：在变桨距控制柜内部温度过低/高故障时，变桨距系统应能够自动安全顺桨。

5.3.3.8　电池故障：在变桨距系统电池故障时，变桨距系统应能够自动安全顺桨。

5.3.3.10　液压系统故障：在变桨距液压系统故障时，变桨距系统应能够自动安全顺桨。

10.1　随产品供应的文件

出厂产品应配套供应以下文件：

a）质量证明文件，必要时应附出厂检验记录；

b）产品说明书（可按供货批次提供）；

c）产品安装图（可含在产品说明书中）；

d）产品电路图和接线图（可含在产品说明书中）；

e）装箱单。

风力发电机组发生超速主要原因在于控制系统、保护系统或变桨执行机构未起到相应作用。在变桨系统选型阶段，应审查变桨系统在防超速方面的相关技术参数及保护功能；对于控制系统，应确保采样周期短、信号传输灵敏、伺服系统响应快速，极端工况下应具备一定承受能力。当风况或风力发电机组运行条件发生变化，导致转速开始上升时，控制系统应能迅速进行调节，将风力发电机组转速控制在允许转速范围内；若转速超过控制系统保护定值，控制系统应能自动安全停机。对于变桨保护系统设计，在发生电源故障、通信故障、安全链断开、角度传感器故障、变桨电机故障、低温启动保护故障、控制柜温度异常、电池故障、液压系统故障时，机组应能安全自动顺桨。

部分整机厂家在控制系统安全链外，还将变桨系统其他故障信号接入变桨安全链中，使其紧急变桨功能灵敏性得到进一步提高。风电场在进行设备选型时应按照反措要求严格把关，现有设备不符合反措、国家标准有关要求的，宜逐步进行改造。在基建及技改工程的技术资料交接中，应及时索取各项检测记录及图纸说明书。

条文 5.1.2　电动变桨系统应设置后备电源，并具备充电、温控和监测功能。后备电源系统的电池组容量应能满足在叶片规定载荷情况下完成3次紧急顺桨动作的要求；电容后备电源系统的电容器组容量应满足在叶片规定载荷情况下完成1次以上紧急顺桨动作的要求。

【释义】该条文引用了《风力发电机组　变桨距系统》（GB/T 32077—2015）5.7 条规定，对于后备动力电源作如下要求：

（1）铅酸蓄电池。电池容量应满足变桨距电机工作在规定载荷情况下以用户要求的变桨距速度在整个变桨距角范围内完成不少于 3 次顺桨的能力。

（2）锂离子电池。容量应满足变桨电机工作在规定载荷情况下以用户要求的变桨距速度在整个变桨距角范围内完成不少于 2 次顺桨的能力。

（3）超级电容。容量应满足变桨距电机工作在规定载荷情况下，以用户要求的变桨距速度在整个变桨距角范围内完成大于 1 次顺桨的能力。

上述三种情况的载荷按照《风力发电机组　设计要求》（GB/T 18451.1—2012）中 7.4 条的规定执行。

紧急顺桨时，电动变桨系统后备电源剩余容量不足，将导致叶片无法顺桨，引发超速事故。GB/T 32077—2015 要求铅酸蓄电池、锂离子电池、超级电容形式的后备电源具备规定载荷（GB/T 18451.1—2012 规定含极端外部条件和故障设计状态）下 3 次、2 次和 1 次的顺桨能力。因此在设备选型时，应参考风力发电机组型式试验报告，查阅其后备电源容量是否经过验证。需要进行变桨系统后备电源容量现场复核时，可参照型式试验报告中所加载荷，并将其转换成变桨电机力矩及电流值，按照相关参数对后备电源进行核对性放电，检验后备电源的容量是否满足以上动作次数要求。

在风力发电机组投产后，应定期测试电池性能衰减程度。风力发电机组启动前应进行变桨蓄电池自检，若容量不符合要求禁止启动；长期处于开桨状态的风力发电机组应定期进行顺桨测试，避免风力发电机组长期发电状态下，后备电源容量缺乏监测。

条文 5.1.3　液压变桨风力发电机组，变桨系统应配置储能装置，在液压油泵电源消失后应能满足在叶片规定载荷情况下完成一次紧急顺桨动作的要求。

【释义】该条文引用了《风力发电机组　变桨距系统》（GB/T 32077—2015）5.7 条规定。

5.7　后备动力源要求

5.7.2　蓄能器应满足以下要求：

a）蓄能器应满足液压缸在规定载荷情况下工作，以设计要求的最大变桨距速率在整个变桨距角范围内完成顺桨的能力。

载荷按照《风力发电机组　设计要求》（GB/T 18451.1—2012）中 7.4 条的规定。

在紧急顺桨动作时，若液压变桨系统储能装置的能量储备不足，将导致叶片无法收回引发超速事故。GB/T 32077—2015 要求液压变桨系统蓄能器具备规定载荷（GB/T 18451.1—

2012规定含极端外部条件和故障设计状态）下以最大变桨速率完成整个变桨距角范围的紧急顺桨。应参考风力发电机组型式试验报告，查阅其蓄能器能量是否经过验证；在风力发电机组投产后，应检测蓄能器能量是否满足要求。风力发电机组启机前应进行自检，若蓄能器压力不符合要求禁止运行；日常维护应定期检测蓄能器压力，具体参考风力发电机组整机厂家维护手册中相关要求，检测压力及补充气体。

条文5.1.4 变桨电源开关跳闸应查明原因，不得盲目送电。变桨系统维护消缺后需进行紧急变桨测试，并做好试验记录。

【释义】变桨系统电源开关跳闸后，应仔细检查各转动啮合部位，是否存在异物卡涩或结构变形；检查变桨电机及电气主回路绝缘电阻；调取跳闸前后变桨电机电流或力矩曲线，应与现场发现故障原因相吻合；检查变桨驱动器的设置及信号回路完好性。严禁盲目送电造成变桨系统卡死无法顺桨，引发风力发电机组超速事故。

风力发电机组变桨系统检修维护工作存在变桨回路接线错误或元件损坏的风险，因风力发电机组启机自检过程无法对紧急顺桨回路进行完整测试，为避免紧急顺桨失败造成风力发电机组超速，必须在维护消缺工作结束后进行紧急变桨测试，试验通过后，方可启机。试验步骤应在作业指导书中详细列出，试验结果需记录在检修记录中，操作人员复核测试结果合格，将风力发电机组投入运行。

【案例】2017年11月6日，某风电场作业人员在处理风力发电机组缺陷时发现桨叶紧急顺桨回路均流电阻烧毁，消缺后未能对散落石英砂进行彻底清理，导致紧急顺桨回路接触器卡涩，2日后风力发电机组执行紧急顺桨时，叶片未能收回，引发风力发电机组超速倒塔事故。

条文5.1.5 低温地区，新建项目风力发电机组的电动变桨系统应配置超级电容作为变桨后备电源，现役机组建议进行改造。

【释义】该条文参考《超级电容器 第1部分：总则》（GB/T 34870.1—2017）第4条规定及铅酸蓄电池使用条件得出，超级电容器的温度类别可分为：

（1）－40℃～60℃（双电层型电容器）；

（2）－30℃～55℃（混合型电容器）；

（3）－20℃～55℃（电池电容型电容器）。

各类超级电容器均有较好的耐低温性能，而阀控式铅酸蓄电池一般放电温度为－15～50℃，充电温度为0～40℃，耐低温性能较差，且随着温度降低电池放电容量也持续降低。所以在低温地区风力发电机组应首选超级电容作为变桨系统后备电源。在低温地区使用阀控式铅酸蓄电池作为变桨系统后备电源的机组，难以保证蓄电池运行温度，低温情况下蓄电池容量可能不满足紧急顺桨要求，建议进行改造，提高变桨系统后备电源可靠性。

条文5.1.6 机组变桨系统首次调试时，应采取单支桨叶调试及变桨测试，新更换的变桨系统经调试后方可投入运行。

【释义】该条文引用了《风力发电机组 变桨距系统》（GB/T 32077—2015）6.2.1条规定。

6.2.1 手动调桨距功能试验

6.2.1.1 手动启动，通过人机界面功能键或手动操作装置切换到手动操作，应保证同一时间仅能对一个叶片进行手动变桨，并在其回到安全位置后才能驱动另一个叶片。

6.2.1.2 若变桨距系统采用速度控制，则通过人机界面或手动操作装置对三个叶片分别进行点动控制，运行方向和速度可调节。

6.2.1.3 若变桨距系统采用位置控制，则通过人机界面，设置叶片变桨给定位置和速度限制，对叶片进行位置控制试验。测试应包括对每个叶片的单独控制和三个叶片的同步控制。

6.2.1.4 位置区间往复运动控制，通过人机界面分别对三个叶片的位置区间的独立运动控制和同步控制。设置叶片变桨距速度限值和给定的位置区间以及达到位置后的停滞时间。

6.2.1.5 传感器校准，通过人机界面设置或手动操作装置对叶片角度传感器进行校验。角度传感器应在整个运行范围内工作，它的边界应覆盖叶片正常工作范围。限位传感器包括停机位置、安全位置。

变桨系统的初始安装调试应全面测试变桨系统的各项功能。目的在于检测变桨系统各项功能、各回路、各装置的性能完好性与逻辑正确性。但在测试时，桨叶开桨行为会导致叶片升力变化，必须防止因桨叶调试试验造成的轮毂旋转。风力发电机组调试模式权限一般较高，正常保护信号可能被旁路。若调试工作完成后，硬件隔离装置、调试模式或短接条件忘记恢复，叶片将无法顺桨，待转子锁定销拆除后，将直接引发叶轮超速事故。

为了便于变桨系统调试和消缺，变桨系统在设计中有可能将手动调试模式下的控制系统、保护系统至变桨闭锁信号进行旁路，所以必须保证风力发电机组处于调试模式下也不会发生超速事故。重点应测试风力发电机组进入调试模式后，同一时间仅能对一支叶片进行手动变桨，并且在其回到安全位置后才能驱动另一支叶片。对于新更换的变桨系统或软件系统有版本升级时，也应对变桨系统各项功能进行全面测试。

【案例 1】2007 年 8 月 25 日，美国俄勒冈州某风电场一台风力发电机组发生倒塔，造成一死一伤。调查发现，倒塔并非因为塔筒有结构性问题，而是因为风力发电机组制造厂家更改了控制策略，使得运营商可以在桨叶处于危险角度的时候重启风力发电机组。当天，3 名工人在进行风力发电机组维护工作，首先将风力发电机组停机，1 名技术员进入轮毂，将 3 个桨叶调整到顺桨状态，然后关闭了三个叶片的隔离设备。隔离设备是用来控制调整桨距角的机械装置，以保证进入轮毂人员的安全。工作完成后，工人忘记将隔离设备恢复到工作位置。因此，在工人释放刹车后，叶轮出现超速。其中一支桨叶击中塔筒，导致倒塔。事故发生时，1 名在塔筒顶部工作的工人死亡，1 名沿梯子向下攀爬的工人受伤，第三名工人因在塔筒外部未受伤。

【案例 2】2018 年 3 月 25 日，某风电场检修班技术员武某某联系维护单位现场负责人刘某某，开展风力发电机组桨叶标定、清理齿轮箱油冷散热器、主轴端盖检查和废油清理四项工作。15:27 工作小组到达风力发电机组机位，将风力发电机组手动停机，切至塔底服务模式。16:40 桨叶标定工作结束，王某、熊某某出轮毂，并摇出叶轮锁定位销，关闭液压站高速制动器控制阀，液压刹车钳打开，叶轮开始旋转。现场负责人刘某某发现后，16:42:16 按下“手动急停按钮”，停机失败。16:42:28 该风力发电机组报“超速故障”信号，王某、熊某某大声提醒“跑桨启机了”。16:43:07，刘某某手动采取高速轴制动试图停车，风力发电机组报“本地手动停止、液压刹车未释放”故障，但刹车未动作，风力发电机组转速快速上升。机舱 4 名人员立即开始紧急逃生，王某、熊某某、刘某某、张某某依次通过爬梯下塔。16:45 风力发电机组发电机最大转速达到 3946.98r/min，1min 后该风力发电机组发生倒塌。此时王某、熊某某、刘某某已逃离至风力发电机组约 20m 处。而张某某因未能及时下塔被悬挂在靠近三层平台爬梯上，无明显外伤，意识清醒。经医院诊断，其左手腕骨折，一处肋骨骨折；B超检查心肺结构运动及血流分布未见异常，左室、肝胆、脾、双肾未见异常；脑部CT检查未见异常。

现场检查该风力发电机组向东倒塌（如图2－5－1所示），风力发电机组第二层塔筒与第一层塔筒脱开，塔筒法兰连接螺栓全部断裂，第二层及以上塔筒连同机舱整体倾倒，第一层塔筒未倾倒且未见明显异常。二层以上塔筒倒地后塔筒及法兰变形严重，发电机、齿轮箱未见明显变形，叶片损毁。机舱断成两截，发电机和齿轮箱脱开。机舱控制柜散架变形，器件及线路凌乱散落。刹车制动器未抱闸，未见异常刹车痕迹。三支叶片角度均处于0°附近，一支叶片完全埋入地下，另外两支叶片碎片散落于塔筒旁。变桨系统处于“专家模式”（即“就地控制模式”，如图2－5－2所示），风力发电机组基础、35kV箱式变压器和集电线路均正常。

图2－5－1　某风场风力发电机组倒塔现场

图2－5－2　某风场事故风力发电机组专家模式手把最终位置

由于该风力发电机组标桨工序错误，将三个桨叶标定后，桨叶均处于开桨位置，变桨系统缺少桨叶标定相互闭锁功能；变桨控制系统在“专家模式”下，叶片标0完毕拔出手操盒后，没有叶片自动回位功能；同样在“专家模式”下，缺少液压刹车闭锁功能。现场人员摇出叶轮锁定位销后，造成叶轮转动，速度上升。最终引发风力发电机组超速，酿成倒塔事故。

条文 5.1.7　变桨距风力发电机组的叶片位置应设置编码器，实时计算桨叶角度；在桨距角 90° 附近应设置限位开关。

【释义】变桨距风力发电机组的每支叶片均应设置位置编码器及限位开关。位置编码器可安装于变桨齿圈进行角度直接测量，也可同轴安装于电动变桨距驱动装置尾部，通过电动机旋转位置折算出叶片位置。为了提供叶片安全顺桨的反馈信号，在桨距角 90° 附近设置有机械或光电式行程开关，行程开关触发后叶片紧急顺桨终止，停止于安全位置（如图 2－5－3 所示）。风电场应定期检查、校准编码器及限位开关，清除传感器上的油污，避免信号误发造成变桨系统异常。

图 2－5－3　风力发电机组位置编码器及限位开关安装位置

条文 5.1.8　定桨距风力发电机组的甩叶尖装置，应能在紧急停机触发后可靠释放钢丝绳甩出叶尖。

【释义】定桨距风力发电机组装有叶尖扰流器，叶尖扰流器由叶尖液压系统控制，通过钢丝绳与叶片根部液压油缸的活塞杆相连接，液压站为液压缸提供动力。风力发电机组运行时扰流器液压缸始终保持压力，保持叶尖收回，风力发电机组发电。紧急停机触发后，液压系统泄压，叶尖打开实现气动刹车。如果控制失效，突开阀作为独立的安全控制装置，在风轮超速时爆裂泄压，机组停机。应按照制造厂要求，定期检查叶片内牵引叶尖的钢丝绳及其他附件，防止风力发电机组故障时叶尖扰流器动作迟缓、卡塞。

条文 5.1.9　变桨控制柜的防护等级应达到 IP54，控制柜内应有防止结露或受潮的加热器。

【释义】该条文引用了《风力发电机组　变桨距系统》（GB/T 32077—2015）5.5.3 条规定。

5.5.3　外壳防护（IP 代码）

5.5.3.1　产品防护等级满足 IP54，插入式连接要求的防护等级为 IP65，接头外壳表面粉末喷涂的，应耐腐蚀并遵守电磁兼容应用的规范；

5.5.3.2　所有的外部传感器和开关要求耐腐蚀，有结实的外壳，防护等级满足 IP65。

变桨控制柜安装于轮毂中，运行环境油污、尘土较重且持续旋转，对控制柜、连接插头的安装工艺及防护等级要求较高。控制柜外壳防护等级 IP54 中“5”为防尘等级，代表无法完全防止灰尘侵入，但侵入灰尘量不会影响电气正常运作；“4”为防水等级，代表防止各方向飞溅而来的水侵入。插入式连接及外部传感器防护等级 IP65 中“6”为防尘等级，代表完全防止灰尘侵入；“5”为防水等级，代表防止大浪或喷水孔急速喷出的水侵入。轮毂控制柜内多为电气开关或电子设备，设计防护等级较低，诸如变桨电机接触器等重要设备防护等级仅为 IP00 或 IP20，若粉尘进入到触头的接触面，会增加触头局部的接触电阻，而没有粉尘的部分，其电流密度会增大，最终温度升高导致触头熔焊。且在大颗粒异物进入接触器内部时，还会造成卡涩，使风力发电机组顺桨失败引发超速事故。所以变桨控制柜及传感器、插入式连接等设备在选型时应特别注重防护等级要求。对于柜内元件选择也应注意，防止容易造成颗粒外泄的设备安装于控制柜中，例如石英砂式熔断器或均流电阻等元件，必须使用时应安装于柜外。控制柜内温度和湿度应满足元件设计要求，定期需检查加热驱潮回路运行情况，高寒及潮湿地区风电场在季节变化前应提前做好检查维护工作。

【案例】2015 年 9 月 22 日，某风电场风力发电机组运行中报出超速故障，发出紧急顺桨指令，但三支叶片均未能收回。操作人员重启 PLC，进入工厂测试模式执行手动顺桨操作，顺桨失败。就地打维护位，按下急停按钮，连接电脑手动顺桨失败。最终采取手动偏航侧风，轮毂转速由偏航前的 21.15r/min 逐渐下降至 5.72r/min（额定转速 22.5r/min，软件超速保护定值 26.5r/min），随后重启 PLC 才顺利完成叶片顺桨。

发生超速前风力发电机组叶片均处于$-1.5°$左右的位置，风力发电机组处于发电状态。紧急顺桨指令发出后，叶片 1 角度位置没有变化，叶片 2、3 均调整至$-6°$左右。现场检查发现控制柜内存在大量石英砂，轮毂总电源开关、直流维护开关卡滞，开关内部也存在大量石英砂。分析认为石英砂泄漏造成的直流接触器卡涩是导致不能紧急顺桨的直接原因。之后经过仔细排查发现叶片 3 的均流电阻内部密封已经失效，密封板上有裂痕。如图 2－5－4～图 2－5－6 所示。

图 2－5－4　某风力发电机组轮毂控制柜内元器件上的石英砂

图 2－5－5　某风力发电机组轮毂控制柜加热器接线端子附近积灰严重

图 2－5－6　某风力发电机组轮毂控制柜均流电阻密封处缝隙

重启 PLC 期间，因 PLC 的数字量输出端口全部置零，超速继电器进入超速测试模式，安全链保持断开状态，因而 PLC 启动后控制系统使用交流电源顺桨也不起作用。最后在手动偏航的作用下风能驱动力减小，轮毂转速低于超速测试模式定值 5r/min 后，顺桨功能恢复，风力发电机组得以安全停机。

条文 5.1.10　变桨系统应按照风力发电机组制造厂的技术要求进行检查和调试。在变桨通信信号中断、变桨控制器电源消失等紧急情况下，能自动触发停机实现顺桨；变桨系统控制柜内电源开关跳闸及开关柜门甩开等情况宜能触发报警。

【**释义**】该条文引用了《风力发电机组　变桨距系统》（GB/T 32077—2015）5.3.3 条规定。

5.3.3　变桨距系统的保护功能

5.3.3.1　电源故障：在变桨距电源发生故障时，变桨距系统应能自动投入后备动力源配合控制系统完成低电压穿越（详见 GB/T 19963 的规定），当超过规定时间后安全顺桨。

5.3.3.2　与控制系统的通信故障：在变桨距系统与控制系统发生通信故障时，变桨距系统应能够自动安全顺桨。

变桨系统电源故障及通信故障应定期进行测试，并记录告警报文及安全顺桨动作时间。

变桨系统控制柜内各类电源（如交流供电电源、蓄电池充电电源、直流供电电源、UPS 电源等）开关在跳闸时应能触发报警，便于检修人员判断故障。轮毂控制柜及电池柜柜门宜安装门控开关，当门控接点变位时告警，防止转动部件松脱造成变桨传动卡死，避免柜内设备因积尘、结露或温度过低造成失效。

条文 5.1.11　采用蓄电池、超级电容驱动的电动变桨风力发电机组应具备后备电源电压实时监测功能，并具备低电压、充电异常、温度异常报警功能。

【**释义**】该条文引用了《风力发电机组　变桨距系统》（GB/T 32077—2015）5.7.1 条规定。

5.7.1　后备电源要求

5.7.1.1　铅酸蓄电池

铅酸蓄电池应满足以下要求：

g）应具有检测电池柜温度、电池充电回路故障、电池欠压等功能。

5.7.1.2　锂离子电池

锂离子电池应满足以下要求：

e）电池内置检测电路，检测电路能够持续检测电池电压、容量、温度、内阻、充电状态、健康状态等，并将监测信息传送到变桨距控制器。

5.7.1.3 超级电容

超级电容应满足以下要求：

e）整个超级电容器模块应具有电压、温度等保护信号的输出，可以将其接入上位机控制电路以实时监测电容器模块的状态。当出现异常时宜断开电容器充电器并报相应故障。变桨距系统应具有检测电容柜温度、电容充电回路开路、电容过压及电压不平衡、充电器故障等功能。

为了确保后备电源的可靠备用，防止因后备电源电压降低、容量不足造成紧急顺桨失败。应对电池组或电容器进行在线监测，条件允许时可安装智能电池管理设备，对电池各项参数进行实时监测并参照电池特性曲线进行智能充电管理。在电池电压降低、充电异常及温度异常时变桨控制装置或电池管理单元必须及时报警停机。蓄电池浮充电运行状态下的端电压与开路电压存在偏差，实际电压应以风力发电机组启动前或运行中电池检测程序下的电压为准。具备后备电源自动检测程序的风力发电机组，应与厂家核实是否存在漏洞，当出现任何异常应能够及时退出检测程序，执行停机。

【案例】2011 年 4 月 13 日 7:10，某风电场风力发电机组发生着火事故，值班员就地检查风力发电机组已停止转动，机舱及一支叶片在燃烧，三支叶片中一支已顺桨，燃烧的一支叶片未顺桨，另一支叶片未顺桨（如图 2-5-7 所示）。7:50 燃烧叶片烧断后，掉落地面燃尽。另两支叶片根部继续灼烧。截止当日 23 点，燃烧的风力发电机组自行熄灭。事故造成机舱及一支叶片烧毁，两支叶片根部烧损，第三节塔筒过火。

图 2-5-7 某风力发电机组机舱及叶片起火

调取事故发生前后报警及参数，风力发电机组在事故发生前功率为 350kW，7:03 系统报出变桨电池检测程序，随后发电机脱网，启动变桨蓄电池顺桨。期间，电池检测（7:03:03）2s 后，三支桨叶均未顺桨，造成转速上升，触发 190 级刹车程序（叶片 1、2、3 顺桨速度过慢，7:03:05），高速轴刹车投入工作，持续 30s 后松开，此时高速轴转速降至 150r/min；7:04 风速瞬间增大，7:05 降至 9.5m/s，风力发电机组高速轴转速急剧上升，7:05:38 低速轴转速极限动作（软件超速，设定值为 23r/min），安全链断开，启动刹车 200 程序，高速轴刹车持续投入工作。但高速轴转速继续上升，最高达 2400r/min（7:05:38）；7:06:45 报刹车片磨损故障。截止风力发电机组通信中断，共发生两次超速（见表 2-5-1）。

表 2-5-1 某风力发电机组运行故障记录表

报警号	描述	状态	时间
141	振动通信错误	触发	2011-3-27 16:17:49
141	振动通信错误	复位	2011-3-27 16:27:51
88	变桨电池测试	触发	2011-3-29 8:59:02

续表

报警号	描述	状态	时间
88	变桨电池测试	复位	2011－3－29 9:01:21
219	变桨自主运行	触发	2011－3－29 14:00:43
219	变桨自主运行	复位	2011－3－29 14:00:44
144	塔筒 *Y* 向 1 级振动	触发	2011－3－30 13:32:18
144	塔筒 *Y* 向 1 级振动	复位	2011－3－30 13:33:10
101	变桨电池充电器故障	触发	2011－4－2 9:23:31
144	塔筒 *Y* 向 1 级振动	触发	2011－4－7 17:43:47
144	塔筒 *Y* 向 1 级振动	复位	2011－4－7 17:45:58
141	振动通信错误	触发	2011－4－9 1:24:37
141	振动通信错误	复位	2011－4－9 1:34:40
143	塔筒 *X* 向 1 级振动	触发	2011－4－10 10:50:11
143	塔筒 *X* 向 1 级振动	复位	2011－4－10 10:52:38
143	塔筒 *X* 向 1 级振动	触发	2011－4－10 12:50:40
143	塔筒 *X* 向 1 级振动	复位	2011－4－10 12:50:55
144	塔筒 *Y* 向 1 级振动	触发	2011－4－12 14:13:02
144	塔筒 *Y* 向 1 级振动	复位	2011－4－12 14:23:11
226	风场通信错误	触发	2011－4－13 0:01:19
226	风场通信错误	复位	2011－4－13 0:02:11
235	启动超时	复位	2011－4－13 1:43:41
88	变桨电池测试	触发	2011－4－13 7:03:03
123	叶片 1 顺桨速度过慢	触发	2011－4－13 7:03:05
124	叶片 2 顺桨速度过慢	触发	2011－4－13 7:03:05
125	叶片 3 顺桨速度过慢	触发	2011－4－13 7:03:05
87	顺桨超时	触发	2011－4－13 7:03:23
97	变桨电池 1 电压错误	触发	2011－4－13 7:03:24
98	变桨电池 2 电压错误	触发	2011－4－13 7:03:24
99	变桨电池 3 电压错误	触发	2011－4－13 7:03:24
101	变桨电池充电器故障	触发	2011－4－13 7:04:19
219	变桨自主运行	触发	2011－4－13 7:05:35
81	变频器超速	触发	2011－4－13 7:05:35
32	高速轴超速	触发	2011－4－13 7:05:35
33	低速轴超速	触发	2011－4－13 7:05:35
31	发电机超速	触发	2011－4－13 7:05:35
80	变频器错误	触发	2011－4－13 7:05:38
19	安全链断开	触发	2011－4－13 7:05:38

续表

报警号	描述	状态	时间
29	低速轴转速极限	触发	2011－4－13 7:05:38
30	高速轴转速极限	触发	2011－4－13 7:05:38
18	高速轴超速开关	触发	2011－4－13 7:05:41
72	液压压力过低	触发	2011－4－13 7:05:47
219	变桨自主运行	复位	2011－4－13 7:05:54
81	变频器超速	复位	2011－4－13 7:05:58
57	急停超时	触发	2011－4－13 7:06:08
69	刹车片磨损	触发	2011－4－13 7:06:45

通过现场勘察，由于高速轴刹车长时间动作，刹车基材（钢质）与刹车盘直接摩擦，刹车盘磨损严重（原厚度 20mm），磨损后仅剩 2mm 左右，并有严重变形和崩缺。造成刹车钳整体脱落、损毁。刹车钳从机舱内飞射而出，坠落点距离塔筒约 70m。刹车钳与刹车盘摩擦产生大量火花和局部高温，造成铝质刹车罩壳熔化、点燃可燃物（机舱罩壳、油管、油），引起火灾，使机舱整体燃烧起火并引燃叶片（如图 2－5－8 所示）。

图 2－5－8　某风力发电机组起火后刹车盘磨损情况

事故直接原因是变桨控制系统程序存在严重缺陷，导致风力发电机组执行电池检测程序失败，桨叶未顺桨，风力发电机组超速、高速刹车系统长期工作，产生火源，造成风力发电机组整体烧毁。

条文 5.1.12　每年对蓄电池组单体电池内阻和端电压进行测试，标准工况下，建议对内阻超过额定值的 100%、单体蓄电池端电压低于额定 90%或整组容量低于 70%的蓄电池，宜进行整组更换。

【释义】对风力发电机组进行年度维护工作时，应断开蓄电池充电装置电源、蓄电池电压检测装置接线及电池输出回路接线。对蓄电池组逐节电池进行端电压及电池内阻测试，测试结果应进行详细记录，并对比历史测试结果，当发现偏差较大或超出厂家限值范围时进行蓄电池组整组更换。对于电池内阻测试应考虑环境温度对电池内阻的影响，一般来说在低温时内阻增大，温度较高时内阻降低。

【案例】某风电场发生集电线路接地故障，线路跳闸后，运行人员发现一台风力发电机组的一支桨叶未收回，叶轮持续旋转，当时风速 4.5m/s，根据预案线路进行强送电，手动强制该风力发电机组顺桨。经登机检查测量变桨电池电压正常，该轴箱蓄电池单体内阻均超过 75mΩ，现场对该批次电池进行了整体排查，对内阻不合格、紧急测试不合格的蓄电池进行了整组更换。

风场3号风力发电机蓄电池内阻检测表

电池型号：FLAMM 12V 5AH		环境温度 19℃	总电压 362V						
检测日期：					检测人员：				
序号	电压（V）	内阻（mΩ）	容量（%）	性能	序号	电压（V）	内阻（mΩ）	容量（%）	状态
1	12.31	200.7	28.90	差	**16**	12.56	41.0	100	良
2	12.22	339.9	17.74	差	**17**	9.03	3720.2	0	异常
3	12.21	280.1	22.53	差	**18**	12.25	256.5	24.43	差
4	12.26	252.7	24.73	差	**19**	10.15	219.1	27.43	差
5	12.22	344.5	17.37	差	**20**	11.95	1382.3	0	异常
6	12.32	230.1	26.55	差	**21**	12.29	173.0	36.23	差
7	12.39	122.1	58.9	差	**22**	12.23	163.1	40.69	差
8	12.4	42.3	100	良	**23**	12.24	202.5	28.76	差
9	12.21	518.9	0	差	**24**	12.18	299.6	20.97	差
10	12.34	86.0	75.03	差	**25**	12.39	94.4	71.29	差
11	12.53	51.1	95.83	良	**26**	12.31	212.5	27.96	差
12	12.16	551.6	0	差	**27**	12.15	424.2	0	差
13	10.94	7431.5	0	差	**28**	12.55	43.1	100	良
14	12.47	69.5	83.54	中	**29**	12.36	217.9	27.52	差
15	12.45	32.1	100	优	**30**	12.29	171.5	36.92	差

图 2–5–9 某风场风力发电机组蓄电池内阻检测表

图 2–5–10 某风力发电机组轮毂蓄电池组一节电池内阻严重超标

条文 5.1.13 半年定检项目中应包括变桨回路元件完好性、回路连接可靠性检查测试内容。

【释义】该条文引用了《风力发电场安全规程》（DL/T 796—2012）7.3.1 条规定。

7.3.1 每半年至少对风力发电机组的变桨系统、液压系统、刹车系统、安全链等重要安全保护装置进行检测试验一次。

变桨系统是兆瓦级风力发电机组安全停机的唯一执行机构，尤其是电驱动的变桨回路，蓄电池、驱动器、接触器、连接线任一环节出现故障均将造成紧急停机失败，导致飞车。应对变桨系统回路做全面检查并整体传动测试，按照作业指导书项目逐条严格执行。

【案例】某风电场运行期间一台风力发电机组报“安全链触发”，风力发电机组顺桨失败，三支桨叶均维持在 0° 附近，10min 后，风力发电机组转速达到 2720r/min，两支桨叶折断，叶轮停止转动。经检查发现变桨回路（如图 2–5–11 所示）中，直流驱动接触器引线松动、线圈烧损（如图 2–5–12 所示）。由于定检维护项目不全面，未发现该缺陷，引发此次超速事件。对该现场进行普查，发现多台风力发电机组存在直流驱动接触器有过热情况。

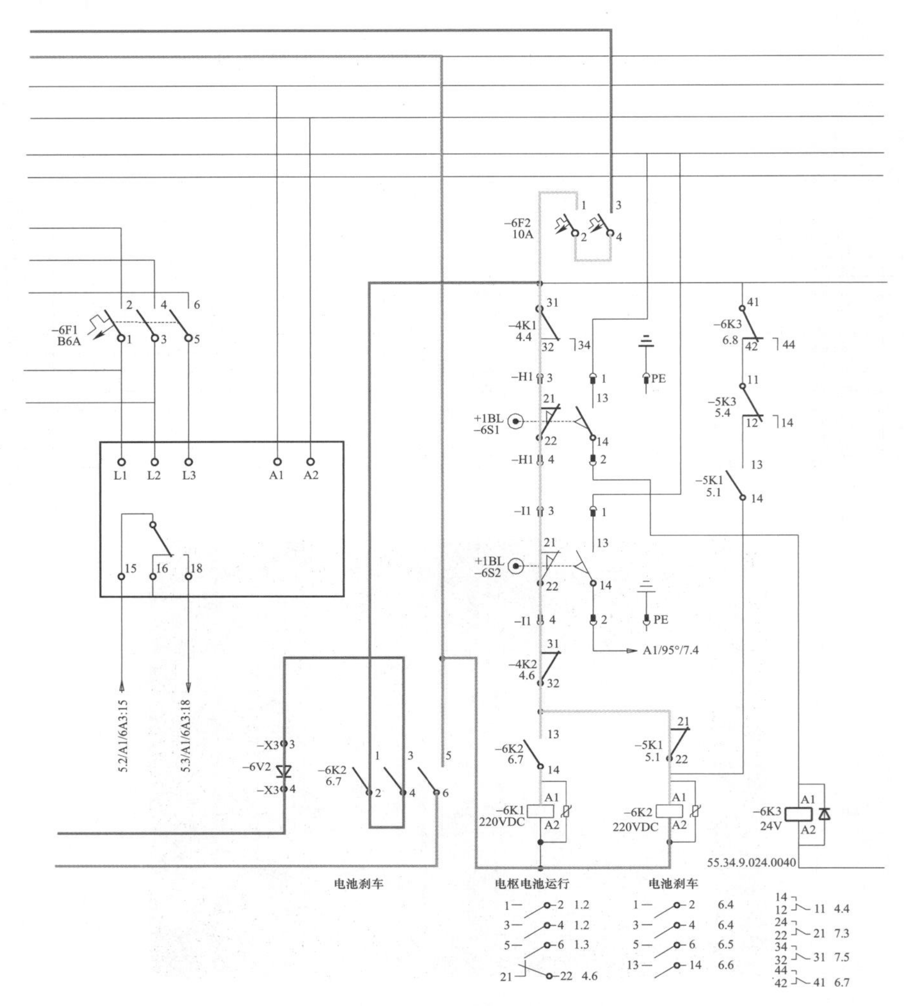

图 2－5－11　某风力发电机组紧急顺桨回路接线图

图 2－5－12　某风力发电机组直流驱动接触器线圈烧损

条文 5.1.14 直流驱动变桨风力发电机组正常变桨与紧急变桨的主电源回路应相互独立，不得共用同一电气连接元件。

【**释义**】该条文引用了《风力发电机组 设计要求》（GB/T 18451.1—2012）第 8.3 项保护功能规定。依据 GB/T 18451.1—2012 保护功能应按“失效—安全”原则来设计。保护功能通常应能在电源或系统内执行保护功能的任何非安全寿命零件出现任何单独失效或故障的情况下对风力发电机组进行保护。系统中执行控制功能的传感件或非寿命安全的结构件的任何单独故障不应导致保护功能的失效。

直流驱动变桨型风力发电机组通常使用交流电源—变桨驱动模块—直流电机的回路作为正常变桨距控制回路；使用后备电源—直流电机回路作为紧急顺桨保护回路。如果正常变桨与紧急变桨电源回路相同，或在电路中共用同一电气连接元件，则有可能在电源或元件失效情况下造成正常变桨与紧急变桨全部失效，直接引发风力发电机组超速事故。

【**案例**】某型号风力发电机组使用直流变桨电机驱动，正常变桨与紧急变桨切换使用同一直流接触器（如图 2–5–13 中黄框位置），正常变桨时使用接触器动断触点，紧急变桨时使用接触器动合触点，当直流接触器损坏或处于中间位置时将造成两套顺桨功能全部失效。

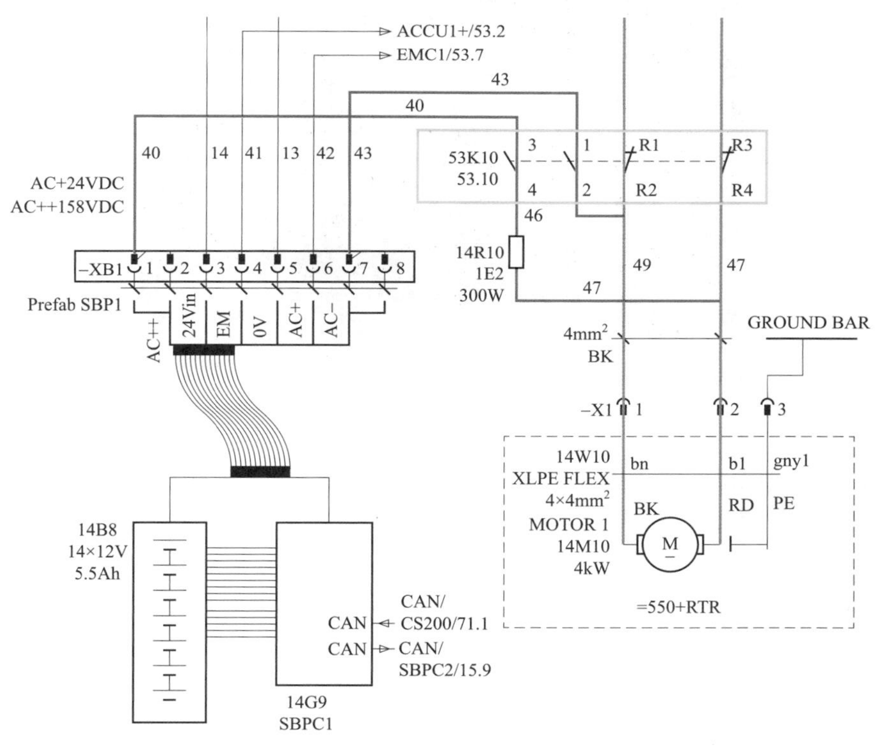

图 2–5–13 某风力发电机组直流变桨电机接线图

条文 5.1.15 电动变桨系统的主要空气断路器、均流电阻、驱动器等元器件失效后，应具备即时报警功能。

【**释义**】该条文引用了《风力发电机组 设计要求》（GB/T 18451.1—2012）8.3 条规定。依据 GB/T 18451.1—2012，应采取措施来减小潜在故障的风险。系统中执行保护功能的非安全寿命零件失效时应进入安全状态，否则应该自动监视它们的状态，在这两种情况下，它们的故障应使风力发电机组关机。应对安全寿命设计的零件进行适当的定期检查。

风力发电机组电动变桨系统应具备全面的信息采集功能，各项运行参数及元件状态应实时监视，参数越限或元件异常应能即时报警，严重故障及涉及安全运行的报警应立即停机。保护系统的各元件宜采用安全设计寿命，非安全寿命零件应设计为失效安全或实时监视。例如安全系统中各传感器，在传感器故障时应能触发安全顺桨或控制系统报警。对于安全系统中的安全寿命零件应定期进行检查，非安全寿命零件应评估其安全系数，及时加装监测功能或使用安全寿命零件进行替代。防止因某一部件失效引发风力发电机组超速事故。

【案例】某型号风力发电机组一级安全链回路中，用于触发一级安全链动作的继电器采用专业安全继电器，而二级安全链及变桨安全链回路继电器采用接触器（如图 2－5－14 所示），存在因接触器线圈发生粘连导致风力发电机组安全链失效隐患。

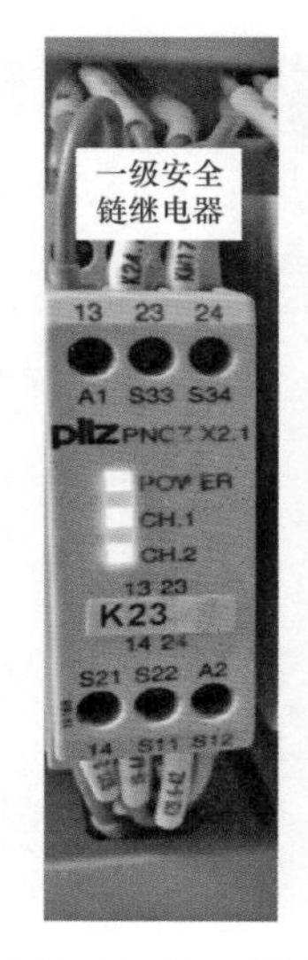

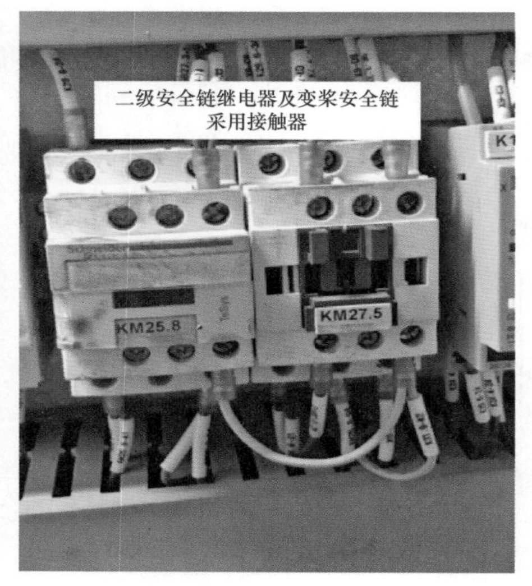

图 2－5－14 某风力发电机组安全链采用接触器作为出口继电器

条文 5.1.16 机组变桨系统报警后应登机检查，查明原因，处理完毕并测试正常、验收合格后方可恢复运行，严禁盲目复位启机。

【释义】变桨系统缺陷未及时消除，即盲目复位启机，可能引发顺桨失败，造成风力发电机组超速事故。因此，反措明确规定针对触发停机的变桨系统报警，尤其是触发紧急顺桨故障，必须登机检查，未查明原因严禁启机。对于风力发电机组其他报警信息和提示性信息，技术管理部门应根据风力发电机组机型及环境特点，制定可以不经登机检查进行远程复位的报警列表，列表中应明确各报警名称、详细描述及可复位次数，值班人员要根据列表及报警发生时的实际工况，综合判断后再启机。列表以外的其他报警信息，均应到现场检查核实后方可恢复运行。针对变桨系统的故障，变桨系统消缺完毕，必须测试检修回路的功能是否正常，并进行紧急顺桨测试，验收通过方可恢复风力发电机组运行。

条文 5.1.17 紧急变桨测试程序应记录蓄电池（超级电容）端电压、顺桨时间、顺桨速率，以评判蓄电池（超级电容）的剩余容量是否满足要求。

【释义】为了防止风力发电机组因后备电源容量不足发生超速事故，需定期对风力发电机组后备电源容量进行测试。具备自动测试功能的风力发电机组，应设置合适的测试时间间隔，测试完毕应记录蓄电池（超级电容）端电压、顺桨时间和顺桨速率，并显示测试是否通过；无自动测试功能的风力发电机组，宜与厂家协商增加软件功能或定期进行手动测试。

蓄电池（超级电容）端电压记录宜包含各电压监测点紧急变桨测试前端电压、开始测试时刻端电压、测试过程中最低端电压及测试终止时刻端电压。顺桨时间应为发出紧急顺桨指令时刻至桨叶达到测试终止位置时刻的时间差。顺桨速率可用紧急变桨测试总行程与顺桨时间比率代表，单位（°）/s。依据《风力发电机组电动变桨控制系统技术规范》（NB/T 31018—2011）4.2.5.1 条款关于紧急变桨时间的规定，按三支桨叶变桨的最大速率不小于 6°/s 计算，紧急顺桨的时间应不超过 15s。

条文 5.1.18　定期测试安全链保护回路，确保安全链动作时桨叶能快速、准确回到预定位置。

【释义】安全链是风力发电机组保护的最后一道屏障，安全链失效将直接导致风力发电机组发生飞车倒塔事故，所以必须加强对安全链回路的管理，定期对安全链各保护进行测试。测试工作应提前制定作业指导书或保护试验卡并经审批。测试应选择小风时段并做好安全措施，避免因安全链测试风力发电机组保护拒动，引发事故。应检查安全链接线是否正确，是否有解除保护、屏蔽信号行为。安全链动作后控制系统应能正确显示每项保护动作信息及安全链动作首出原因。

【案例】2017 年 7 月 25 日，某风电场发生倒塔事故，倒塔风力发电机组从第二节塔筒中间部位折断，机舱掉落压断集电线路，集电线路跳闸。倒塔前平均风速 7m/s，控制系统报紧急变桨测试失败，叶片 1、2、3 速度低，紧急变桨系统超时，主变频器故障，发电机超速，超速（软保护），塔基振动大（软保护）等报警信息。风力发电机组主轴最高转速达到 31.13r/min（保护定值 19.2r/min），风力发电机组最大振动达 2.4m/s^2，最终造成风力发电机组倒塔。

风力发电机组倒塔的原因是叶轮超速飞车，导致叶片损坏、风力发电机组失稳倒塔。根据事故现场叶片位置及后台 SCADA 数据分析，3 只桨叶在事故发生前未能顺桨。未顺桨的原因有以下几方面。

（1）外部引入电源导致安全链失效。维护人员在安全链出口位置直接接入 24V 电源，导致安全链整个回路失效，无法紧急顺桨停机。

（2）安全链失效导致紧急顺桨系统测试失败。风力发电机组进入“紧急顺桨系统功能测试”模式后，实际上是由 PLC 断开看门狗信号从而触发安全链进行紧急顺桨停机。由于安全链短接失效，造成测试失败未能顺桨，同时其他保护动作（如振动、超速、变桨驱动故障等）也无法触发安全链，只能通过维护人员手动操作顺桨停机。

（3）主控软件设计存在漏洞。风力发电机组触发“紧急顺桨测试失败”故障后，因无法跳出“紧急顺桨系统测试”模式，主控系统未能切换到交流回路控制风力发电机组顺桨。主控软件振动和超速保护虽触发告警，但因控制系统逻辑漏洞及安全链短接故障，亦未能使风力发电机组安全停机；风力发电机组进入“紧急顺桨系统功能测试”模式后，限功率维持在进入测试模式之前的 350kW，发电机功率无法随风速增大而相应升高，导致叶轮转速随风速增大持续升高，直至风力发电机组飞车倒塔，如图 2－5－15 所示。

图 2-5-15　某风场安全链短接造成风力发电机组倒塔

条文 5.1.19　风力发电机组宜具备紧急变桨测试功能，自动紧急变桨测试宜设置在白天进行，且设置紧急变桨测试应满足风速小于 9m/s、叶片起始角度大于 60° 时的条件驱动紧急变桨；手动紧急变桨测试应在小风天气、停机、侧对风状态下进行。紧急变桨测试失败应能跳出测试程序执行正常停机。

【释义】具备自动测试功能的风力发电机组，应向风力发电机组厂家索取测试逻辑，核查测试程序各边界条件是否满足风力发电机组安全要求，测试逻辑是否存在隐患。测试应选择在小风速下、白天且风力发电机组无限负荷状态进行。为了避免紧急顺桨失败造成风力发电机组超速，叶片测试初始位置应大于 60°，测试失败应能跳出测试程序执行顺桨停机。无自动测试功能的风力发电机组，宜与厂家协商增加软件功能或定期进行人工测试。手动测试应采取单支叶片分别顺桨测试，与后备电源容量测试一同进行时可选择 0°～90° 进行全行程测试。为将紧急变桨测试工作风险降到最低，宜选择小风速下并将风力发电机组侧风偏航 90° 条件下进行。

条文 5.1.20　风电运行维护人员应加强变桨距风力发电机组叶片角度监视，任意两支叶片角度偏差超过 2° 时应停止机组运行。

【释义】该条文引用了《风力发电机组　变桨距系统》（GB/T 32077—2015）5.1.2 条及《风力发电机组电动变桨控制系统技术规范》（NB/T 31018—2011）4.2.5.1 条规定。

5.1.2　通用技术要求

5.1.2.2　三个叶片角度反馈给控制系统周期不应大于 100ms；

5.1.2.3　风力发电机组在额定载荷下，变桨距系统定位误差不应大于 0.75°，若采用统一变桨距控制的变桨距系统三支叶片的不同步不应大于 1°；

5.1.2.4　变桨距系统接收调桨距指令到变桨距轴承开始动作时间不应大于 200ms。

4.2.5.1　自动变桨功能

正常运行时，变桨系统应能接收风力发电机组控制系统指令，实时调节桨距角，降低机组所承受的载荷水平，达到机组的最优运行和安全运行。应能依据主控要求自动启动、自动变桨、自动顺桨等。如：通过风力发电机组控制系统下发速度、加速度及变桨角指令进行变桨距控制。变桨系统应能在整个变桨范围内正常工作，桨叶同步，变桨性能满足以下技术要求：

b）变桨驱动器的控制精度不大于 0.05°；

c）三支桨叶不同步度推荐值不大于 2°；

d）变桨接受主控系统下发变桨距指令响应周期不大于20ms；

e）三支桨叶角度反馈给主控系统时间延迟不大于20ms。

叶片桨距角偏差将造成风力发电机组叶轮气动性能下降，产生扰动和激振，给风力发电机组运行带来危害。GB/T 32077—2015中对叶片不同步角度偏差规定不大于1°，但对变桨系统响应时间、反馈延时要求较为宽泛；NB/T 31018—2011中对桨叶不同步推荐值为不大于2°，但对变桨系统响应时间、反馈延时要求较为严苛。所以在检测变桨系统性能时应综合进行判断，当变桨系统按照GB/T 32077—2015中的响应时间及反馈延时进行设计时，叶片不同步不应大于1°，而当变桨系统按照NB/T 31018—2011中响应时间及反馈延时设计时，叶片不同步不应大于2°。运行维护人员发现任意两支叶片角度偏差超过限值而控制系统未报警停机时，应立即手动停机排查问题原因及时校正叶片零位。

条文5.1.21　定期检查对比变桨电机温度、减速机油位、驱动轮与大齿圈的间隙以及变桨编码器的紧固情况。

【释义】风力发电机组变桨距系统控制特性需要变桨电机频繁启停，电机轴承、轴键极易磨损。且变桨载荷变化频繁、电机冷却条件差，绕组温度容易超限。应加强对变桨电机的维护与检查，定期对变桨电机电流、温度进行比对，提前发现电机隐患，确保3台变桨电机运行特性一致；检查变桨刹车力矩，必要时拆卸更换刹车片，避免发生滑桨、变桨刹车失效事故。变桨减速机在轮毂中处于旋转运行状态，且环境温差变化大，一旦泄漏油位将快速下降并将对轮毂造成污染。减速机根部承受力矩最大，驱动轮与大齿圈齿轮副易因润滑不良出现磨损。应在定期维护中对减速机进行检查测试，防止减速机轴系断裂造成叶片失控引发超速事故。变桨编码器易发生松动、接线磨损、中心轴弯曲及光电部分故障，为了防止变桨编码器位置信号异常造成的变桨系统故障，应及时对变桨编码器进行紧固与维护。

条文5.1.22　采用齿形皮带传动的变桨系统，应定期对皮带的外观进行检查，对于开裂、腐蚀、磨损超标的皮带应立即更换；每年利用皮带振动频率计进行测试，超出风力发电机组制造厂维护手册标准的应进行调整或更换。

【释义】皮带传动变桨系统需要定期检查皮带状况，以防皮带松脱断裂造成叶片失控。定期检查应确认齿形带（如图2-5-16所示）是否有损坏和裂缝，张紧程度符合要求，外观应平整清洁。使用张力测量仪测量齿形带的振动频率，如大于或小于设计频率范围，应调节变桨驱动支架上的调节滑板，达到设计频率。定期紧固调节滑板和齿形带压板螺栓力矩。

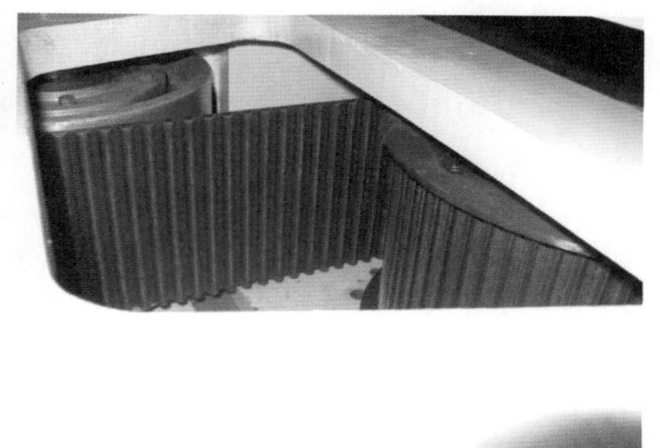

图2-5-16　应用齿形皮带的变桨系统

条文 5.1.23　每年至少对变桨滑环清洗一次，滑环内应无灰尘、金属屑，并无放电、过热痕迹，对于磨损严重、有放电痕迹的变桨滑环应及时更换。

【释义】 变桨滑环属精密设备，机舱至轮毂动力及信号传输全部由滑环输送，如图 2－5－17 所示。风力发电机组内部灰尘及油液容易侵入滑环造成接触部件的污染和损坏。清洁时应选择无腐蚀性清洁剂，清洁工具选择柔软细密洁净的毛刷或毛笔，清洗后必须保证滑道完全干燥，可使用吹风机烘干或自然风干，如图 2－5－18 所示。维护中应检查滑环接触是否良好，滑针有无歪斜或过度磨损，发现放电及过热痕迹应查明原因并处理，对磨损严重、滑道击穿的滑环及时更换。

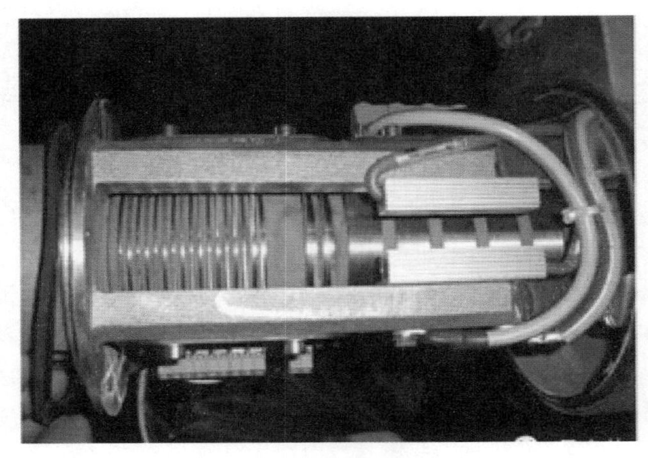

图 2－5－17　变桨滑环内部结构

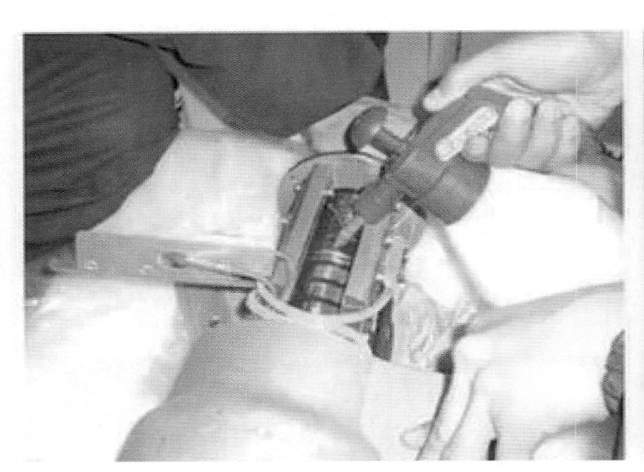

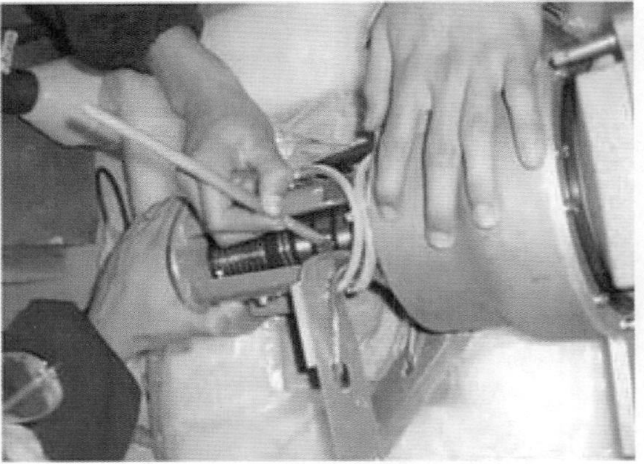

图 2－5－18　变桨滑环清洗过程

【案例】 2015 年 12 月 29 日，天气状况良好，风电场平均风速约 11m/s，1:46:19，某风力发电机组由功率 1522kW 突然停机，监控系统报变频器故障、齿轮箱高速轴超速、主轴超速。6:56 点检负责人发现远处可看到该风力发电机组有明火，确定发生了风力发电机组火灾。此时机舱已基本烧完，一支叶片根部燃断、已掉落，另外两支叶片根部还在燃烧（如图 2－5－19 所示）。立即封锁现场，拉开跌落保险对该风力发电机组进行隔离。

由风力发电机组后台报警记录及参数变化情况分析事故原因，1:46:19 风力发电机组各项参数还在正常范围；1:46:21 风力发电机组报变频器故障，主断路器断开后，风力发电机组应进行电池顺桨，但是通信滑环发生故障，在滑环内部风力发电机组紧急顺桨硬接线（滑环的 12 点接线）和变桨旁路接线（滑环的 16 点接线）受周围导线或滑道影响，24V 正电串入轮毂接线图 103 或 105 通道（如图 2-5-20 所示），引起主控发出的紧急顺桨指令不被执行，从而导致继续超速。1:46:23 风力发电机组报齿轮箱高速轴超速，1:46:25 风力发电机组报主轴超速，此时硬件超速保护动作，安全链动作，主轴刹车启动；1:46:33 转速达到极大值，刹车完全投入，轮毂转速开始下降，此时刻开始机舱环境温度逐渐升高，说明此时因刹车投入产生大量热量，空气温度已经开始升高，刹车盘在摩擦中温度快速升高并被切削（如图 2-5-21 所示），被切削下的铁屑飞出、掉落，引燃可燃物，造成风力发电机组火灾、通信中断。因滑环内部紧急顺桨线路导线烧断，导致顺桨信号电源彻底消失，风力发电机组通过电池将叶片收回至安全位置。滑环的滑道故障和设计缺陷是此次风力发电机组超速、火灾事故的直接原因。

图 2-5-19　某风场风力发电机组起火

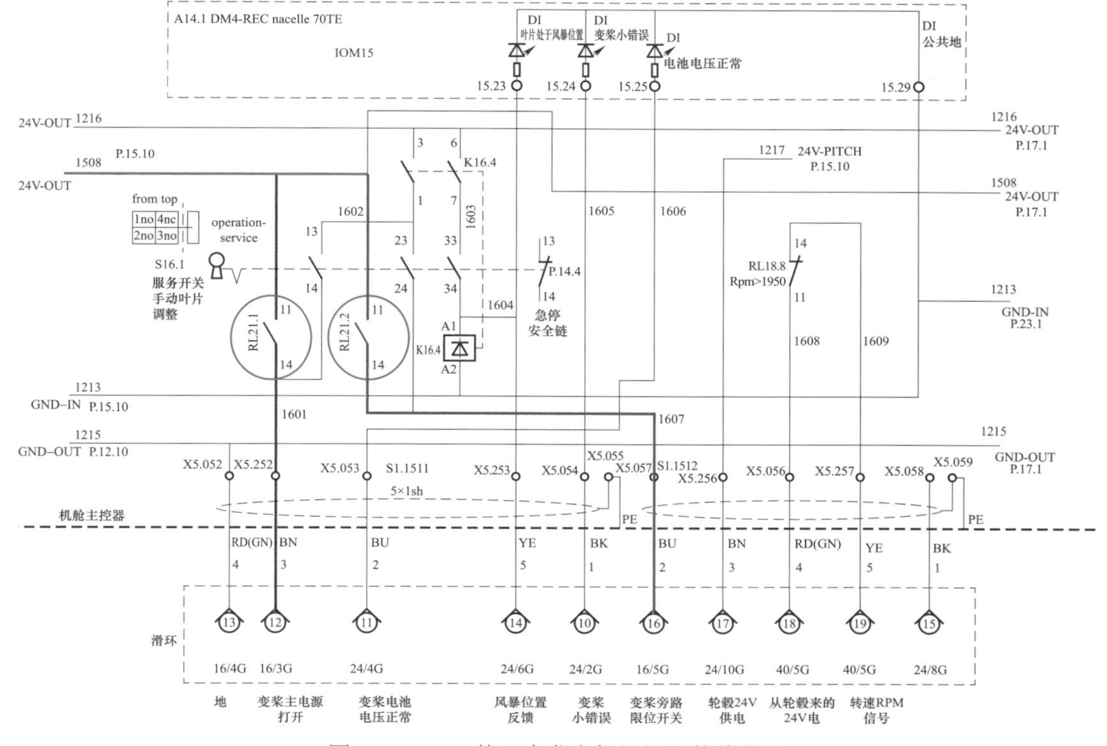

图 2-5-20　某风力发电机组滑环接线图纸

图 2－5－21　某风力发电机组烧毁后现场高速轴刹车盘及滑环

条文 5.1.24　风力发电机组运行过程中，严禁退出变桨系统的自动保护装置或改变保护定值，自动保护装置应定期检查和校验。

【释义】该条文引用了《风力发电场安全规程》（DL/T 796—2012）7.1.5、8.2 条规定。

7.1.5　机组测试工作结束，应核对机组各项保护参数，恢复正常设置。超速试验时，试验人员应在塔架底部控制柜进行操作，人员不应滞留在机舱和塔架爬梯上，并应设专人监护；

8.2　机组投入运行时，严禁将控制回路信号短接和屏蔽，禁止将回路的接地线拆除。未经授权，严禁修改机组设备参数及保护定值。

风力发电机组保护定值管理应纳入风电场保护管理制度，应制定完善的风力发电机组保护校验作业指导书或保护试验卡，严格按照标准开展保护装置定期检查和校验工作。超速保护的校验应以降低保护定值进行传动的方案为主，选择小风期进行，试验完毕及时恢复原定值。除确有必要外，不建议按照正常超速定值进行试验。不降低定值试验应提高监护等级，试验人员在塔底按试验方案逐项进行并做好事故预想。变桨系统在正常运行中应投入全部保护并核实定值正确，确保 UPS 电源性能良好。

条文 5.2　制动系统

条文 5.2.1　风力发电机组应设置风轮的锁定装置。

【释义】该条文引用了《风力发电机组制动系统　第 1 部分：技术条件》（JB/T 10426—2004）4.1.3 条规定。

4.1.3　制动系统的组成形式，应符合下列组成原则：

f）除制动装置外，在适当位置应设有风轮的锁定装置。

风力发电机组通常在主轴与轮毂连接处设置有一个或多个风轮锁定装置，用于在人员进入轮毂时提供机械锁定措施。锁定叶轮时风速不应高于风力发电机组规定的最高允许风速，使用锁定装置时必须保证风力发电机组停转并使锁销对准轮盘锁孔，严禁在叶轮转动的情况下插入锁定销，禁止锁定销未完全退出插孔前松开制动器。如果强行推入有可能造成锁定装置损坏或机架受损。在风力发电机组叶片折断或叶轮受力异常时，应谨慎投入锁定装置，在复核力矩载荷满足要求条件下方可使用。

针对带有可调锁定臂的机组，锁销插入后应将调节臂拉紧，避免风况变化，叶轮往复小角度转动，锁定销受剪切退出或损坏。

条文 5.2.2　风力发电机组制动系统应具备信号反馈功能，与控制系统相匹配；机械摩擦制动应设置磨损极限报警值，提醒维护人员更换刹车片，刹车盘表面应有防护罩。

【释义】该条文引用了《风力发电机组　设计要求》（GB/T 18451.1—2012）9.7 条及《风力发电场安全规程》（DL/T 796—2012）7.1 条规定。

依据 GB/T 18451.1—2012 要求，当机械制动用于保护功能时，通常使用液压或机械弹簧压力的摩擦装置。控制和检测系统应监测磨损部件的剩余使用寿命，例如摩擦片。当没有足够的摩擦材料使风力发电机组再次紧急关机时，控制和安全系统应使风力发电机组处于停机状态。

依据 DL/T 796—2012 要求，机组高速轴和刹车系统防护罩未就位时，禁止启动机组。

对于变桨距风力发电机组，通常在风轮侧采用空气动力顺桨制动，在机舱侧设置高速轴机械制动或低速轴机械制动。两种形式的制动方式受控制系统和保护系统控制，在切入时间和切入速度上协调动作。制动器应设置刹车位置传感器和刹车片磨损传感器（如图 2－5－22 所示），有条件的还可设置刹车片温度传感器。当传感器报警时应查明原因消除缺陷。为防止刹车盘旋转伤人及摩擦碎屑溅出，应在高速制动系统旋转部位设置防护罩。

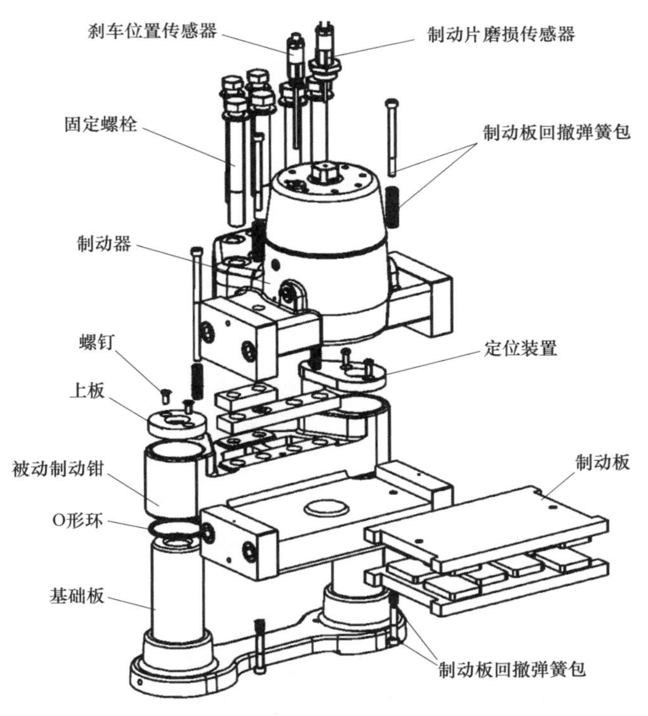

图 2－5－22　某型号风力发电机组高速轴制动器结构图

条文 5.2.3　机械刹车盘、刹车片的尺寸及材料应满足适用温度及强度要求，并应具有力矩调整、间隙补偿等功能。

【释义】该条文引用了《风力发电机组制动系统　第1部分：技术条件》（JB/T 10426.1—2004）“5　制动装置的技术要求”规定。

5.1.3　机械制动装置宜采用钳盘式制动装置，并具有力矩调整、间隙补偿、随位和退距均等功能。

5.2.11　摩擦副应进行热平衡计算，给出连续两次制动的最小时间间隔，并满足风力发电机组的各种设计工况。

5.2.14　在额定工作压力和摩擦片温度在 250℃以内的条件下，制动装置的制动力矩应满足风力发电机组所需最小动态制动力矩的要求。

风力发电机组应选用性能良好、保护完善的刹车盘及刹车片，确保在风力发电机组高力矩刹车条件下刹车装置性能符合要求。在风力发电机组选型、安装阶段应注意核实。

条文 5.2.4　在制动系统具有多个摩擦副的情况下，同一级制动装置各个摩擦副之间的最大静态制动力矩差值不应大于 10%。

【释义】该条文引用了《风力发电机组制动系统　第1部分：技术条件》（JB/T 10426.1—2004）4.3 规定。

4.3.25　在制动系统具有多个摩擦副的情况下，同一级制动装置各个摩擦副之间的最大静态制动力矩差值不应大于 10%。

两个既直接接触又产生相对摩擦运动的物体所构成的体系称为摩擦副。最大静态制动力矩指在制动系统处于正常制动状态和被制动装置保持静止的条件下，制动系统可以产生的最大制动力矩。故该条文定义了在风力发电机组停止状态下，制动系统可提供的最大制动力矩在各个摩擦副上的差值不应大于 10%。对各摩擦副的静态制动力矩偏差进行规定，目的在于保证机组静态极限情况下的可靠制动，同时避免各摩擦副间制动力矩出现偏差，引起单个制动副磨损严重，制动盘受力不均。

条文 5.2.5　在非制动状态下，摩擦副的调整间隙在任何方向上均应在 0.1mm～0.2mm；制动状态下，摩擦副工作表面的贴合面积应不小于有效面积的 80%。

【释义】该条文引用了《风力发电机组制动系统　第 1 部分：技术条件》（JB/T 10426.1—2004）5.3 条规定。

5.3.1　在制动状态下，摩擦副工作表面的贴合面积应不小于有效面积的 80%；

5.3.2　在非制动状态下，摩擦副的调整间隙在任何方向上均应在 0.1mm～0.2mm。

风力发电机组摩擦副工作表面贴合面积是指制动衬片的实际接触单面表面积。调整间隙是指制动部件与运动部件（或运动机械）之间可调整间隙范围，应当注意的是调整间隙并不是在刹车机构打开状态下刹车片与刹车盘之间的实际间隙，而是指可调范围。该条文主要描述了风力发电机组刹车片与刹车盘之间的接触性能要求。在风力发电机组使用过程中，刹车片会逐渐磨损，应定期检测刹车片及制动盘的厚度，必须保证刹车片与刹车盘接触足够紧密，接触面积良好才能保证刹车力矩的有效传递。

条文 5.2.6　驱动机构产生推力值的变化范围不应超过额定值的 5%，动作应灵活可靠、准确到位。采用液压驱动的机构及管路应具有可靠的密封性能。

【释义】该条文引用了《风力发电机组制动系统　第1部分：技术条件》（JB/T 10426.1—2004）

6.2 条规定。

6.2.1 驱动机构产生推力值的变化范围不应超过额定值的 5%。

6.2.5 驱动机构的动作应灵活可靠、准确到位。

6.2.4 液压驱动的管路连接和密封部位应具有可靠的密封性能。

风力发电机组刹车制动卡钳的刹车力矩靠储能弹簧或驱动机构负责提供，作用在制动卡钳上的压力大小直接影响刹车装置刹车力矩，所以要求驱动机构灵活准确，推力值恒定，液压系统不泄漏。

条文 5.2.7 制动系统应按照风力发电机组制造厂的技术要求进行调试和定期检查，制动系统制动时间应满足要求。

【释义】风力发电机组制动系统不仅应满足各项设计指标，还应与该风力发电机组制动需求相符，风力发电机组制动系统的制动力矩在正常方式下宜采用柔性加载方式，也可采用半刚性或阶梯形加载载方式，避免对传动链冲击过大。应按照风力发电机组制造厂的技术要求进行调试和定期检查。定期测试制动系统制动时间，根据制动时间的变化判断制动系统是否存在隐患或性能下降。

条文 5.2.8 液压变桨驱动的后备蓄能压力应具备实时监测、低压报警闭锁启机功能。

【释义】该条文引用了《风力发电机组　变桨距系统》（GB/T 32077—2015）5.2.1 条规定。

5.2.1.6 应具备完善的系统自诊断，能够检测传感器故障、执行机构故障或后备动力源故障。

风力发电机组监控系统应对液压变桨系统后备蓄能器压力实时监测，发现压力异常具备告警功能。压力过低应闭锁风力发电机组启动，严禁屏蔽保护强行启机。

条文 5.2.9 定桨距甩叶尖机组投运前应进行甩叶尖功能测试，同步性和速度均应满足出厂设计要求。

【释义】该条文引用了《失速型风力发电机组　控制系统技术条件》（GB/T 19069—2017）5.4.4 条规定。

5.4.4.1 制动器宜设计成如果外部动力源发生故障它们仍能执行其功能（由离心力直接触发的叶尖制动可满足这一要求）；

5.4.4.2 如果制动器执行功能需要来自储能器（例如液压装置或蓄电池）的辅助动力源，则应自动监控储能器所储存的能量该能量应最少满足一次紧急制动需要。如果这种监控不能连续进行，则至少每周应进行一次测试。如果监控或测试显示出否定结果，则风力发电机组应立即关机。

为了避免定桨距风力发电机组发生超速事故，应确保甩叶尖装置的可靠运行，在投运前应测试甩叶尖功能的同步性和速度特性，若储能器不能得到监控，应每周进行甩叶尖功能测试，测试失败或发现隐患应立即停机，及时处理缺陷。

条文 5.2.10 定期检查液压刹车系统液压油泄漏情况、系统蓄能器压力情况，液压油泵应能够按照设计压力实现自动补压。

【释义】该条文引用了《风力发电机组制动系统　第 1 部分：技术条件》（JB/T 10426.1—2004）7.2 条规定。

7.2.1.1 外观检查包括：

d）液压系统的密封和渗漏状况等。

风力发电机组定期检查中应对液压系统液压油渗漏情况和蓄能器压力进行检查，防止蓄能器失效或液压系统渗漏造成系统压力无法满足工作要求。在液压系统中，除外部泄漏外，还存在一定程度的内泄漏，所以液压系统应设置液压压力低于限值时进行自动补压功能。如果泄漏程度较严重或液压油油质出现异常，可能造成液压泵频繁打压，控制系统应设置打压次数或补压时间超限保护，提醒检修人员及时查找隐患。

条文 5.2.11　定检中应对刹车时间、刹车间隙、刹车油泵的自动启停进行测试，不满足要求时禁止风力发电机组投运。

【释义】该条文引用了《风力发电机组制动系统　第2部分：试验方法》（JB/T 10426.2—2004）7.4、7.2.2 条规定。

7.4.4　制动性能试验包括：

a）正常制动方式的制动时间：在风力发电机组正常工作时，进行正常制动。用秒表测取从制动命令发出到风轮完全静止的时间，并记录；

b）紧急制动方式的制动时间：在风力发电机组正常工作时，进行紧急制动。用秒表测取从制动命令发出到风轮完全静止的时间，并记录；

c）上述试验至少进行 5 次，取其算术平均值作为相应的制动时间。（注：制动性能试验应在风速大于 15m/s 且风力发电机组工作于额定功率附近的条件下进行）

7.2.2.1　检验部位及内容包括：

a）机械制动器在非制动状态时摩擦副的间隙；

b）机械制动器在制动状态时摩擦副的结合状况。

7.2.2.2　检验方法应根据检验内容选择：

b）非制动状态下的摩擦副间隙用塞尺测量贴合部位的最大间隙和最小间隙；

c）制动状态下摩擦副的结合状况用着色法进行检验。

风力发电机组定检维护中应重点对制动系统性能进行检查，应按照制造厂规定对刹车时间、刹车间隙、油泵启停情况进行检查和测试，当制造厂无明确规定时，可按照 JB/T 10426.2—2004 相关规定对风力发电机组进行检测，发现异常禁止风力发电机组投运。

条文 5.2.12　刹车盘平面度应满足设计要求，刹车间隙应调整适当；出现裂纹及磨损超标的刹车盘、刹车片要及时更换。

【释义】该条文引用了《工业制动器　制动轮和制动盘》（JB/T 207019—2013）3.2、4.3 条规定。

表 2 制动盘公称尺寸要求：

轴孔径≤280mm 时端面全跳动应不大于 0.06mm；

轴孔径≤450mm 时端面全跳动应不大于 0.08mm；

4.3.3　制动轮和制动盘的制造缺陷应符合如下规定：采用钢板制造的制动盘不应有裂纹、夹层等缺陷。

为防止因刹车系统刹车盘、刹车片故障造成的风力发电机组超速、起火事故，应定期对风力发电机组刹车盘、刹车片的运行情况进行检查，检查标准应按照风力发电机组制造厂家或制动器制造厂家规定，厂家无明确要求的应按照 JB/T 207019—2013 相关要求进行检测。

条文 5.2.13　刹车盘表面有油污或结冰情况时应清理干净再启动机组，刹车盘受高温烘烤后应进行更换。

【释义】为保证风力发电机组刹车性能良好，刹车盘表面需要平整洁净，若附着油污、结冰时可能造成制动力矩下降，造成风力发电机组刹车时间延长或无法使风力发电机组停转。刹车盘受污染后应先用酒精清洗制动片，然后再稀释或用三氯乙烯去掉酒精，任何残存的油或防腐蚀剂都将极大地减小摩擦系数，若污染物无法去除或去除后摩擦系数不能满足要求，必须报废。刹车盘受高温烘烤后，可能发生变形或化学变化，其制动性能将下降，严重时可能发生爆裂，应及时进行更换。

条文 5.2.14　刹车执行装置、转速检测元件应保证外观完好，动作无异常，且反馈信号与动作执行指令状态应保持一致。

【释义】部分风力发电机组为了防止刹车系统起火隐患，在刹车投入条件中串入转速传感器，当转速小于一定范围时才允许机械刹车动作，防止高速转动的刹车盘与卡钳摩擦起火。在风力发电机组定期维护及保护校验工作时，应测试连锁回路是否正确，主控系统信号反馈是否与实际一致。

条文 5.2.15　定期对制动系统进行检查和校验，液压系统有缺陷时，严禁将风力发电机组投入运行。

【释义】风力发电机组制动系统必须定期进行检查和校验，部分机型高速轴刹车液压系统与偏航刹车液压系统、变桨调节装置液压系统共用同一液压站，液压系统缺陷有可能造成刹车装置失灵、变桨系统失灵等情况，所以液压系统有缺陷时严禁将风力发电机组投入运行。

条文 5.2.16　在主轴与胀紧套间应进行标记，用以检查主轴在胀紧套内是否打滑，出现胀紧套变位时应停机处理。

【释义】胀紧套或锁紧盘是一种无键连接装置，由带锥度的内环和外环组成，通过高强度拉力螺栓在内环与轴、外环与轮毂间产生巨大抱紧力，用于重型载荷下的机械连接。一般在连接风力发电机组主轴与齿轮箱时使用。如果安装工艺不良或传动链扭矩超过允许范围，可能造成主轴与胀紧套发生相对位移，如图 2－5－23 所示。这种位移不仅对齿轮箱轴承齿面造成损坏，对主轴轴承的径向、轴向承载力也会产生影响。严重时可能引发主轴窜动，叶轮空转。因此应在主轴与胀紧套表面做轴向标记，定期检查主轴在胀紧套内是否打滑，出现胀紧套变位应立即停机处理。

图 2－5－23　某风力发电机组主轴胀紧套已发生位移

条文 5.2.17　巡检时应检查弹性联轴器处是否有过力矩情况，若存在过力矩应做好标记及监测，在更换发电机或定检中应进行纠正。

【释义】弹性联轴器常用于连接齿轮箱高速轴与发电机，用于传递力矩并减少振动。由于采用绝缘材料制作，不但可以阻挡雷电流对发电机的损伤，也可以防止发电机轴电流对齿轮箱轴承的损伤，且在一定范围内补偿两轴间发生的轴向、径向和角向位移，并且在偏差补偿时产生的反作用力足够小。应在联轴器连接处做好力矩标记（如图 2－5－24 所示），定期检查是否存在过力矩导致位移错位，在更换发电机和年度定检中，应重点开展发电机轴系对中工作，确保传动系运行正常，降低发电机及联轴器损坏几率，有利于降低发电机轴承振动，延长轴承使用周期。

图 2－5－24　膜片型弹性联轴器标记线

条文 5.3　控制系统

条文 5.3.1　风力发电机组应配备两套独立的转速监测系统，其中至少有一个转速传感器应直接设置在风轮上。任一路转速信号出现异常，应停止机组运行。

【释义】该条文引用了《风力发电机组　设计要求》（GB/T 18451.1—2012）8.3 条规定。

依据 GB/T 18451.1—2012 要求，保护功能应按“失效—安全”原则来设计。保护功能通常应能在电源或系统内执行保护功能的任何非安全寿命零件出现任何单独失效或故障的情况下对风力发电机组进行保护。系统中执行控制功能的传感件或非寿命安全的结构件的任何单独故障不应导致保护功能的失效。

风力发电机组转速测量系统应按“失效—安全”原则设计，在传感器、传感器连接线、电源及逻辑判断元件任何一部分出现问题时均能确保安全停机。设计时应考虑传感器失电、数据异常等特殊情况。较理想的配置是在主轴安装两套测速装置，每套在测量元件、传输线路、逻辑判断元件及电源均各自独立。一套接入控制系统，由 PLC 进行数据处理，发生数据异常时启动正常停机；另一套接入保护系统安全链，由主轴超速继电器进行逻辑判断，监测到超速后启动紧急停机。对于双馈式风力发电机组，还应在发电机侧配置高速轴转速传感器及发电机转子速度传感器。各传感器测量数据可进行实时对比，发现某测点数据异常后将风力发电机组停止运行。现场实际工作中，应检查转速传感器接入安全链的接点具备失电打开功能。

条文 5.3.2　超速继电器定值设置完毕后应进行检查。对设置完毕的拨码开关宜设置标签，用于设备巡检时核对。

【释义】为了防止风力发电机组安全链系统发生误整定，应在明显位置设置标签，标注各保护具体数值及简易图形，方便人员检查核对。更改保护定值或保护装置调试，必须依据最新的正式定值通知单并使用作业指导书。保护装置校验过程中，如工作人员发现与作业指导书条件不符，应立即停止试验并及时向负责人汇报，待查明原因后方可继续进行工作。

条文 5.3.3 风力发电机组超速保护软件和硬件应分开设计，软件超速源于程序计算，硬件超速独立串联于风力发电机组安全链中。软件超速保护的设计应采用两级定值，一级超速用于告警，二级超速用于风力发电机组停机。

【释义】该条文引用了《风力发电机组　设计要求》（GB/T 18451.1—2012）8.2、8.3 规定。

8.2　风力发电机组的控制功能通过主动和被动的方式控制风力发电机组的运行，并使运行参数保持在正常范围内；

8.3　当控制功能失效、内外部故障或危险事件发生时，保护功能应起作用。保护功能应保持风力发电机组处于安全状态。保护功能的激活条件应在不超出设计极限情况下设置。在制动系统和设备与电网断开被触发时，保护功能应比控制功能有更高的优先级，但低于紧急关机按钮的等级。保护功能和控制功能发生冲突时，保护功能应具有优先权。

为了确保风力发电机组控制系统发生异常时保障风力发电机组安全停机，应设置独立硬件安全链回路作为保护系统，硬件超速回路作为后备保护接入安全链，当硬件超速保护动作时触发紧急停机。超速保护的整体设计应分级设置，风力发电机组高于正常运行转速时控制系统应及时调节；转速大于最大允许运行转速时控制系统应继续调节并报出警告；转速大于切出转速时控制系统应启动正常停机程序；转速继续升高达到超速继电器触发转速后保护系统应动作，触发安全链及紧急停机程序。应当注意，变频器的超速保护定值、齿轮箱高速端超速定值、主轴超速定值应形成阶梯配置。

条文 5.3.4 控制系统设计应有备用电源，在电网突然失电的情况下应能独立供电不少于 30min，保证机组安全停机，并对重要数据实现保存。

【释义】该条文引用了《双馈风力发电机组主控制系统技术规范》（NB/T 31017—2011）4.6.17 条规定。

4.6.17　在电网失电的情况下，主控系统备用电源应能独立供电不少于 30min，确保主控系统有充足的时间控制变流器和变桨系统安全把机组停下来，并完成相关故障数据的记录等工作。

风力发电机组控制系统及保护系统电源由 UPS 提供，在电网失电的情况下，UPS 自动切换为后备电池给系统供电，完成控制或保护系统安全停机操作。在 UPS 备用电池容量不足或被短接的情况下（如图 2－5－25 所示），电网失电将直接造成风力发电机组控制电源掉电，

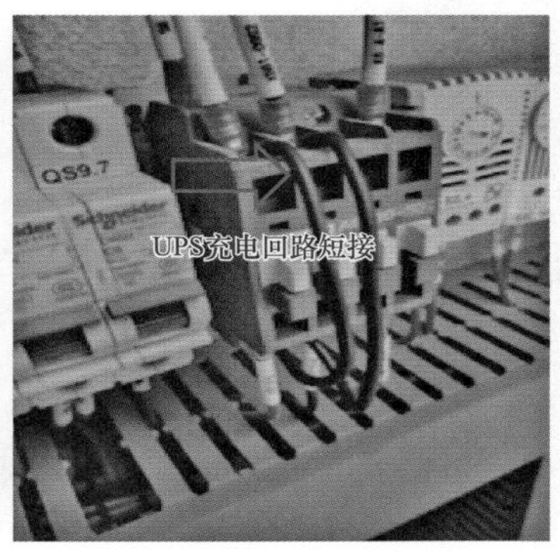

图 2－5－25　风力发电机组 UPS 缺失、充电回路被短接

风力发电机组会进入变桨后备电源紧急顺桨、高速轴刹车系统强行投入，将给风力发电机组各机械部件带来巨大冲击。若变桨系统顺桨异常，还有可能引发超速、起火等重大事故。

条文 5.3.5　风力发电机组应具备应对阵风变化、突然甩负荷情况下抑制转速突升的变桨控制策略；在机组额定风速段附近应采取可靠算法避免超速。

【释义】该条文引用了《双馈风力发电机组主控制系统技术规范》（NB/T 31017—2011）4.6.7～4.6.9 条规定。

4.6.7.2　最大功率跟踪动作行为要求

c）在整个控制过程中，应避免转速与振动的剧烈波动。

4.6.8.2　恒功率运行控制动作行为要求

c）在整个控制过程中，应避免转速与振动的剧烈波动。

4.6.9.1　由最大功率跟踪进入恒功率运行时，主控系统应能控制风轮转速的超调量满足机组安全设计要求，并且使风轮转速逐步收敛，在设定的波动周期范围内，趋于并靠近额定转速。

4.6.9.2　由恒功率运行进入最大功率跟踪时，主控系统应能控制发电机转速跌落幅值在机组允许范围内，并避免机组剧烈振动和电网功率波动。主控系统应能控制风力发电机组频繁在这个过渡状态切换。

风力发电机组对转速的控制主要由变桨控制策略完成，变桨控制策略在设计时一方面要在额定风速以下工况进行风力发电机组最大功率跟踪控制，尽可能获取更多风能；另一方面又要在额定风速以上工况进行恒功率运行控制，避免过高的风速给风力发电机组带来过载。当风速在额定风速上下波动时，还需要在最大功率跟踪控制模式和恒功率运行控制模式间不断切换。由于风速的无规律变化，要求变桨控制策略响应快速、控制平稳。当风力发电机组频繁出现超速现象时，应咨询整机厂家，将变桨控制策略相关参数进行优化设置，还应考虑风力发电机组受该机位局部风切变、湍流等影响，对变桨控制策略进行个性化调整以适应局部气候。

条文 5.3.6　应定期检查风力发电机组转速传感器和码盘是否固定可靠、无油污破损和间隙过大情况。

【释义】风力发电机组转速传感器为接近式传感器，依靠主轴盘面螺栓在旋转时依次靠近传感器产生的敏感特性来识别物体的接近，并输出相应脉冲信号，有时为了安装方便或提高可靠性，也会将转速传感器接在凹凸式码盘上。一般传感器与被测码盘间隙要求在 2～4mm，过小容易与码盘发生碰撞，过大则会导致传感器识别错误。转速传感器附近一般润滑油脂较多，容易受到污染。故应定期检查转速传感器和码盘的固定情况，及时清理油污及杂物，保证转速测量可靠。

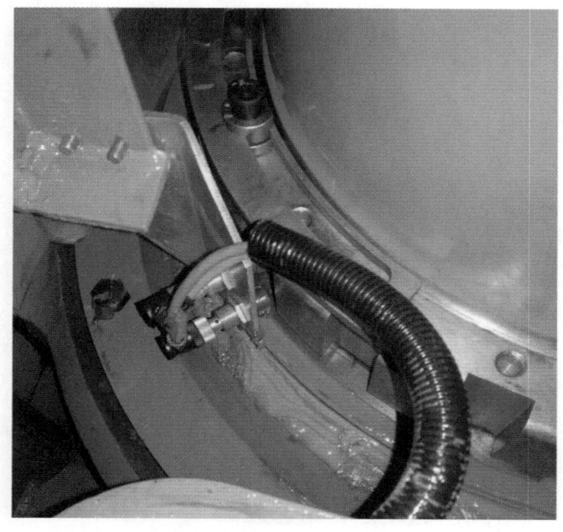

图 2-5-26　某风力发电机组主轴附近转速传感器受到污染

条文 5.3.7　每半年应对风力发电机组的变桨系统、液压系统、刹车机构、机组安全链等重要安全保护装置进行检测试验一次。

【释义】该条文引用了《风力发电场安全规程》（DL/T 796—2012）7.3 条规定。

7.3.1　*每半年至少对机组的变桨系统、液压系统、刹车系统、安全链等重要安全保护装置进行检测试验一次。*

风力发电机组防超速事故应主要对变桨系统主/备用动力源、控制元件、执行元件进行检查和测试，确保变桨系统性能良好、接线正确、紧急顺桨测试正常；液压系统应检查各液压部件无渗漏、执行机构动作灵活、蓄能器储压正常；刹车系统应检测刹车间隙并测试刹车时间，刹车过程应无异常振动及尖锐声响；对于主轴超速、发电机超速应进行逐级传动、安全链动作应正确执行停机程序，各项报警报文清晰准确。检测试验工作可安排专项开展，也可随定检维护、日常检查进行，检测及试验工作完成必须做好记录。

条文 5.3.8　更换超速模块或超速继电器时应进行检验，确认定值正确、动作时间满足设计要求。

【释义】因风力发电机组超速模块或超速继电器内部逻辑较复杂，且固化有定值设置。故在更换模块或继电器时应仔细核对设备厂牌及型号，确保与在用设备完全一致，正确设置保护定值或传输固件程序，更换完成必须进行全功能测试，确认定值及动作时间满足要求。对于确需更换模块型号或厂家的，需与技术单位复核新产品性能及设置完全符合原设计要求，并出具经审批的书面改造方案。更换完成需进行全面传动，宜在条件允许的情况下进行正常保护定值下的超速试验，试验前应制定完备的作业指导书并提高监护等级，安全措施应按照《风力发电场安全规程》（DL/T 796—2012）7.1.5 条执行。

条文 5.3.9　每年应对超速保护进行一次校验，宜用波形发生器的方法对检测元件、逻辑元件、执行元件进行联动测试，禁止通过短接信号测试。

【释义】风力发电机组超速保护校验应对检测元件、逻辑原件、执行元件进行整体联动测试。目前可以实现全回路测试的有两种方案，一是使用波形发生器加在转速传感器探头前，在传感器上生成脉冲信号，使控制系统识别出转速。在波形发生器上逐渐增加输出频率，使转速达到设置值，超速保护动作后检查安全链动作及紧急顺桨情况。二是在波形发生器无法适配转速传感器时，应使用降低保护定值的试验方案。可在超速继电器或控制系统中将超速保护定值设为试验定值，风力发电机组启动转速达到设置定值时，即可实现在较低转速下完成超速回路的整体测试，测试完毕应特别注意保护定值的恢复。无论何种试验方案，严禁通过短接信号的方法进行测试。

条文 5.3.10　更换安全模块时应重新进行安全链的调试，确认全部触发条件及命令输出正确无误后，方可投运。

【释义】在风力发电机组安全链回路上进行工作或更换模块、传感器、线束等情况时，应重新进行安全链调试工作。在进行安全链主安全模块或安全继电器更换工作后，应开展安全模块定值及版本号核对、安全链各接点触发回路、复位回路、指示回路及电源回路的检查测试以及各节点至主控 PLC 信号测试工作，全部触发条件及命令输出正确，方可将风力发电机组投入运行。

条文 5.3.11　控制系统程序升级应履行审批程序并做好记录，包括程序版本、时间、操作人员。程序升级前应对原程序进行备份，并保存风力发电机组历史数据。程序升级后

的风力发电机组应进行全面的测试，确认无误后方可投运。

【释义】风力发电机组主控制器程序升级应按照保护管理制度要求严格执行，做好相关记录并备份程序及数据。升级完成后应进行全面测试并制定详细的作业指导书，测试方案中应包括软件系统中改动部分的功能测试和安全链功能测试，对于主控系统涉及改造、版本重大更新或厂家拒绝提供改动程序的逻辑框图的，应按照《风力发电场安全规程》（DL/T 796—2012）中要求进行：

（1）正常停机试验及安全停机、事故停机试验无异常。

（2）完成安全链回路所有元件检测和试验，并正确动作。

（3）完成液压系统、变桨系统、变频系统、偏航系统、刹车系统、测风装置性能测试，达到启动要求。

（4）核对保护定值设置无误。

确认控制和保护功能正确方可投入风力发电机组运行，并将变动情况详细记录在设备台账中，涉及图纸变更的应存档备份，及时更新技术资料。

条文 5.3.12　风力发电机组故障处理过程中，严禁通过屏蔽控制系统的自动保护功能或改变保护定值的方式，使机组恢复运行。

【释义】风力发电机组检修必须坚持“应修必修、修必修好”的原则，严禁因抢发电量、备件不足等任何原因通过屏蔽控制系统保护或变更定值来强行启动带病机组，保护装置一旦退出或偏离正常定值，将无法提供保护功能，将直接导致飞车倒塔等恶性事故。

【案例】2014 年 11 月 12 日，某风电场风速 12.5m/s，机组运行中发生超速。风力发电机组报软件超速、发电机超速、叶片伺服系统超时等故障信息停机。3 只叶片自动收回到 83.5°、85.5°、83.8°，轮毂转速最高达到 43.59r/min（额定转速 22.5r/min，保护定值 26.5r/min）。

图 2－5－27　某风力发电机组叶片折断事故现场

当天上午，风电场处理该风力发电机组叶片伺服系统超时缺陷。更换变桨控制器后，手动变桨至 70°左右，通过轮毂失电的方式进行紧急变桨测试，紧急变桨测试成功，风力发电机组投入运行。

当日中午，监控系统报软件超速、发电机超速、变频器跳闸、偏航电机跳闸、加速度高、扭缆传感器故障、塔基紧急停机等信号，风力发电机组功率 0kW，变桨角度为 0°。现场巡视发现，该风力发电机组一支叶片掉落至地面，另外两支叶片从根部折断，悬挂半空（如图 2－5－27 所示）。调取风力发电机组功率、风速、变桨角度、轮毂转速、振动等数据，可以看出，风力发电机组超速（最高轮毂转速达 55.81r/min）是造成风力发电机组叶片断裂的直接原因。

由图 2-5-28 波形图及数据可以看到，在事故发生前，风力发电机组功率到达1955kW，此时轮毂转速达到额定值 22.47r/min，随后风速略有波动，功率维持在满发状态，但轮毂转速持续上升，随后轮毂转速达到超速保护动作值，此时风力发电机组变桨角度仍保持 0.2° 左右，并未做出顺桨动作，轮毂转速继续上升至 31.27r/min，触发变频器脱网。由于风力发电机组甩负荷，且叶片角度未发生变化，所以轮毂转速以 3r/s 的增速急速上升，轮毂转速到达最大值 55.81r/min，塔筒加速度开始出现明显上升，初步判断此时风力发电机组一个叶片已经出现严重形变，轮毂平衡破坏，风力发电机组振动增大，并在随后 1s 增大至 $8.35m/s^2$。直至一支叶片彻底损坏脱落、另两支叶片从根部折断后风力发电机组停止转动。

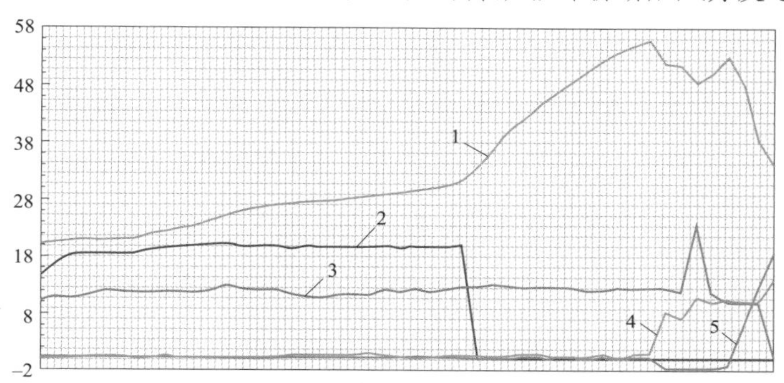

图 2-5-28　某风力发电机组叶片折断事故参数变化

1—轮毂转速；2—功率；3—风速；4—振动；5—变桨角度

由于本例中风力发电机组转速为逐步上升，理应先触发软件超速保护由变桨驱动装置进行顺桨，若转速继续上升再触发硬件安全链保护由后备电源进行顺桨。而两套保护均未能起到作用才导致风力发电机组发生叶片折断事故。

检查发现超速继电器接线错误导致硬件超速保护回路失效。如图 2-5-29 所示，COM 与 NC 通过跳线被人为短接，超速信号线 122 接至 NC（应接至 NO），此种接法直接导致硬件超速信号被屏蔽。

在对风力发电机组控制系统进行排查时，发现 PLC 变桨速度给定模块存在异常。其供电电压波动会导致输出错误。在测试中：电压降至 17.55V 时，其他模块电源正常且角度编码器数据变化正常，风力发电机组各项通信正常，而 ISI202 模块的速度给定输出电压为 0V（如图 2-5-30 所示），反向调高电压至 24V，速度给定通道未能恢复正常，且速度给定输出一直为 0V。在风力发电机组需要变桨时，先由 ISI202 模块根据 PLC 的命令，提供一个速度给定于变桨驱动器，然后变桨驱动器根据速度给定值驱使变桨电机转动以调整叶片角度。但通过本次 PLC 速度给定测试得出，在 24V DC 电源电压发生波动时，其 PLC 软件、硬件运行均正常，但速度给定却一直保持零输出，致使变桨驱动器未接收到变桨指令，造成风力发电机组正常变桨功能丧失。在轮毂转速达到软件超速设定值 26.5r/min 时，风力发电机组报软件超速告警，而速度给定输出仍然为 0，致使风力发电机组不能顺利顺桨。

分析认为风力发电机组在运行中，因 24V 电压降低造成 ISI202 模块输出异常，使轮毂转速达到软件超速设定值时，风力发电机组未能进行正常顺桨，致使变频器脱网，风力发电机组甩负荷后轮毂转速持续上升。再因硬件超速保护被屏蔽，导致两套超速保护拒动，最终致使风力发电机组严重超速，叶片断裂。

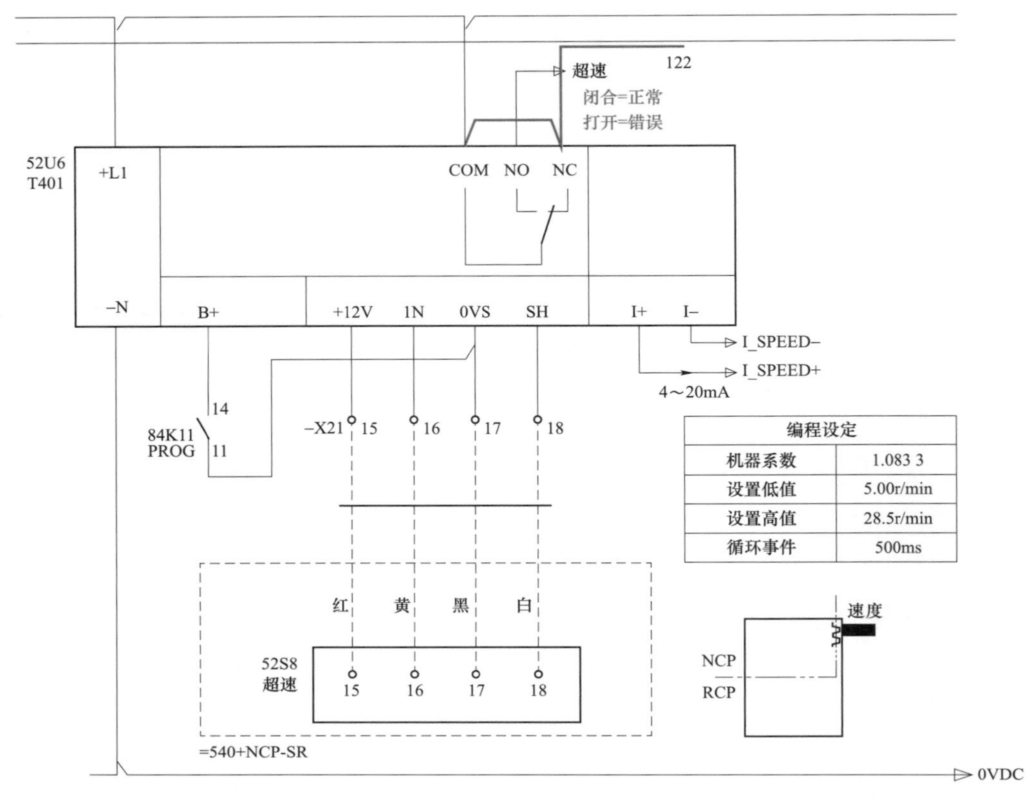

编程设定	
机器系数	1.083 3
设置低值	5.00r/min
设置高值	28.5r/min
循环事件	500ms

图 2–5–29 某风力发电机组超速继电器接点短接位置图

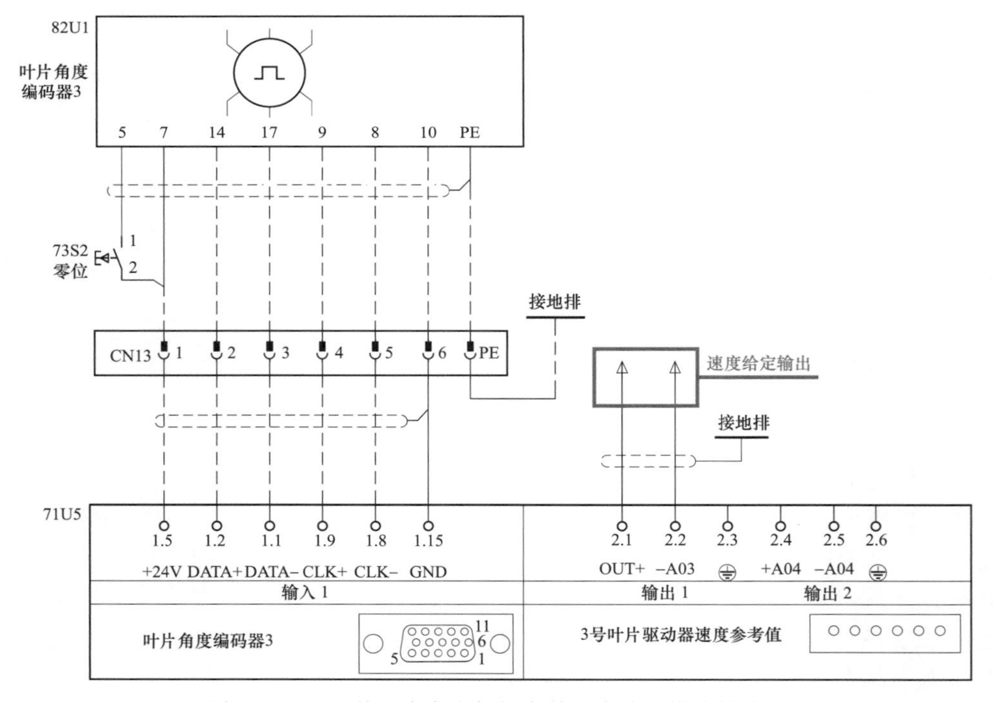

图 2–5–30 某风力发电机组变桨速度给定模块接线图

6　防止全场停电的反事故措施释义

总体情况说明

防止风电场全场停电的反事故措施，主要根据近些年发生的变电站一、二次系统故障，变电站全停、重大设备损坏事故的管理与技术问题，总结归纳变电站日常管理、设备配置反措、标准规范，提出预防和应对全场停电的具体措施。从完善变电站一、二次设备管理，防止污闪造成风电场全停，加强电缆的试验与维护，直流系统配置及运行，站用电系统配置及运行，变电站的运行与检修，输电线路管理等方面制定措施，做好预防工作。通过规范变电站各系统及设备的设计、验收、检修维护技术、管理标准，提高设备可靠性，有效防范全场停电事故的发生。

摘　要

设备验收应全面，缺陷挡在交接前；
巡检及时勤保养，避免事故扩全场；
通信保护专业管，配置测试反措看；
直流接地勿拖延，再有一点起祸端；
发现隐患及时断，防潮防鸟防雷电；
覆冰积雪加油污，放电接地则频出；
户外线塔定时巡，防腐防松记人心；
应急直流备用变，柴油发电免后患。

条文说明

条文6.1　完善变电站一、二次设备

条文6.1.1　站用电系统应设置备用电源，且引接方式宜符合下列规定：① 风电场变电站仅有 1 回送出线路时，备用电源宜从站外接引。② 当变电站有 2 回及以上送出线路时，站用工作电源和备用电源宜分别从不同主变压器低压侧母线接引；当只有1台主变压器时，备用电源宜从站外接引。③ 当无法从站外取得备用电源或站外电源的可靠性无法满足时，可采用柴油发电机作为备用电源。

【释义】该条文引用了《风电场设计规范》（GB 51096—2015）7.5.4 条规定。部分风电场变电站地处偏远地区，遇冬季恶劣天气断电，会威胁风电场内人员和设备安全，若站外备用电源可靠性低，可采用柴油发电机作为备用电源，以恢复生产和维持基本生活用电。

风电场站用电源正常接线方式在主变压器低压侧母线上，备用变正常由本地 10kV 或 35kV 市电接入，事故情况下备用变压器投入，在不具备上述条件时，风电场宜选择柴油发电机组。

风电场应根据实际情况，确定备用电源的接引方式，确保可靠。日常应加强风电场备用电源管理，加强柴油发电机定期维护、试验，确保油品充足，设备处于热备用状态。

【案例】2013 年，某风电场生活用电来自场内集电线路，无备用电源，场内集电线路因雪灾发生断线跳闸。大雪造成道路封闭车辆无法通行，项目部多次安排铲车清理道路积雪仍无法疏通，造成风电场值班人员在无电情况下被困站内 3 天，取暖设施全停。

图 2-6-1 大雪过后在铲车内拍摄道路情况

条文 6.1.2 风电场宜配备相应容量的自备应急电源，保证全场事故停电后的用电负荷。

【释义】该条文引用了《风电场设计规范》（GB 51096—2015）7.5.6 条、《风电场工程电气设计规范》（NB/T 31026—2012）4.4.3 条规定。

7.5.6 站用备用变压器的容量应能满足变电站恢复生产、基本生活和风力发电机组停机后维护需要的用电容量。

依据《风电场工程电气设计规范》（NB/T 31026—2012）4.4.3 条规定，站用变压器采用 Dyn11 接线。站用变压器容量或回路供电容量应满足升压变电站、集控中心站用电负荷的需要。且北方偏远地区、气象环境特别恶劣地区可设置其他备用应急电源。

地处高山、戈壁等气候变化多样性的风电场，仅依靠厂用变压器供电可靠性低，应配备足够容量的自备应急电源（柴油发电机）来保障风电场安全稳定运行。当发生全场停电事故后，需尽快恢复变电站设备运行并满足配电系统紧急工作需要，为倒闸操作、事故抢修、基本生活（通信、取暖、饮水）等提供电源支撑，确保及时处理故障，保障人员、设备安全。

【案例】2014 年 3 月，某沿海风电场布置 24 台 2MW 风力发电机组，选择额定功率为 1800kW 的柴油发电机组作为台风模式下偏航备用电源。现场试运行时，站用变电缆绝缘击穿，站用变压器跳闸。启动柴油发电机，为 SVG 冷却系统供电，SVG 变压器馈线断路器合闸时，出现励磁涌流。因柴油发电机组额定功率为 1800kW，无法承受 SVG 系统的 6000kVA 变压器的励磁涌流，造成其跳闸。本次事故由于备用电源容量不足导致 SVG 设备停运，按照调度命令停运全部风力发电机组。

条文 6.1.3 严格按照有关标准进行开关设备选型，加强对变电站断路器开断容量的校核，对短路容量增大后造成开断容量不满足要求的断路器要及时进行改造，在改造以前应加强对设备的运行监视和试验。

【释义】该条文引用了《风电场工程电气设计规范》（NB/T 31026—2012）4.6.2 条规定，应根据环境条件、短路计算结果等要求对高压电气设备进行选择，提出主要电气设备的型号、规格、数量及技术参数。

随着电网的不断发展，系统短路容量也在不断变化，但现场安装的开关设备开断电流是固定的，因此要根据电网调度部门每年下达的最大、最小运行方式和系统阻抗，校核开关设备的开断容量是否满足系统要求，同时还应考虑变电站其他设备短路电流，若不满足要求，建议进行更换。

【案例】2012 年 5 月 16 日，某风电场站用变采用 SL7 系列变压器，低压侧经断路器接引三芯铝线电缆供电，经计算变压器容量为 200kVA，变压器出线端短路时，三相短路电流为 7210A；当变压器容量为 100kVA，其他条件不变时，短路电流变为 3616A。所以，当设备运行方式发生变化时，应对断路器开断容量进行重新校核。用户在设计时，应计算安装处（线路）的额定电流和该处可能出现的最大短路电流。并按以下原则选择断路器：断路器的额定电流 I_n≥线路的额定电流 IL，断路器的额定短路分断能力不小于线路的预期短路电流。

条文 6.1.4 为提高继电保护的可靠性，重要线路和设备按双重化原则配置相互独立的保护。传输两套独立的主保护通道相对应的电力通信设备也应为两套完整独立的、两种不同路由的通信系统，其告警信息应接入相关监控系统。

【释义】该条文引用了《防止电力生产事故的二十五项重点要求》（国能安全〔2014〕161 号）22.2.1.5 条规定，330kV 及以上电压等级输变电设备的保护应按双重化配置；220kV 电压等级线路、变压器、高压电抗器、串联补偿装置、滤波器等设备微机保护应按双重化配置；除终端负荷变电站外，220kV 及以上电压等级变电站的母线保护应按双重化配置。

随着电网发展，区域间电网联系更加紧密，电网事故的影响范围和深度也越大，若主网架、枢纽变电站母线发生故障不能及时消除，可能会影响整个电网的安全，所以继电保护、自动装置的正确动作是保证电网安全稳定运行的基本条件，对重要元件保护采用双重化配置原则是提升继电保护可靠性的有效手段。

【案例】2003 年某月，某 220kV 变电站发生一起带地线合隔离开关的恶性事故。该站 220kV 系统为双母线接线，母线上共接入 6 回 220kV 出线，2 台变压器及母联开关，站内变压器及 220kV 线路保护均为双重化配置，而母差保护为单套配置。事故当天，该站 2 号主变压器处于检修状态，2 号主变压器有一组母线隔离开关合闸不到位，发现隔离开关接地开关有缺陷，在母线隔离开关的变压器侧挂临时地线，在处理隔离开关缺陷时，不慎将带有临时地线的隔离开关合到运行的 220kV 母线上，母差保护属于集成电路型阻抗母差保护，20 世纪 90 年代初投产，因该变电站母差保护是单套配置运行时间长、元器件老化而拒动，造成 6 条 220kV 线路对侧后备段保护动作，周边有 3 个电厂共 7 台机组跳闸。其中有两个变电站各一条线路的双套保护仅动作一套，另一套未动作。若线路保护单套配置且拒动，事故将进一步扩大；若母差保护采用双套配置，两套保护均拒动的几率很低，将有效降低事故影响。

条文 6.1.5 在确定各类保护装置电流互感器二次绕组分配时，应考虑消除保护死区。分配接入保护的互感器二次绕组时，还应特别注意避免运行中一套保护退出时可能出现的电流互感器内部故障死区问题。

【释义】该条文引用了《电流互感器和电压互感器选择及计算导则》（DL/T 866—2015）4.2.1 条规定，保护用电流互感器的配置应避免出现主保护的死区。接入保护互感器二次绕组的分配，应注意避免当一套保护停用时，出现被保护区内故障时的保护动作死区。

当 2 个以上被保护设备共用一组断路器时，若断路器两侧均设有电流互感器，则有较高的可靠性。若母差保护使用断路器线路侧的电流互感器，线路保护使用断路器母线侧的电流互感器，两套保护的保护范围相互交叉，断路器本身及两组电流互感器之间发生故障时，母差保护与线路保护均可动作，实现两套保护无“死区”。

当 2 个以上被保护设备共用一组断路器且只能设置一组电流互感器时，则应按被保护设备的重要程度确定电流互感器位置。如母差保护与线路保护共用一组电流互感器时，考虑到母线比线路重要，宜将电流互感器设置在线路侧，此时对母差保护而言，无论是母线本身故障，还是断路器故障，均不存在死区。如故障发生在电流互感器与断路器之间，尽管母差保护动作后将断路器跳开，故障点仍未隔离，若对侧断路器也未跳闸，系统将仍然带故障点运行，事故范围将扩大。因此对于此类故障，应该利用母差保护停信或远方跳闸的方式，迅速将对侧断路器跳开，从而尽快切除故障。

【案例】2006 年 6 月 23 日，某变电站 SF_6 罐式断路器 A 相本体底部击穿，因断路器三相本体内电流互感器至汇控柜电流端子引线接反，母差保护与线路主保护使用的电流互感器二次绕组没有交叉设置，使得断路器本体与两个套管电流互感器之间失去主保护，造成断路器本体故障时，母差保护、Ⅰ线线路保护均判为区外故障而未动作，故障由该变电站出线对侧后备保护及本站主变压器后备保护动作切除，造成该变电站两条母线均失压，事故范围扩大。

条文 6.1.6 继电保护及安全自动装置应选用抗干扰能力符合有关规程规定的产品。在保护装置内，直跳回路开入量应设置必要的延时防抖回路，防止由于开入量的短暂干扰造成保护装置误动。

【释义】该条文引用了《防止电力生产事故的二十五项重点要求》（国能安全〔2014〕161 号）22.2.1.7 条规定。继电保护及安全自动装置选型时，采用带屏蔽控制电缆和采取可靠接地等抗干扰措施后，还应加强对保护装置自身抗干扰性能的检查，特别是保护生产厂家应从设计和硬件层面保证产品的抗干扰性。应注意对装置本身抗干扰能力的校核，必要时进行相应的试验，选用具有良好抗干扰性能的设备，并符合电力行业电磁兼容及相关抗干扰技术标准的继电保护装置。静态型、微机型继电保护装置的机构箱应构成良好的电磁屏蔽体，并有可靠的接地措施，上述设备接地电阻应不大于 0.5Ω。

近年电网发生了多起因直流接地造成继电保护失灵、变压器直跳三侧回路误出口的事故。电网调度中心 2005 年曾发文对直接跳闸回路（简称“直跳回路”）的光耦进行整改，收到较好效果。此外，发生 220V 交流混入直流系统时，由于各保护回路间线路距离较长，造成电缆芯线对地电容增大，进而造成直跳回路出口误动。

针对上述情况，建议整改措施如下：

（1）对直跳回路采用的重动继电器绕组两端施加有效值为220V工频交流电压，继电器输出接点应可靠不动作。

（2）直跳回路采用的重动继电器动作电压范围应满足55%～70%直流电源电压；动作时间一般大于10ms，小于25ms；启动功率（继电器开始动作时的临界功率值）应不小于5W。

（3）继电保护装置的直跳回路开入量应设置必要的防抖延时。

【案例】2016年12月1日，某热电厂厂用变压器保护装置发生雷电干扰，气体保护误动作厂用变压器跳闸。事故当天，电厂所在地区突降暴雨并伴有强雷电，直流系统发生多次接地，3台厂用变压器气体保护误动跳闸，造成相应机组厂用电中断，机组全部停运。

经测试分析，非电量保护误动是引发本次事故的直接原因。事故时恰逢雷雨天气，空气湿度大，造成直流系统绝缘降低，形成间歇性直流接地，引起控制电缆对地和线间电容反复充放电，形成多次干扰信号，以及雷电电磁干扰，使抗扰能力弱的3台厂用变压器气体保护误动作跳闸。

条文6.1.7　定期对隔离开关、母线支柱绝缘子进行超声波探伤，及时发现缺陷并处理，避免发生支柱绝缘子断裂。母线至TV、避雷器引下线金具要检查是否有裂纹。

【释义】该条文引用了《防止电力生产事故的二十五项重点要求》（国能安全〔2014〕161号）13.2.7、13.2.9、13.2.11、13.2.12条规定，加强对隔离开关导电部分、转动部分、操动机构、瓷绝缘子等部位检查，防止机械卡涩、触头过热、绝缘子断裂等故障的发生。隔离开关各运动部位宜采用性能良好的二硫化钼锂基润滑脂。在运行巡视时，应注意隔离开关、母线支柱绝缘子瓷件及法兰有无裂纹，夜间巡视时应注意瓷件无异常电晕现象。定期用红外测温设备检查隔离开关的触头和导电部分，特别是在重负荷或高温期间，对运行设备温升的监视，发现问题应及时采取措施。定期使用超声波探伤对绝缘子内部裂纹、夹渣、气孔夹层等影响机械强度的缺陷进行检查。对新安装的隔离开关中间法兰和根部进行无损探伤；对运行10年以上的隔离开关，每5年对隔离开关中间法兰和根部进行无损探伤。

采用超声波探伤定期检查隔离开关、母线支柱绝缘子内部的铁点、气孔、裂纹等缺陷，发现问题并及时处理，保障其机械性能。

【案例】2009年2月，某220kV变电站进行线路开关倒旁路母线开关操作。线路旁路侧隔离开关B相支柱绝缘子瓷件发生断裂，线路差动保护动作，该线路停运。

经分析，由于未定期对隔离开关、母线支柱绝缘子进行超声波探伤，未能及时发现内部气泡（如图2-6-2所示）及裂纹。检修人员将安全带固定在设备上进行例行清扫，支柱瓷绝缘子受到径向弯力作用导致其受力不均、形成裂纹，产生隐患。

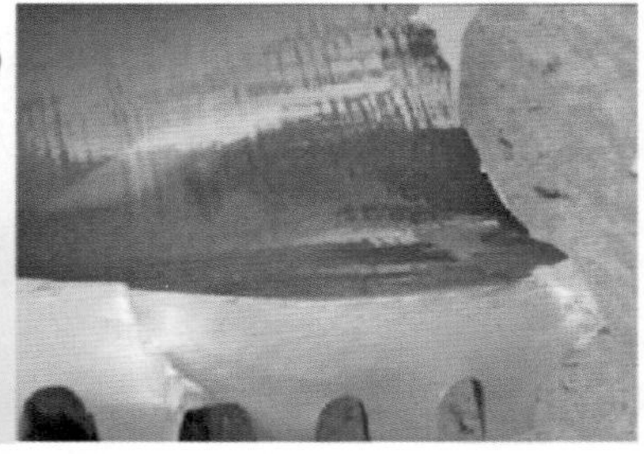

图2-6-2　绝缘子内部存在气泡

条文 6.1.8　架构、管式母线、载流导线空心接头、隔离开关等设备设施，应做好防水措施，避免积水冬季结冰膨胀造成设备损坏。

【释义】风电场工作环境恶劣，设备经常处于潮湿、低温条件下运行。配电设备架构、管式母线、载流导线空心接头、隔离开关等设备设施的绝缘子、金属法兰及瓷件胶装部位的防水密封胶圈易老化进水，导致设备绝缘性能降低甚至短路。积水遇冷结冰膨胀造成设备损坏。

【案例】2014 年 2 月，北方某变电站采用 220kV GIS 配电设备，运行中某气室压力降低报警。经现场涂敷肥皂水检查密封性，发现母线隔离开关绝缘子紧固螺栓处漏气，对该漏气位置进行解体检查，发现该处盆式绝缘子沿漏气位置（通孔）向嵌件方向有长约 120mm 的贯穿性细裂纹，确认为盆子裂纹，造成 SF_6 气体泄漏，导致压力降低报警。

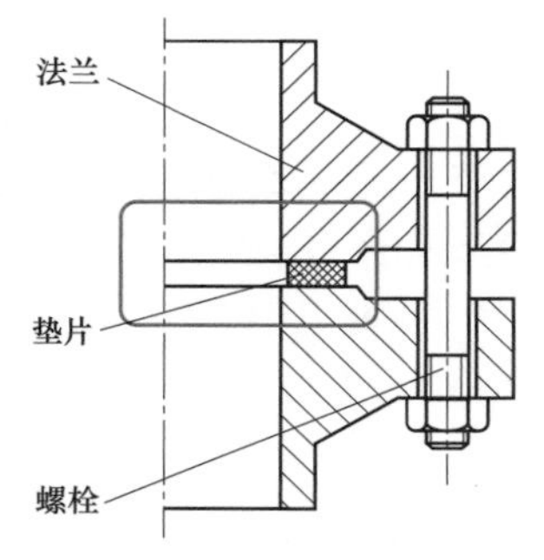

图 2－6－3　法兰漏气部位

本次漏气问题发生在北方地区的寒冷季节，发生裂纹的盆子是水平布置，裂纹从盆子周边孔向中心延伸。经分析，发生裂纹的盆式绝缘子安装孔为光孔ϕ19，紧固螺栓用 M16，存在配合间隙，盆子裂纹处设有隔离开关操作机构安装板，机构安装板与壳体法兰贴合不紧（安装板与壳体法兰表面粗糙）如图 2－6－3 所示，户外下雨时容易造成安装板与壳体法兰间、盆式绝缘子安装孔与螺栓间隙积水；法兰下部装配有防雨帽，安装孔内积水不易及时排出，温度降到零度以下积水结冰膨胀，导致绝缘盆子受力开裂。

条文 6.1.9　升压站周围建筑设施外护板、宣传栏、条幅等要固定牢固，防止大风天气脱落。周边杂物要及时清理。严禁在输变电设备附近放风筝。

【释义】该条文引用了《电力设施保护条例》中第十四条规定：严禁在架空电线两侧 300m 的区域内放风筝。

风电场多处于高风速地区，升压站周围建筑设施外护板、宣传栏、条幅等如安装不牢固，易出现大风导致设备掉落，造成设备及人身伤害。

放风筝、悬挂气球等漂浮物飘到高压线上，将导致电力设施损坏和大面积停电事故，缠绕在高压线上的风筝不仅易引起高压线短路跳闸，对电网稳定造成冲击，同时可能引发人身触电事故。

【案例】2006 年 8 月 3 日，某风电场因存在地质滑坡影响，为防止墙体落物影响设备的安全，准备在墙外安装一层防护彩钢板。在向下放软铁丝进行变形测量时，因铁丝摆动靠近 110kV 侧引出线 C 相，引起线路对铁丝放电，发生弧光短路，设备跳闸。

条文 6.1.10　应采取有效措施，防止小动物、鸟类筑巢造成设备操作卡涩拒动、短路接地等故障。

【释义】该条文引用了《变电站运行导则》（DL/T 969—2005）8.7 条规定，配电室、电容器室入口处，应有一定高度的防小动物挡板，临时撤掉时应有相应措施；设备室通往室外的电缆孔洞应封堵严密，检修施工后应及时进行封堵；设备室内不得存放谷物、食品；开关柜、电气设备间隔、端子箱和机构箱门应关闭严密；设备室的门窗应完好、严密，应随时将门关好，通风窗和排风孔洞应加装防护网。

风电场变电站鸟类活动频繁，变电站内除一次设备区域外，一般还有控制室、保护室、安全工器具室等工作区域，相对安静且温度较高，小动物易在此筑巢繁衍，同时破坏设备，影响安全。因此需采取有效措施，防止小动物、鸟类筑巢造成设备操作卡涩拒动、短路接地等故障。

针对防止小动物变电站可采取以下防范措施：

（1）配电室的门、窗关闭应严密。

（2）通风孔洞、采光窗、电缆沟等应设防止鼠、蛇类小动物进入的网罩。

（3）开关柜母排应加装绝缘热缩套，同时开关柜电缆出线部位应进行有效封堵。

（4）变电站的防小动物挡板不得随意拆除，因工作需移除时，应安排专人现场看护，工作结束后立即恢复。

【案例】2016年8月，某风电场变电站SVG设备故障处理时，设备由运行状态转检修，隔离开关操作机构不能执行。经检查，因传动机构底部密封板丢失，麻雀从此处进入搭建鸟巢（如图2－6－4所示），造成设备传动齿轮卡涩。

图2－6－4　小动物进入机构

条文6.1.11　严禁从控制箱、端子箱内引接检修电源。控制箱宜装设加热器，防止受潮、结露。

【释义】变电站检修及试验作业接引临时电源，禁止从控制箱、端子箱接引，避免因临时电源短路或过负荷造成运行设备跳闸。

断路器机构箱应配置加热器，加热器设置及功率应满足柜（箱）体驱潮要求，宜采用可靠性高、易更换的加热器。加热器电源应独立设置，在切断操作电源时仍能保证柜内干燥，防止柜内潮湿、凝露、积水造成回路绝缘电阻下降，甚至直流接地。

【案例】2010年，某风电场220kV母线隔离开关，电缆沟长期积水，导致机构端子箱接线端子凝露，金属导电部位腐蚀，造成交直流接地，隔离开关位置信号出错。现场直流接地主要由于带电部位受潮（如图2－6－5所示）、腐蚀引起，严重时造成二次线短路，导致设备位置信号错误、保护拒动、误动。

条文6.1.12　加强全场接地网、设备接地引下线、独立避雷针接地体的检测和维护工作。

【释义】该条文引用了《变电站运行导则》（DL/T 969—2005）14.1.11、14.1.12条规定。

风电场变电站接地网的接地电阻应每年进行一次测量，阻值应符合要求，具体要求如下：

（1）独立的防雷保护接地电阻应小于等于10Ω。

（2）独立的安全保护接地电阻应小于等于4Ω。

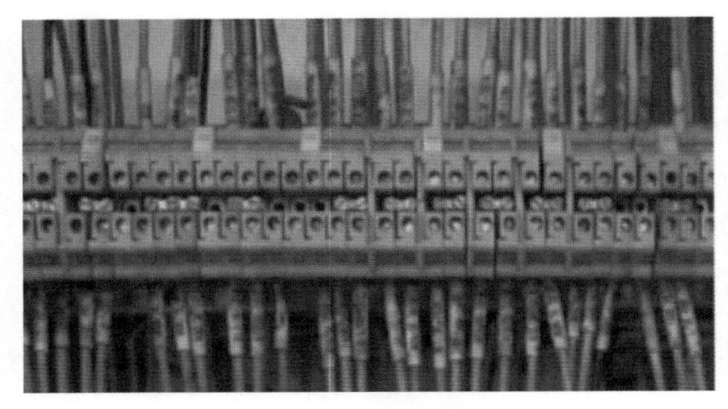

图 2－6－5 端子排受潮霉变

（3）独立的交流工作接地电阻应小于等于 4Ω。

（4）独立的直流工作接地电阻应小于等于 4Ω。

（5）防静电接地电阻一般要求小于等于 100Ω。

（6）共用接地体（联合接地）应不大于接地电阻 1Ω。

风电场应根据历次接地引下线的导通检测结果进行分析比较，确定是否进行开挖检查、处理。埋设于腐蚀性土壤的接地装置，可根据运行情况，每 3 年～5 年开挖抽查确定接地网腐蚀情况，具体检查方法可参考《接地网腐蚀诊断技术导则》（DL/T 1532—2016）相关规定。也可根据接地网支路电阻增大倍数判断腐蚀程度，其中 0 倍～1 倍为轻度腐蚀、2 倍～9 倍为中度腐蚀、大于 9 倍为严重腐蚀，如接地网严重腐蚀，应进行更换或防腐处理。

【案例】1989 年 1 月 10 日，某热电厂 110kV 升压站隔离开关支持绝缘子发生污闪接地，短路电流熔断接地引下线，通过控制电缆窜入主控室，导致断路器分闸直流电源熔断器熔断，所有断路器拒动。

事后开挖接地引下线，发现地下部分多处熔断。原截面为 $25\times4\text{mm}^2$ 的接地扁铁，腐蚀严重，最小截面仅 18mm^2。经计算，当 13.57kA 短路电流通过时，仅需 21.6ms 即可熔断该扁铁，断路器分闸时间为 40ms，短路电流在断路器未断开前窜入主控室，将直流电源熔断器熔断，造成断路器拒动，事故扩大。

条文 6.2 防止污闪造成风电场全停

条文 6.2.1 变电站外绝缘配置应以污区分布图为基础，综合考虑环境污染变化因素，并适当留有裕度，爬距配置应不低于 d 级污区要求。

【释义】该条文引用了《防止电力生产事故的二十五项重点要求》（国能安全〔2014〕161 号）22.2.2.1 项规定。

新建、扩建输变电工程，应依据最新版污区分布图进行外绝缘配置，中重污区的外绝缘配置宜采用硅橡胶类防污闪产品，包括线路复合绝缘子、支柱复合绝缘子、复合套管、瓷绝缘子（含悬式绝缘子、支柱绝缘子及套管）和玻璃绝缘子表面喷涂防污闪涂料等。

变电站选址时应避让 d、e 级污区，如不能避让，变电站（含升压站）宜采用 GIS、HGIS 设备或全户内变电站，爬距配置应符合外绝缘所处地区污秽等级的要求，并考虑大气环境污染情况，留有裕度。重要的线路、主要送出线路、电网重要联络线等绝缘配置宜高于各污级规定的起始爬电比距。

【案例】2005年4月，某风电场发生2台设备套管闪络，该闪络属于严重的雨夹雪快速积污导致的污闪。由于该地区长时间无降水，大气中的污染物日益增多，雨夹雪将空气中的污染物大量带落，污秽的雨雪在风力作用下沿绝缘子迎风侧形成桥接，伞裙的连续积雪面最终导致污闪，造成线路接地保护动作，线路跳闸。

条文6.2.2 对于伞形合理、爬距不低于三级污区要求的瓷绝缘子，可根据当地运行经验，采取绝缘子表面涂覆防污闪涂料的补充措施。其中防污闪涂料的综合性能应不低于线路复合绝缘子所用高温硫化硅橡胶的性能要求。

【释义】该条文引用了《防止电力生产事故的二十五项重点要求》（国能安全〔2014〕161号）22.2.2.2项规定。

在采用不低于三级污区要求的瓷绝缘子配置时，采取绝缘子表面涂覆防污闪涂料措施，可以提高升压站在恶劣气候下的防污闪性能，防污闪涂料性能应符合《绝缘子常温固化硅橡胶防污闪涂料》（DL/T 627—2012）要求。

防污闪涂料通过将瓷、玻璃绝缘子表面由亲水性变为憎水性，大幅度提高绝缘子污闪电压，有效防止大雾、细雨等气象条件下的污闪。

【案例】1996年12月27～30日，华东地区出现罕见大雾，华东电网23条500kV线路中有11条发生闪络，跳闸77次，其中3条线路因零值瓷绝缘子炸裂导致导线落地；220kV系统中24条线路闪络，跳闸58次，其中9条线路因零值瓷绝缘子炸裂导致导线落地。虽然断路器、继电保护动作正确，未造成大范围停电，但仍对电网安全构成了严重威胁。

条文6.2.3 硅橡胶复合绝缘子（含复合套管、复合支柱绝缘子等）的硅橡胶材料综合性能应不低于线路复合绝缘子所用高温硫化硅橡胶的性能要求；树脂浸渍的玻璃纤维芯棒或玻璃纤维筒应参考线路复合绝缘子芯棒材料水扩散试验进行检验。

【释义】该条文引用了《防止电力生产事故的二十五项重点要求》（国能安全〔2014〕161号）22.2.2.3项规定。

硅橡胶复合绝缘子主要用于变电站，具有良好的憎水性、抗老化性、耐漏电起痕性和耐电蚀损性，具有很高的抗张强度和抗弯强度，其机械强度高，抗冲击性能、防震和防脆断性能好，重量轻、安装维护方便，其上、下端部的安装尺寸与相应瓷支柱绝缘子的安装尺寸相同，可以互换。

树脂基浸渍玻璃纤维缠绕式复合绝缘子，芯棒制作按重量比称取树脂基浸渍组合物，其芯棒的树脂基浸渍组合物包括树脂、固化剂、促进剂。浸渍完毕后对绝缘子进行吸红、拉力、水扩散试验方可使用。

【案例】2002年7月，某风电场线路发生复合绝缘子掉落事故，如图2-6-6所示。分析结果显示绝缘子性能不满足要求，设备本体合模缝错开积污严重，电腐蚀痕迹越过错开位置，沿合模缝发展，低压端合模缝进水腐蚀。复合缘子护套与芯棒脱开，在高场强部位，护套受到电腐蚀，最终造成芯棒断裂。

条文6.2.4 对于易发生黏雪、覆冰的区域，支柱绝缘子及套管在采用大小相间的防污伞形结构基础上，每隔一段距离应采用一个超大直径伞裙（可采用硅橡胶增爬裙），以防止绝缘子上出现连续粘雪、覆冰。110kV、220kV绝缘子串宜分别安装3片、6片超大直径伞裙。支柱绝缘子所用伞裙伸出长度8cm～10cm；套管等其他直径较粗的绝缘子所用伞裙伸出长度12cm～15cm。

图 2－6－6 复合绝缘子串掉落

【释义】该条文引用了《防止电力生产事故的二十五项重点要求》（国能安全〔2014〕161号）22.2.2.4 项规定。

支柱绝缘子及套管上加装硅橡胶增爬裙、改善绝缘子外形可有效防止严重覆冰、覆雪及大雨、暴雨等气象条件下，沿绝缘子串形成连续导电通道发生的闪络。对站用绝缘子单独使用大盘径硅橡胶伞裙，可有效防范快速积污闪络。

同时使用大盘径硅橡胶伞裙和防污闪涂料可以起到取长补短的效果，即大盘径伞裙和防污闪涂料在使用上不应相互对立，而是相辅相成。中重污区的站用绝缘子应将大盘径硅橡胶伞裙和防污闪涂料组合使用，以达到最佳防污闪效果。

【案例】2008 年 4 月 8 日，某风电场所在地雨夹雪天气，伴有东南风，升压站设备绝缘子采用普通绝缘子，未增加超大直径伞裙，由于积雪量逐渐增加，在迎风侧形成连通状态，导致设备跳闸。对设备检查，发现该厂隔离开关 A 相 TA 侧动触头的支持绝缘子、转动绝缘子及其法兰有明显放电痕迹，其他设备绝缘子的迎风面均积雪严重，填塞在伞裙之间，使绝缘子的高低压侧相连通，且积雪处于半融化状态，极易引起闪络放电。

条文 6.3 加强电缆管理

条文 6.3.1 动力电缆和控制电缆应分层敷设，严禁两种电缆混合敷设。

【释义】该条文引用了《防止电力生产事故的二十五项重点要求》（国能安全〔2014〕161号）2.2.5 条规定，严格按设计图册施工，做到布线整齐，同一通道内不同电压等级的电缆，应按照电压等级的高低由下向上排列，分层敷设在电缆支架上。

风电场变电站应重视电缆敷设工艺，严格遵照有关消防规范、规程和设计图纸要求。考虑防火因素，将高低压电缆分层布置，减少高低压电缆之间的相关干扰。可针对高压动力、低压动力、控制电缆、通信及计算机电缆分四层敷设。高压电缆负载大，易产生高温，若敷设在下层，影响散热；高压电缆一般都有钢带铠装层，机械强度高，放在上层，承受撞击能力强，对电缆有防护作用。

高压电缆与低压电缆在同一敷设环境中，随着回路数增多，各回路间相互影响，产生环流，造成较大线路损耗，影响线路载流量，严重时会干扰控制回路，酿成事故。

【案例】2006 年 12 月，某风电场新投运的 110kV GIS 变电站，由于控制柜加热电源电缆容量与负载不匹配，造成电缆内燃（如图2－6－7所示），使捆扎在一起的其他控缆发热，运行人员发现后，采取远方手跳的方式停运该间隔，但手跳失灵，就地机械手操分闸。经分析该间隔控缆已被烧断，若此时发生线路故障将造成保护拒动越级跳闸。

图2－6－7 线缆起火

条文6.3.2 升压站双重化保护的控制电缆应经各自独立的通道敷设。

【释义】该条文引用了《电力工程电缆设计规范》（GB 50217—2007）3.6.1条规定，双重化保护的电流、电压以及直流电源和跳闸控制回路，应采用各自独立的电缆。

重要设备按双重化原则配置保护，是现阶段提高继电保护可靠性的关键措施之一，双重化配置应采用两套独立的保护装置，且两套保护装置的电源回路、交流采样回路、信号回路、跳闸回路应完全独立，互不影响。保证任意一套保护出现异常，仍能保证快速切除故障。

双重化保护的控制电缆经各自独立的通道敷设，可以降低控制电缆同时故障的概率，提高保护可靠性，有效避免控制回路故障导致保护拒动。

【案例】2007年，某风电场220kV变电站，一条220kV送出线路。该送出线路继电保护按双重化配置，但双套保护的辅助电缆回路未采取独立通道敷设，在后期施工时，施工机械误将该送出线路控制电缆斩断，两套控制回路均失灵。若此时送出线路近端发生故障，则断路器拒动，将影响人员及设备安全并扩大停电范围。

条文6.3.3 在电缆竖井、隧道连接处等电缆密集区应加强防火封堵。

【释义】该条文引用了《防止电力生产事故的二十五项重点要求》（国能安全〔2014〕161号）2.2.6条规定，控制室、开关室、计算机室等通往电缆夹层、隧道、穿越楼板、墙壁、盘柜等处的所有电缆孔洞和盘面之间的缝隙（含电缆穿墙套管与电缆之间缝隙）必须采用合格的不燃或阻燃材料封堵。

风电场变电站敷设有大量动力电缆和控制电缆，这些电缆分布在电缆隧道、排架、竖井和控制室夹层，分别连接着各电气设备、控制室。电缆着火后具有沿电缆路径燃烧的特点，若不采取可靠阻燃防火措施，将蔓延到设备及控制室。因此，采取分段阻燃及防火封堵可以预防电缆火灾和避免事故扩大。

采用封、堵、隔的办法进行电缆防火，目的是要保证单根电缆着火时不延燃或少延燃，避免事故损失扩大。需封堵的部位必须采用合格的不燃或阻燃材料封堵。由于施工或材料老化造成原有防火墙或封堵失效时，应及时修复。此外，电缆着火时会产生大量有毒烟气，烟气会通过缝隙、孔洞弥漫到电气装置内及控制室，造成电子设备绝缘降低，甚至人员伤害。

【案例】2007 年 5 月 1 日，某风电场 220kV 电压互感器爆炸，二次电缆短路，电缆在沟内着火，由于现场未严格按照规范进行封堵，导致户外电缆着火延燃(如图 2–6–8 所示)，造成 2 台 100MVA 主变压器停运，集中控制室设备和夹层电缆烧毁。

图 2–6–8 电缆孔洞未做防火封堵

条文 6.3.4 电缆线路跳闸时，要查明原因，消除缺陷。防止合闸至故障点，造成电缆冲击损坏、着火。

【释义】高压电缆是电力系统有效传输电能的重要媒介，若电缆发生火灾事故，燃烧迅速，烟气危害大。烟气形成稀盐酸附着在电气元件上，形成腐蚀，清除困难，绝缘下降，甚至引起短路。此外，电缆四周区域狭小，着火扑救困难，修复时间长。因此，当电缆线路跳闸时，必须查明原因，消除缺陷方可送电，禁止盲目合闸，避免故障电流二次冲击，导致电气设备损坏或着火。

【案例】2015 年 4 月 5 日，某风电场 35kV 线路报零序 I 段，保护动作跳闸。巡视电缆终端及户外架空线路未发现异常，试送电，过流 I 段保护动作跳闸，电缆着火（如图 2–6–9 所示），该母线所带全部风力发电机组脱网。分析发现首次跳闸原因为电缆沟内电缆绝缘击穿接地，试送电故障点再次受到电流冲击，导致发生火灾。

图 2–6–9 电缆着火

条文 6.3.5 电缆夹层、电缆竖井和电缆沟应设置火灾报警装置并定期检测。

【释义】该条文引用了《防止电力生产事故的二十五项重点要求》（国能安全〔2014〕161 号）2.2.12 条规定，变电站夹层宜安装温度、烟气监视报警器，重要的电缆隧道应安装温度在线监测装置，并应定期传动、检测，确保动作可靠、信号准确。

电缆运行温度与负荷密及电缆表面温度有关，实际运行中不仅要关注负荷，还应检查电缆表面温度，以确定电缆有无过热现象。

使用温度在线监测和烟感报警系统，能够实时探测隧道和夹层环境温度，烟感报警系统可及时发现火情，出现异常自动报警，提醒运行人员及时处理，避免事故扩大。

风电场应定期对火灾监测系统检验，要确保数据准确，避免由于系统误报、不报等问题给生产运行工作带来危险。

【案例】2016 年 12 月 20 日，某风电场采暖室火灾监测系统（如图 2－6－10 所示）报警，值班人员对采暖室进行检查，发现采暖室动力电缆着火，立即断开 380V 配电室供暖电源开关，做好措施组织人员灭火，及时控制火情，避免了事故扩大。

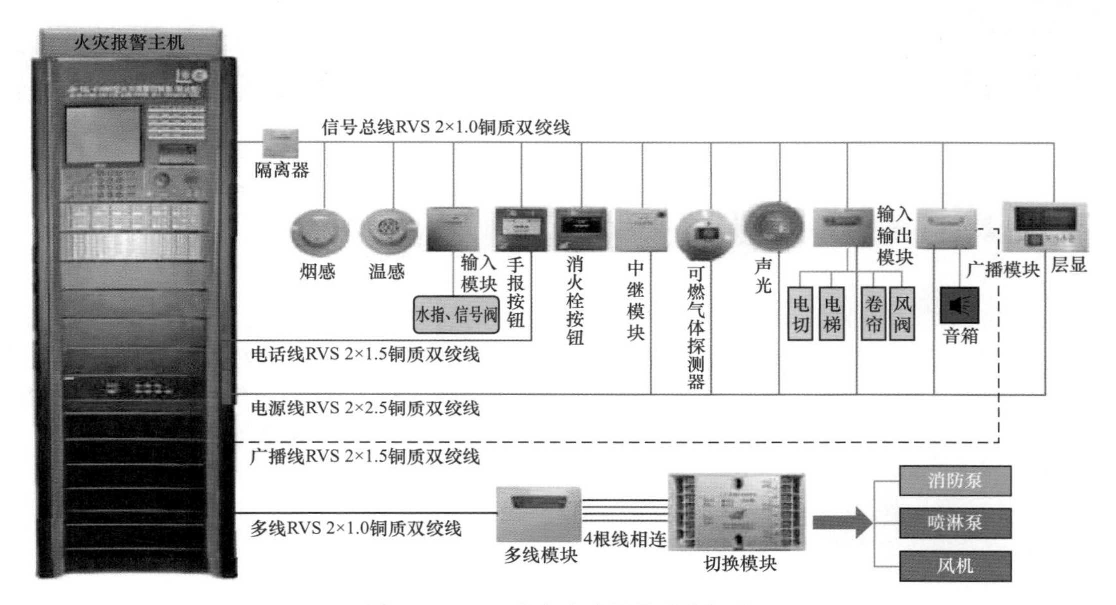

图 2－6－10　火灾自动报警系统组成

条文 6.4　加强直流系统配置及运行管理

条文 6.4.1　在新建、扩建和技改工程中，应按《电力工程直流系统设计技术规程》（DL/T 5044—2014）和《蓄电池施工及验收规范》（GB 50172—2012）的要求进行交接验收工作。所有已运行的直流电源装置、蓄电池、充电装置、微机监控器和直流系统绝缘监测装置都应按《蓄电池直流电源装置运行与维护技术规程》（DL/T 724—2000）和《电力用高频开关整流模块》（DL/T 781—2001）的要求进行维护、管理。

【释义】该条文引用了《防止电力生产事故的二十五项重点要求》（国能安全〔2014〕161 号）22.2.3.1 条规定。

直流系统为变电站的一、二次设备提供控制和操作电源，直流系统的稳定运行是保证变电站正常操作和保护装置正确动作的必要条件。若直流系统存在缺陷，系统再发生故障，将使保护装置拒动，开关不能跳合，扩大事故。因此，在新建、扩建和技改工程应按照相关规程规定对直流系统进行验收、维护、管理。

【案例 1】1994 年 7 月 4 日，某 110kV 变电站 10kV 母线遭受雷击，保护启动但未跳闸，事故原因为 103 号蓄电池开裂（如图 2－6－11 所示），直流电阻增大，操作电压降低，断路器拒动。蓄电池柜起火，直流室内多套设备损坏。

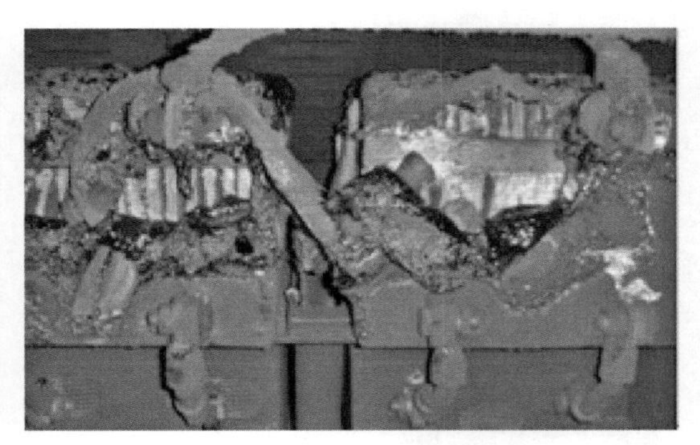

图 2-6-11　蓄电池爆炸

【案例 2】 1997 年 6 月 4 日，某风电场 220kV 变电站出线发现短路故障，因直流分支电源下某信号回路短路，越级断开直流屏总电源开关，直流失压，站内保护装置拒动，对侧变电站 220kV 线路保护动作，全站失压。

条文 6.4.2　直流系统配置应充分考虑设备检修时的冗余，重要的 220kV 变电站应采用 3 台充电、浮充电装置，两组蓄电池组的供电方式。每组蓄电池和充电机应分别接于一段直流母线上，第三台充电装置（备用充电装置）可在两段母线之间切换，任一工作充电装置退出运行时，手动投入第三台充电装置。直流电源供电质量应满足微机保护运行要求。

【释义】 该条文引用了《防止电力生产事故的二十五项重点要求》（国能安全〔2014〕161 号）22.2.3.3 条规定。

变电站、发电厂升压站直流系统配置应充分考虑设备检修时的冗余。采用两组蓄电池组和 3 台充电机、两段母线的直流系统供电方式，是为提高直流系统供电可靠性。若变电站采用双充电机、单蓄电池组的供电方式，当交流充电机故障失电，蓄电池组又出现故障时，就会发生变电站全部保护退出运行的事故。采用 3 台充电装置的配置即可有效避免该类事故发生。

【案例】 2018 年 4 月，某风电场开展 1 号蓄电池组带电更换作业时，现场 1 号充电装置由于施工人员不慎将扳手搭接在交流电源上，导致充电设备烧损，现场 1 号蓄电池组所带设备失去直流电源，部分保护退出运行。由于该现场采用两电三充的方式，检修人员及时将备用充电机组投入运行，第一时间恢复了直流电源，消除了安全隐患。

条文 6.4.3　采用两组蓄电池供电的直流电源系统，每组蓄电池组的容量，应能满足同时带两段直流母线负荷的运行要求。

【释义】 该条文引用了《防止电力生产事故的二十五项重点要求》（国能安全〔2014〕161 号）22.2.3.6 条规定。

每组蓄电池组容量应能满足同时带两段直流母线负荷的运行要求，是为了变电站内其中一组蓄电池故障或检修时，可利用另一组蓄电池供给全站直流负荷，以避免变电站部分设备失去直流电源。

【案例】 2010 年 4 月 29 日，某风电场变电站因大风雷雨天气导致两段低压母线相继发生三相故障，线路母差保护正确动作，站内只跳开 5 台断路器（含站用变压器），其余 5 台断路器均未跳开，随后主变压器保护动作，2 号主变压器各侧断路器仍未跳开，由对侧的

220kV线路保护动作跳闸，风电场全停。经分析，原因为站内一套直流系统蓄电池损坏，处于检修状态，运行人员将直流母联断路器转运行状态，但由于另一蓄电池组部分电池内阻达到欧姆级，放电容量不足，无法满足两段直流母线负荷供电，导致部分断路器拒动，事故扩大。

条文6.4.4　直流系统的馈出网络应采用辐射状供电方式，严禁采用环状供电方式。

【释义】该条文引用了《电力工程直流电源系统设计技术规程》（DL/T 5044—2014）3.6.1条规定，直流网络宜采用集中辐射型供电方式或分层辐射型供电方式。

采用辐射状供电方式，有以下几个优点：一是简化了直流回路的接线方式及级差配合，使各级直流断路器的级差配合更加容易，解决了直流回路中开关越级动作问题；二是每个间隔单元的保护控制回路独立，互不影响，降低了二次回路检修维护的难度；三是提高了直流系统接地时绝缘监察装置选择的准确性、缺陷处理效率及系统安全运行水平。

【案例】2008年5月，某电厂在做直流油泵启动试验时，误跳开220kV升压站母联断路器。分析原因为，该厂3台机组和升压站采用同一直流系统，馈出线采用环路接线，在启动直流油泵时，油泵线圈的合闸电流串入220kV升压站母联断路器的跳闸线圈，误跳母联断路器。直流电源系统未采取辐射状供电方式是造成此次事故的主要原因。

条文6.4.5　变电站直流系统对负荷供电，应按电压等级设置分屏供电方式，不应采用直流小母线供电方式。

【释义】该条文引用了《电力工程直流电源系统设计技术规程》（DL/T 5044—2014）3.6.4条规定，分层辐射形供电网络应根据用电负荷和设备布置情况，合理设置直流分电柜。

采用直流小母线供电，屏顶小母线裸露，当接入新的负荷时需带电作业，工作危险系数大，易发生短路造成大量直流荷负失电。小动物误入或金属物品跌落将会造成直流母线短路，负荷失电。若在直流系统末级的某一支路发生短路故障越级时，会造成同一小母线上的负荷全部失电，扩大事故范围。

【案例】2011年12月，某风电场准备投运，在进行远动设备硬件系统升级时，发生直流短路造成直流系统跳闸。事故原因为，厂家人员断开远动屏直流空气断路器后，开始升级工作，作业中未对导线裸露部分进行绝缘处理，发生直流系统短路，直流总空气断路器跳闸。经检查发现，施工单位接线时，误将直流馈线电源通过远动直流空气断路器接入屏顶小母线，又从屏顶母线接引直流电源至运动装置端子排，而屏顶小母线直流电源在直流屏独立供电，因此仅断开该远动屏直流空气断路器不能完全隔离直流电源，设备仍处于带电状态，裸露的导线短路直流跳闸，导致现场部分设备失去直流供电，保护失灵。

条文6.4.6　直流母线单母线供电时，应采用不同位置的直流开关，分别带控制用负荷和保护用负荷。

【释义】该条文引用了《防止电力生产事故的二十五项重点要求》（国能安全〔2014〕161号）22.2.3.10条规定。

控制用直流负荷回路中包含压板、行程开关、转换把手等二次元件的辅助触点易出现接地、短路等故障；保护跳闸回路元件相对较少，要求可靠性高。采取保护回路与控制回路分开选择不同直流电源的设计，是为了防止因某一路直流电源消失，造成保护拒动，进一步提高保护动作可靠性。

【案例】2005年6月18日，某330kV变电站采用直流小母线供电，但未采用不同位置的直流开关。直流母线单段供电方式下，110kV 保护、控制电源取自同一直流小母线，该直流电源开关故障后，设备的保护、控制直流电源失电，此时变电站中压 110kV 母线母联断路器失去保护电源，I 母线侧发生短路故障，母联断路器拒动，造成 330kV 1 号、2 号、3 号主变压器中压侧后备保护动作，中压侧断路器跳闸，110kV 母线失压。

条文 6.4.7　新建或改造的直流电源系统选用充电、浮充电装置，应满足稳压精度优于 0.5%、稳流精度优于 1%、输出电压纹波系数不大于 0.5%的技术要求。在用的充电、浮充电装置如不满足上述要求，应逐步更换。

【释义】该条文引用了《电力工程直流电源系统设计技术规程》(DL/T 5044—2014)6.2.1.7 条规定，充电装置的主要技术参数应符合表 2－6－1 的规定。

表 2－6－1　　充电装置的主要技术参数

类型	相控型	高频开关电源模块型
稳压精度	≤±1%	≤±0.5%
稳流精度	≤±2%	≤±1%
纹波系数	≤1%	≤0.5%

《电力系统用蓄电池直流电源装置运行与维护技术规程》（DL/T 724—2000）中 5.2.6～5.2.8 条规定：

（1）恒流充电稳流精度范围。

1）磁放大型充电装置：稳定精度应不大于±（2%～5%）；

2）相控型充电装置：稳定精度应不大于±（1%～2%）；

3）高频开关模块型充电装置：稳定精度应不大于±（0.5%～1%）。

（2）恒压充电稳压精度范围。

1）磁放大型充电装置：稳压精度应不大于±（1%～2%）；

2）相控型充电装置：稳压精度应不大于±（0.5%～1%）；

3）高频开关模块型充电装置：稳压精度应不大于±（0.1%～0.5%）。

（3）直流母线纹波系数范围。

1）磁放大型充电装置：纹波系数精度应不大于 2%；

2）相控型充电装置：纹波系数应不大于（1%～2%）；

3）高频开关模块型充电装置：纹波系数应不大于（0.2%～0.5%）。

目前，由于直流系统高频整流模块充电装置较晶闸管整流充电装置具有稳压和稳流精度高、纹波系数小、效率高等优点，在电力系统新建或改造的变电站中，得到了广泛运用，而这些设备所达到的技术指标，都是由生产厂家提供的设备出厂试验数据。随着运行时间加长，充电装置内的部分元件逐渐劣化，技术指标会发生偏移，应定期对充电模块进行检测。为了提升直流系统供电可靠性、精度，应进行相关测试，掌握充电装置特性，确保充电装置技术指标满足要求。

电压纹波系数对微机保护的电流等模拟量的采用精度有影响；浮充电压不稳定造成蓄电池过充或欠充，对蓄电池使用寿命有影响；稳流精度对阀控式铅酸蓄电池充电质量有影响。

【案例】1996 年 11 月 18 日，某 110kV 变电站因 10kV 出线开关柜内发生绝缘降低短路故障。因直流充电装置精度不够，导致蓄电池组充电容量不足，一直在欠容量下运行，当线路发生故障时断路器未能及时跳开，造成该开关柜爆炸（如图 2–6–12 所示），10 台小车开关柜和 1 台主变压器烧毁。

图 2–6–12 开关柜着火

条文 6.4.8 新建、扩建或改造的直流系统应采用具有自动脱扣功能的直流断路器，严禁使用普通交流断路器。

【释义】该条文引用了《电力工程直流电源系统设计技术规程》（DL/T 5044—2014）6.5.1 条规定，直流断路器应具有瞬时电流速断和反时限过流功能，当不满足选择性保护配合时，可增加短延时电流速断保护。

普通交流断路器用于直流电路开断时，电气寿命将低于在交流电路中的寿命。同时交流断路器用于直流回路仅能开断正常负荷和小过载电流；开断大负荷直流电流，存在危险性，断路器容易烧损；当不能开断故障电流时，会使电缆和蓄电池组着火，引起火灾。原因为普通交流断路器灭弧机理是靠交流电流自然过零熄灭电弧，而直流电流没有自然过零过程，不能熄灭直流电弧，因此严禁使用普通交流断路器代替直流断路器。

【案例】2016 年，中国电力科学研究院进行了一次低压交流断路器用于直流开断的性能研究，具体研究结果如表 2–6–2～表 2–6–4 所示。

表 2–6–2 交、直流断路器开断情况（恒阻负载）

参数	电源电压（V）	电路电流（A）	是否产生明显可察弧光	交流断路器燃弧时间（ms）	直流断路器燃弧时间（ms）
恒阻负载	50	5	否	0.8	1.0
		10	否	1.0	1.0
		15	否	1.4	1.0
	100	5	否	2.0	1.8
		10	否	2.4	2.2
		15	是	32.0	2.2
	150	5	否	160.0	6.4
		10	是	110.0	4.4
		15	是	90.0	3.0

续表

参数	电源电压（V）	电路电流（A）	是否产生明显可察弧光	交流断路器燃弧时间（ms）	直流断路器燃弧时间（ms）
恒阻负载	200	5	是	186.0	8.8
		10	是	122.0	8.4
		15	是	103.0	8.0

表 2-6-3　　　　交、直流断路器开断情况（恒流负载）

参数	电源电压（V）	电路电流（A）	是否产生明显可察弧光	交流断路器燃弧时间（ms）	直流断路器燃弧时间（ms）
恒流负载	60	5.0	否	2.2	1.6
		7.5	否	2.4	1.6
		10.0	否	2.8	1.5
	80	5.0	否	64.0	2.2
		7.5	否	52.0	2.0
		10.0	否	24.0	2.1
	100	5.0	是	110.0	2.5
		7.5	是	88.0	2.4
		10.0	是	50.0	2.2

表 2-6-4　　　　交、直流断路器开断情况（恒功率负载）

参数	电源电压（V）	电路电流（A）	是否产生明显可察弧光	交流断路器燃弧时间（ms）	直流断路器燃弧时间（ms）
恒功率负载	60	5.0	否	2.2	2.0
		7.5	否	2.4	1.8
		10.0	否	2.6	2.0
	80	5.0	否	36.0	3.0
		7.5	否	24.0	3.6
		10.0	否	22.0	2.6
	100	5.0	是	72.0	3.2
		7.5	否	40.0	3.4
		10.0	是	36.0	3.0

从表 2-6-2～表 2-6-4 数据可以看出，在恒电流、恒负载、恒功率情况下，直流断路器的灭弧性能优于交流断路器，因此在变电站 220V 直流系统中使用交流断路器，开断时间较长，可能会造成越级跳闸事故，事故扩大。

条文 6.4.9　蓄电池组保护用电器，应采用熔断器，不应采用断路器，以保证蓄电池组保护电器与负荷断路器的级差配合要求。

【释义】该条文引用了《电力工程直流电源系统设计技术规程》（DL/T 5044—2014）5.1.2 条规定，保护电器选择应符合下列规定：

（1）蓄电池出口回路宜采用熔断器，也可采用具有选择性保护的直流断路器。

（2）充电装置直流侧出口回路、直流馈线回路宜采用直流断路器，当直流断路器有极性要求时，对充电装置回路应采用反极性接线。

（3）直流断路器的下级不应使用熔断器。

从直流充电装置输出端，到最后一级直流负荷，中间通常须经过多个熔断器和直流空气断路器，如果任一前后级保护配合不当，就会出现误动或拒动，造成故障范围扩大。

熔断器装在直流断路器的上级时，其额定电流是直流断路器额定电流的2倍以上。因为熔断器的熔断特性在$10I_n$电流下，熔断时间一般不少于30ms，高于直流断路器的动作时间，所以在下级使用断路器时，能使直流保护具有一定的选择性。

【案例】2014年5月，某风电场220kV变电站，在1号主变压器保护柜处进行了级差配合试验。试验直流保护电器位置、规格型号、额定电流如表2－6－5所示。

表2－6－5　　保护电器配置表

级差等级	位置	规格型号	额定电流（A）
第一级	蓄电池出口熔断器	NT3－630A	630
	充电机输出断路器	GMB400－400A	400
第二级	DC 220V Ⅰ段2号馈线屏	GMB32M－2400R	10
第三级	1号主变压器保护柜	S252SDC－B2	2

短路模拟试验，试验结果如下：

小电流预估法预估短路电流为158.5A，第三级断路器为B型断路器，额定电流2A，瞬动区为8A～14A（额定电流的4倍～7倍）；第二级断路器为C型断路器，额定电流10A，瞬动区为70A～150A（额定电流的7倍～15倍）。对比两者安秒特性曲线可知，上、下断路器在158.5A处不存在交叉重叠区，因此，预测级差配合概率为100%。

短路模拟试验法在第三级断路器下口直接短路，短路电流波形如图2－6－13所示。

短路电流为152A，弧前时间为0.5ms，灭弧时间为5.5ms，B2断路器瞬时动作，第二级断路器及第一级保护熔断器未熔断，满足级差配合选择性要求。

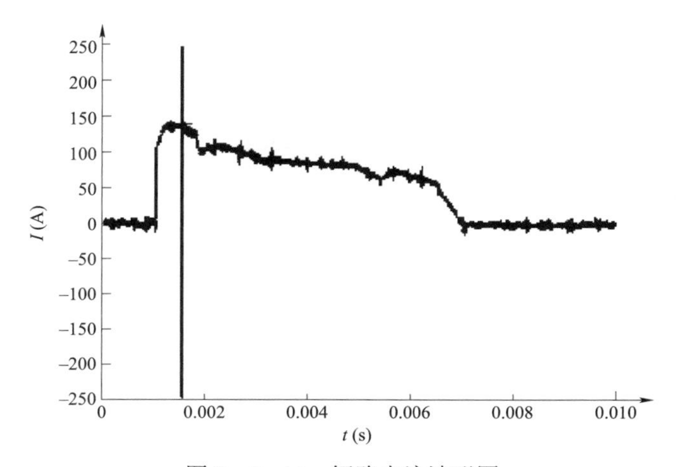

图2－6－13　短路电流波形图

条文 6.4.10　除蓄电池组出口总熔断器以外，逐步将现有运行的熔断器更换为直流专用断路器。当负荷直流断路器与蓄电池组出口总熔断器配合时，应考虑动作特性的不同，对级差做适当调整。

【释义】该条文引用了《电力工程直流电源系统设计技术规程》（DL/T 5044—2014）5.1.3 条规定，直流电源系统保护电器的选择性配合原则应符合下列要求。

（1）熔断器装设在直流断路器上一级时，熔断器额定电流应为直流断路器额定电流的 2 倍及以上。

（2）各级直流馈线断路器宜选用具有瞬时保护和反时限过电流保护的直流断路器。当不能满足上、下级保护配合要求时，可选用带短路短延时保护特性的直流断路器。

（3）充电装置直流侧出口宜按直流馈线选用直流断路器，以便实现与蓄电池出口保护电器的选择性配合。

（4）两台机组之间 220V 直流电源系统应急联络断路器应与相应的蓄电池组出口保护电器实现选择性配合。

（5）采用分层辐射形供电时，直流柜至分电柜的馈线断路器宜选用具有短路短延时特性的直流塑壳断路器。分电柜直流馈线断路器宜选用直流微型断路器。

（6）各级直流断路器配合采用电流比表述，宜符合《电力工程直流电源系统设计技术规程》（DL/T 5044—2014）表 A.5－1～表 A.5－5 的规定。

直流回路中，熔断器和断路器作为保护设备，起着切断过载和短路故障的作用。直流系统多为放射型接线方式，需要多级断路器或熔断器间相互配合，保证上、下级之间选择性。缩小故障范围，防止事故扩大。

【案例】2012 年 3 月 20 日，某变电站 35kV 线路鼠害引发三相弧光短路。故障时该变电站保护失去直流电源，开关拒动未能隔离故障点，造成越级跳闸全站失压。分析发现，导致事故扩大的原因是，降压硅堆熔断器 5RD（如图 2－6－14 所示），设计容量为 20A，而

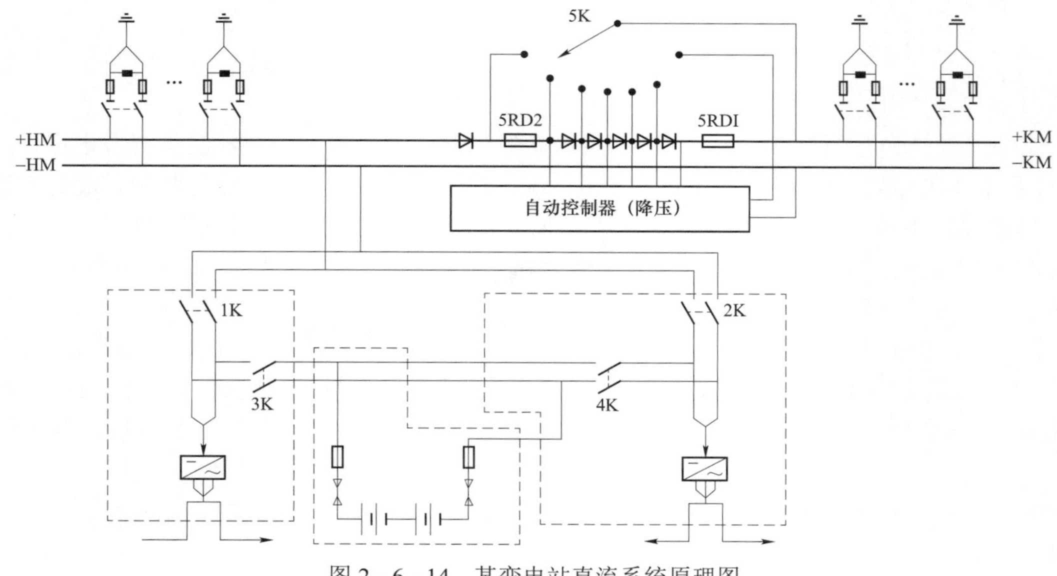

图 2－6－14　某变电站直流系统原理图

实际安装的却为10A，控制信号回路的熔断器设计为RL1－15A，5RD即相当于控制母线电源总熔断器。因此，任一控制信号回路故障，熔断器先熔断的是5RD，导致无交流电源，直流控制电源消失。熔丝配置不当的问题，造成了该变电事故的扩大。

条文6.4.11 直流系统的电缆应采用阻燃电缆，两组蓄电池的电缆应分别铺设在各自独立的通道内，尽量避免与交流电缆并排铺设，在穿越电缆竖井时，两组蓄电池电缆应加穿金属套管。

【释义】该条文引用了《电力工程直流电源系统设计技术规程》（DL/T 5044—2014）6.3.1条规定和《电力工程电缆设计规范》（GB 50217—2007）7.0.5条规定。

直流电源系统明敷电缆应选用耐火电缆或采取规定的耐火防护措施的阻燃电缆。控制和保护回路直流电缆应选用屏蔽电缆。同一通道内电缆数量较多时，若在同一侧的多层支架上敷设，应符合电压等级由高至低的电力电缆、强电至弱电的控制和信号电缆、通信电缆“由上而下”的顺序排列。在地下管网较密、电缆数量较多的厂区域，可采用穿管。

直流电源系统除了保证发电厂、变电站和换流站二次设备正常运行，还负责提供全场（站）失去全部交流电源后，设备和人员安全的后备电源。因此，发电厂直流电源回路应采用阻燃电缆，保证在外部着火情况下，直流电缆能够维持一定时间持续供电。

【案例】2003年4月16日，某风电场升压站，一段0.4kV交流普通电缆因短路自燃，由于直流系统馈出的两根主电缆在电缆沟内与普通电缆一同敷设，无隔离措施，且采用非阻燃电缆，导致电缆全部烧损，全站失去直流，被迫停运。直流电缆重新铺设如图2－6－15所示。

图2－6－15 直流电缆着火后重新铺设电缆

条文6.4.12 及时消除直流系统接地缺陷，同一直流母线段，当出现同时两点接地时，应立即采取措施消除，避免由于直流同一母线两点接地，造成继电保护或断路器误动故障。当出现直流系统一点接地时，应及时消除。

【释义】该条文引用了《防止电力生产事故的二十五项重点要求》（国能安全〔2014〕161号）22.2.3.16条规定。

直流接地按接地极性分为正接地和负接地；按接地种类可分为直接接地和间接接地；按接地情况可分为单点接地、多点接地、环路接地。首先，正极多点接地可能会造成保护装置误动，因此当出现同时两点或多点接地时，应立即采取措施消除。因为一般断路器跳闸线圈（如中间继电器和跳、合闸继电器）均接负极电源，若直流回路正极发生接地或者绝缘降低，将跳闸回路控制开关、触点短接，造成保护误动。其次，负极多点接地可能导致断路器拒动，因为直流回路负极接地或绝缘降低，可能将跳闸继电器短接，使跳闸继电器无法励磁，从而发生保护拒动。然后，两点接地有可能引起熔丝熔断，因为直流回路采用熔断器保护，两点或多点接地可能将熔丝短接，使熔丝熔断。

【案例】 2010 年 11 月，某 220kV 变电站，220kV 母线带 180MVA 和 120MVA 主变压器各 1 台，220kV 进线断路器 B 相跳开，非全相运行，断路器本体非全相保护动作，跳开三相断路器。经检查，发现该断路器继电保护操作屏内，一根直流电缆出现两点接地，接地流过 B 相跳闸中间继电器线圈，造成断路器 B 相跳闸，导致断路器本体非全相保护动作跳开断路器。

条文 6.4.13 两组蓄电池组的直流系统，应满足在运行中两段母线切换时不中断供电的要求，切换过程中允许两组蓄电池短时并联运行，禁止在两个系统都存在接地故障情况下进行切换。

【释义】 该条文引用了《电力工程直流电源系统设计技术规程》（DL/T 5044—2014）3.5.2 条第 4 项规定。

两组蓄电池正常时应分列运行，考虑到定期充、放电试验要求，为了转移直流负荷，需要短时并联运行。两组蓄电池电压相差不大，允许短时并列运行。

在正常运行的直流系统中，为了保证蓄电池的满充电，蓄电池处于浮充电状态，充电装置的输出电压始终高于蓄电池组电压，使整个直流系统中每段母线的电压被充电装置输出钳制，如果需要母线直流负荷切换，此时允许两组蓄电池短时并联运行，两组蓄电池不会形成环流情况。若两个直流系统都存在接地故障时并列运行，则出现多点接地并存，会造成继电保护或断路器误动。因此严禁两个系统都存在接地故障时进行并列切换。

【案例】 2013 年 8 月，某风电场处理直流充电机故障，更换充电机时，将两段母线改为短时并列运行，在运行一段时间后 Ⅰ 段直流母线 SVG 间隔、Ⅱ 段直流母线站用变压器间隔断路器跳闸，保护装置无报警。经检查发现由于 SVG 及站用变压器间隔为改造设备，施工人员仅将设备端电缆拆除，未做绝缘处理，将其堆放在端子箱下，线路裸露部分与地面搭接，因雨天潮湿电缆接地，而两段母线并列运行，造成直流系统多点接地，断路器跳闸。

条文 6.4.14 充电、浮充电装置在检修结束恢复运行时，应先合交流侧断路器，再带直流负荷。

【释义】 该条文引用了《防止电力生产事故的二十五项重点要求》（国能安全〔2014〕161 号）22.2.3.18 条规定。

先合交流侧断路器目的是检查充电、浮充电装置在检修之后是否能够正常使用，如正常则继续合直流断路器使用，若故障可以直接跳开，交流空气开关不会影响直流系统；若先合直流空气开关，再合交流空气开关，交流存在故障时，短路电流冲击很大，会对直流系统有冲击，导致直流系统故障。其次若带直流负荷直接投入充电装置，因启动电流过大可能造成充电装置跳闸，延误系统恢复。

【案例】 2010 年，某风电场在更换充电装置后，现场人员未充电装置及相关系统进行检查，即对充电装置进行送电，发生弧光短路，交流电压消失。检查发现，充电装置第一套电源的交流接触器和交流进线空气开关均老化触头粘连，两套交流发生短路，造成越级跳闸的事故。

条文 6.4.15　新安装的阀控密封蓄电池组，应进行全核对性放电试验。以后每隔 2 年进行一次核对性放电试验。运行 4 年后的蓄电池组，每年做一次核对性放电试验。

【释义】 该条文引用了《电力系统用蓄电池直流电源装置运行与维护技术规程》（DL/T 724—2000）6.3.3 条规定。

正常运行时，阀控铅酸蓄电池以稳压浮充方式运行，其浮充电流应满足补偿电池自放电及维持氧循环的需要。而长期处于稳压浮充方式运行的阀控铅酸蓄电池，其极板表面逐渐产生硫酸铅结晶体（一般称为硫化），堵塞极板的微孔，阻碍电解液的渗透，增大蓄电池的内阻，降低极板中活性物质的作用，使得蓄电池容量大为下降。蓄电池在运行中欠充、过充、过放、环境温度过高等都会使蓄电池的性能劣化，而核对性放电能客观、准确地测出蓄电池的实际容量，可活化蓄电池，恢复容量。因此应定期对蓄电池进行核对性放电，以保证直流电源系统的可靠运行。

当发电厂或变电站的直流系统安装一组蓄电池，不应进行全核对性放电，应用 I_{10}（I_{10} 为 10h 率放电电流）电流放出额定容量的 50%，在放电过程中单体蓄电池电压不能低于 1.9V；安装两组蓄电池时，蓄电池放电时应保持电流稳定，放至额定容量的 30%左右，放电时要监视单体蓄电池电压，单体蓄电池电压不低于 1.8V。放电后应立即用 I_{10} 电流进行恒流充电，在蓄电池组电压达到（2.30～2.33）$\times N$（N 为蓄电池个数）时转为恒压充电，当充电电流下降到 $0.1I_{10}$ 时，应转为浮充电运行，反复几次上述放电充电方式后，可认为蓄电池组得到了活化。

【案例】 2013 年 4 月 29 日，某变电站低压母线发生三相短路故障。母差保护正确动作，低压母线上运行的 5 个间隔，2 个跳开，3 个未跳开（含主变压器低压侧）。主变压器后备保护动作，高压侧断路器跳开。检查发现，该站投运 4 年，未按期开展两组蓄电池组核对性放电试验，检测发现蓄电池组多块电池内阻达到欧姆级，无法满足直流负荷需求，导致故障时 3 台断路器因电压低拒动。

条文 6.4.16　浮充电运行的蓄电池组，除制造厂有特殊规定外，应采用恒压方式进行浮充电。浮充电时，严格控制单体电池的浮充电压上、下限，每个月至少一次对蓄电池组所有的单体浮充端电压进行测量记录，防止蓄电池因充电电压过高或过低而损坏。

【释义】 该条文引用了《电力系统用蓄电池直流电源装置运行与维护技术规程》（DL/T 724—2000）3.5 条和第 6 章规定。

严格控制单体电池的浮充电压上、下限，避免长期过充或欠充。以现在普遍使用的阀控式密封铅酸蓄电池为例，实际浮充电压与规定浮充电压相差 5%时，其使用寿命将缩短 1/2。蓄电池浮充电压一般按 $U_{(25)}=E+0.1$ 设定（E 为单体电池额定电压），生产厂家有说明的，应按照说明要求进行设定。均充限流电流可按 $I=(0.1\sim0.125)C_{10}$（C_{10} 为 10h 率额定容量）进行设定。日常维护中应根据不同型号、厂家蓄电池的具体要求对充电参数进行调整。

【案例】 2017 年 5 月 11 日，某风电场厂用电失电，直流系统在 30min 后失电，全所保护失去直流。经检查发现，风电场直流充电机故障，使蓄电池长期处于均充状态，运行人员未对直流系统进行巡视，直流蓄电池长期过压充电，内部损坏，容量降低，当交流失电后直流仅维持 30min，全所保护失电。

条文 6.4.17　加强直流断路器上、下级之间的级差配合的运行维护管理。新建或改造的变电站的直流电源系统，应进行直流断路器的级差配合试验。

【释义】 该条文引用了《电力工程直流系统设计技术规程》（DL/T 5644—2004）6.1 条规

定，保护规定采用直流断路器或熔断器。当熔断器在上而直流断路器在下时，熔断器为直流断路器额定电流的2倍及以上；当直流断路器在上而熔断器在下时，直流断路器额定电流应为熔断器额定电流的4倍及以上。7.5条规定直流断路器选择应考虑经受冲击电流的安全性，级差配合，断流能力、选择性+灵敏度计算几方面的原则。7.6条规定了熔断器选择应考虑，隔离电器、报警触点、断流能力、级差配合方面的原则。

保护电器选择不合理是设备越级误动的原因之一，在一个直流系统中每个分支、每个断路器应能对下级负荷过负荷和短路有足够的灵敏性。在直流系统中低压断路器和熔断器的选型和动作值整定中应做到，上、下级间保护选择性的配合，把直流电源的故障限制在最小范围。

条文 6.4.18　严防交流窜入直流，雨季前，加强现场端子箱、机构箱封堵措施的巡视，及时消除封堵不严和封堵设施脱落缺陷。现场端子箱不应交、直流混装，现场机构箱内应避免交、直流接线在同一段（串）端子排上。

【释义】该条文引用了《防止电力生产事故的二十五项重点要求》（国能安全〔2014〕161号）22.2.3.22条规定。

交流窜入直流系统对直流系统的危害包括：直流系统金属性接地、厂站系统监控装置误发告警信息、继电保护装置误动。

若现场端子箱、机构箱封堵措施不完善，雨水进入后，经常导致直流回路接地、短路。交、直流混装端子排，一旦发生交流窜入直流系统，可能导致保护误动。

【案例】2011年8月19日，某供电公司变电站，因断路器操作机构箱进入雨水，引起220V交流电源窜入直流系统，致使主变压器断路器操作屏中出口继电器接点抖动，引起断路器误跳，造成330kV变电站全停。

条文 6.4.19　新投入或改造后的直流绝缘监测装置，不应采用交流注入法测量直流电源系统绝缘状态。在用的采用交流注入法原理的直流绝缘监测装置，应逐步更换为直流原理的直流绝缘监测装置。直流绝缘监测装置应具备检测、监测蓄电池组和单体蓄电池绝缘状态的功能。

【释义】该条文引用了《直流电源系统绝缘监测装置技术条件》（DL/T 1392—2014）5.3.2条规定。

交流注入法需要向母线注入交流信号，对母线电流造成干扰，接地电容影响测量精度，不能识别接地支路的极性，不能测量双端接地；而基于磁通门原理直流漏电传感器法设备结构简单、可靠耐用，不干扰直流母线，杜绝交流窜入直流的隐患，不受接地电容影响，能够识别接地支路的极性，能够测量双端接地。

【案例】2017年9月，某风电场在使用水泵对电缆沟抽水时，将交流电源不慎接入直流系统，系统报直流接地，且不能选择接地支路，运行人员检查后发现接引错误，将线路拆除后直流系统恢复正常。现场采取措施为增加交流窜入直流系统报警装置，并联系厂家将绝缘检查装置更换为直流原理的绝缘监测装置。

条文 6.4.20　新建或改造的变电站，直流电源系统绝缘监测装置，应具备交流窜直流故障的测记和报警功能。原有的直流电源系统绝缘监测装置，应逐步进行改造，使其具备交流窜直流故障的测记和报警功能。

【释义】该条文引用了《直流电源系统绝缘监测装置技术条件》（DL/T 1392—2014）5.5.5

条、《电力工程直流电源系统设计技术规程》（DL/T 5044—2014）5.2.4 条规定。

5.5.5 交流窜电告警

5.5.5.1 当直流系统发生有效值 10V 及以上的交流窜电故障时，产品应能发出交流窜电故障告警信息，并显示窜入交流电压的幅值。

5.5.5.2 产品应能选出交流窜入的故障支路。

5.2.4 直流电源系统应按每组蓄电池装设 1 套绝缘监测装置，装置测量准确度不应低于 1.5 级。绝缘监测装置测量精度不应受母线运行方式的影响。绝缘监测装置应具备下列功能：

1 实时监测和显示直流电源系统母线电压、母线对地电压和母线对地绝缘电阻。

2 具有监测各种类型接地故障的功能，实现对各支路的绝缘检测功能。

3 具有自检和故障报警功能。

4 具有对两组直流电源合环故障报警功能。

5 具有交流窜电故障及时报警并选出互窜或窜入支路的功能。

6 具有对外通信功能。

【案例】2010 年，某风电场变电站，运行人员巡检时发现，断路器机构箱有一路交流空气断路器处于分闸状态且未做任何标识，认为该空气断路器误跳闸，直接将其试送。试送后站内直流系统报接地故障，但接地巡检仪未选出接地支路，退出该交流空气断路器，接地报警消失。经检查发现该空气断路器为施工时误将交流接入直流系统，发现后仅断开空气断路器未拆除线路。又因巡检仪采用电容法原理选线，无法自行选出接地支路。

条文 6.4.21 同一直流系统的两段直流母线不得长时间合环运行。应逐一排查所有直流负荷，防止在两路直流供电的负荷内部将两段直流母线合环。一组蓄电池因故退出时，两段母线可通过联络开关并列运行。

【释义】该条文引用了《电力工程直流电源系统设计技术规程》（DL/T 5044—2014）3.5.2 条规定。

两段直流母线在短时间内可以合环，应注意极性及两段电压差，电压差越小越好。因两组蓄电池充放电性不一致，两路直流供电的负荷内部合环，将造成相互充放电，降低电池寿命。同时合环的直流回路存在两路供电，检修时不利于隔离电源。

【案例】2016 年 10 月，某风电场两套 220kV 线路保护直流空气断路器跳闸，直流线路烧损，导致 220kV 线路保护失去直流，调度要求风电场负荷限制为 0。经检查发现两套保护本应在两套直流屏分别取用直流，但施工单位将两套直流系统通过端子排合环，两套直流通过线路保护屏互相充电，负载线径小，回路烧损，空气断路器跳闸。

条文 6.5 加强场用电系统配置及运行管理

条文 6.5.1 对于新安装、改造的场用电系统，应要求场用电屏制造厂出具完整的试验报告，确保其过流跳闸、瞬时特性满足系统运行要求。

【释义】该条文引用了《防止电力生产事故的二十五项重点要求》（国能安全〔2014〕161 号）22.2.4.2 条规定。

出具完整试验报告的目的如下：

（1）设备出厂可能带有缺陷，为保证到场后稳定运行，保护装置正确动作，应在出厂时对设备进行完整的试验。

（2）设备安装前应对设备进行交接试验，对比出厂试验报告，如偏差较大说明运输中设备损伤，不应投入使用。

出厂试验、交接试验均合格才能投入使用。

【案例】2010 年 12 月，某新投运风电场，厂用变压器送电后低压侧断路器着火，伴有爆炸声，厂用变压器低压侧过流跳闸。经检查，因厂用变压器低压侧配电柜未做温升试验，投运后负荷大，温升高，绝缘破坏，导致起火，如图 2－6－16 所示。

图 2－6－16 断路器着火

条文 6.5.2 加强场用（厂用）电高压侧保护装置、场用电屏总路和馈线空气断路器的保护定值管理和保护校验，确保故障时各级断路器正确动作，防止场用电故障越级动作。

【释义】该条文引用了《防止电力生产事故的二十五项重点要求》（国能安全〔2014〕161 号）22.2.4.3 条规定，站用电系统，高压侧有继电保护装置的，应加强对站用变压器高压侧保护装置定值整定，避免站用变压器高压侧保护装置定值与站用电屏断路器自身保护定值不匹配，导致越级跳闸事件。

【案例】2014 年 4 月 12 日，某风电场场用变压器出现故障，场用变压器未跳闸，该主变压器低后备保护动作跳闸，造成所有风机脱网。检查发现，场用变压器保护定值整定与软件实际版本不符，造成整定值比正确定值大 $\sqrt{3}$ 倍，故障时未启动，越级跳闸。

条文 6.5.3 系统图、模拟图要根据变电站设备间隔实际布置，绘制成单线图，严防走错间隔。

【释义】单线图是指对三相交流电力系统中，各元件用规定图形或符号，按实际连接方式，以等效单线表示的系统电气接线图，单线图简单易懂。系统图、模拟图根据变电站设备实际位置布置，便于运行人员熟记系统，与实际设备相对应，降低误入带电间隔几率，若布置位置与现场设备不一致，误导工作人员，易发生走错间隔事件。

【案例】2017 年 10 月，某风电场高压配电室，Ⅰ、Ⅱ母线分别停电检修时，发生人员触电弧光短路事故，如图 2－6－17 所示。事故分析，Ⅱ段母线检修断开电源，两名电工开始拆除柜体，因该现场有两套母联开关柜，其中Ⅰ段母联顶部带电，两名电工仅凭主接线图位置，没有核实设备编号，未对设备验电即从该间隔顶部进入柜体，发生弧光短路。

10kVⅠ段进线柜断路器跳闸，两人被电弧烧伤。检查发现开关柜位置图绘制错误，导致开关实际位置与图纸相反，两名工人误以为Ⅰ段母联开关柜是已停电的Ⅱ段母联开关柜，造成人身伤害。

图 2－6－17 开关柜弧光短路

条文 6.5.4 母差保护因故停运时，禁止该母线上进行倒闸操作。

【释义】该条文引用了《防止电力生产事故的二十五项重点要求》（国能安全〔2014〕161号）4.4.9 条规定。

母线差动保护，在发生母线短路时，能快速切除故障，缩小故障范围，防止设备严重损坏、系统失去稳定。母差保护临时退出时，应尽量减少无母差保护运行时间，并严格限制母线及相关元件的倒闸操作。

【案例】2004 年 11 月 10 日，某 220kV 变电站，发生一起低压母线故障，主变压器后备保护动作跳闸事故。事故分析，由于该站仅配置一套母差保护装置，处于退出状态。现场进行倒闸操作，运行人员在操作隔离开关时，B 支柱断裂与 A 相放电，发生母线相间短路，此时母线保护正处于退出状态，主变压器后备保护动作跳闸。

条文 6.5.5 母差保护动作后，应检查确认故障设备，原因不明时严禁进行送电操作。

【释义】母线作为电能的汇集点，正常情况下进出电流大小相等，相位相反，没有差流，如果母线内发生故障，这一平衡就会破坏，出现差流母差保护动作。当发生区内故障，应检查母差保护范围内的设备，有无爆炸、击穿、起火、冒烟、异物等情况。若原因不清，故障点未消除，线路恢复送电，可能扩大事故。

【案例】2016 年 7 月，某风电场 35kV 母差保护动作，35kVⅠ段母线断路器全部跳闸，经运行人员巡视未发现明显故障点，现场人员判断为瞬时故障，决定进行试送，试送后再次跳闸，35kVⅠA 段线路 TA 爆炸。运行人员对所有设备再次巡视，发现ⅠD 段线路 TA 有裂纹，确定故障原因为干式 TA 出厂烘干工艺存在缺陷，运行时发生裂纹，杂质进入 TA 内部导致放电，母差保护动作。运行人员未查明原因再次送电，故障点受到冲击发生爆炸，如图 2－6－18 所示。

图 2－6－18 左侧为 ID 段有裂纹 TA，右侧为 IA 段爆炸 TA

条文 6.5.6 场用各段母线负荷应均匀分配，各段母线电流在正常范围。

【释义】风电场场用母线一般为单母线接线方式，负荷采用直供配电；若负荷较大，应采用多段母线供电，各段母线负荷应均匀分配。防止因负荷不均导致过负荷保护动作跳闸，场用电失电。

【案例】2016 年 12 月，某风电场场用变分别取自 1、2 号主变压器低压侧Ⅰ、Ⅱ段母线，两台场用变压器分别提供站内 40 个房间及其他生活用电。由于负荷分配时未考虑变压器容量，将所有电暖气及热水器接入 2 号场用变压器，当日气温在 －30℃，风电场所有电暖气满负荷投入，造成 2 号站用变压器长期过负荷，发生绝缘损坏，设备跳闸，失去取暖电源。

条文 6.5.7 场用电系统应有防止非同期并列的技术措施。

【释义】两个电源在不符合同期并列条件时并列运行，称为非同期并列。非同期并列将产生很大冲击电流，非同期并列合闸瞬间，变压器及负载将承受 20～30 倍额定电流的电动力和发热量，造成线圈变形、绝缘崩裂、接头熔化等，严重时变压器损坏。

风电场备用电源多取自外部农网，容量、接线组别与场用变不一致，在使用备用电源时，应先确认备用电源相序，在进行断电切换，防止非同期运行。必要时设置场用电进线开关机械闭锁或电气闭锁。

【案例】2010 年 10 月，某风电场运行人员倒闸操作期间，线路隔离开关失灵，用相序表测量发现相序接反，由于调试时使用农网电源，场用变压器送电后相序未进行核对，导致隔离开关操作时电动机反转，调整相序后设备正常。

条文 6.5.8 加强备用电源（如农电）和自备应急电源（如柴油发电机）的维护管理，严格执行备用电源和柴油发电机定期试验制度，确保柴油发电机多次启动情况下蓄电池容量充足；北方寒冷地区应加强柴油发电机房的保暖措施。

【释义】该条文引用了《防止电力生产事故的二十五项重点要求》（国能安全〔2014〕161 号）22.1.5 条规定。

风电场变电站地处偏远地区，若场外备用电源可靠性不高，冬季断电会威胁变电站安全，可采用柴油发电机作为备用电源，用以恢复生产和维持基本生活用电。柴油发电机一般裸露在外，北方寒冷地区气温极低，发电机应采取保暖措施，以确保应急时正常启动。

【案例】2017 年 12 月，某风电场站用变压器烧损，备用电源线路断电。风电场备有一台50kW柴油发电机，但长期放置于室外、缺乏维护管理，无防寒保护，多次启动失败。风电场失去取暖用电，危及人身安全。

条文6.6 加强变电站的运行、检修管理

条文6.6.1 运行人员必须严格执行运行有关规程、规定。操作前要认真核对接线方式，检查设备状况。严格执行“两票三制”制度，操作中禁止跳项、倒项、添项和漏项。运行倒闸操作属于重要或复杂的操作，相关技术人员、领导应现场给予指导和监护。

【案例】2000年6月1日，某风电场在检修预防性试验工作中，班值长未拟完停电操作票，场长便带领工作人员开始倒闸操作。因未进行模拟操作，装设接地线时未验电，造成带电挂接地线，全场停电。

条文6.6.2 加强防误闭锁装置的运行和维护管理，确保防误闭锁装置正常运行。闭锁装置的解锁钥匙必须按照有关规定严格管理。

【释义】风电场应建立、完善有关防误闭锁装置管理制度，明确电脑钥匙和万能解锁钥匙的使用权限，电脑钥匙应定期检查、维护，确保随时可用。解锁钥匙应采用封存的办法，专人管理并建立解锁钥匙使用记录，每次使用后应填写使用时间、原因、批准人和使用人等记录。对于微机五防逻辑应定期核对，定期检查机械闭锁装置，发现问题及时处理。

【案例】2006年10月14日，某风电场母线隔离开关的防误装置带缺陷运行，运行操作时需使用解锁钥匙操作。由于解锁成为习惯性操作，运行人员在当日操作时，未核对设备编号走错间隔，错误解锁相邻间隔，带负荷拉隔离开关设备跳闸。

条文6.6.3 对于双母线接线方式的变电站，在一条母线停电检修及恢复送电过程中，必须做好各项安全措施。对检修或事故跳闸停电的母线进行试送电时，具备空余线路且线路后备保护齐备时应首先考虑用外来电源送电。

【释义】该条文引用了《防止电力生产事故的二十五项重点要求》(国能安全〔2014〕161号）22.2.5.3条规定。

双母线接线方式具有供电可靠性高、调度灵活、扩建方便等特点，但由于所带设备多且负荷重要性较高，接线复杂，易误操作。一条母线停电检修，一旦另一条母线再发生故障将造成全场停电，故对检修母线充电时宜选用备用线路，即使检修母线存在故障也可快速切除，避免事故扩大。

条文6.6.4 隔离开关和硬母线支柱绝缘子，应选用高强度支柱绝缘子，定期对变电站支柱绝缘子，特别是母线支柱绝缘子、隔离开关支柱绝缘子进行检查，防止绝缘子断裂引起母线事故。

【释义】该条文引用了《防止电力生产事故的二十五项重点要求》(国能安全〔2014〕161号）22.2.5.4条规定。

支柱绝缘子断裂原因如下：

(1）绝缘子质量有问题。部分绝缘子达不到设计要求，绝缘子上、下法兰，法兰与瓷件不同心，连接不牢固。

(2）安装、检修、运行质量有问题。特别是隔离开关支柱绝缘子，动、静触头调整不当，操作时支柱绝缘子受力增大造成断裂。

（3）温差大，易造成法兰与瓷件连接产生缝隙，进水导致强度下降，水泥膨胀应力释放，瓷绝缘子法兰处开裂，进而发生断裂事故。因此，要求对支柱绝缘子定期检查，特别是法兰与瓷件间密封情况，母线支柱绝缘子、隔离开关支柱绝缘子宜更换为高强度绝缘子。

【案例】2000 年 6 月 15 日，某 220kV 变电站由于母线支柱绝缘子断裂（如图 2－6－19 所示），发生母线脱落，导致变电站全停。支柱绝缘子断裂的主要原因是绝缘子质量问题。经检测，绝缘子法兰与瓷件不同心，连接不牢固，未达到设计要求强度。

图 2－6－19　支柱绝缘子断裂

条文 6.6.5　定期对全场停电的事故预案进行预演。要明确预案启动后的汇报、检查、处理流程；专业管理人员要对班组的事故预想记录本进行检查，及时纠正事故预想的错误和偏差；要加强应急演练，组织开展不打招呼的实战性演练，提高应急响应和处置能力。

【释义】应急演练是针对特定的突发事件假想情景，按照应急预案所规定的职责和程序，在特定的时间和地域、执行应急响应任务的训练活动。其目的如下：

（1）检验预案的实用性、有效性、可靠性。

（2）检验全体人员是否明确自己的职责和应急行动程序。

（3）提高对事故的防范和应急反应能力，提高警惕性。

（4）取得经验以改进所制定的应急预案。

风电场应针对生产区域内可能发生的事故，每年组织应急演练，检验预案内容和人员应急处理能力。

【案例】2008 年某月，某风电场进行集电线路停电倒闸操作，误合主变压器低压侧接地开关，导致主变压器保护动作全站停电。经检查发现，现场运行人员在操作时，未核对设备名称编号，现场布置为ⅠA、ⅠB，主变压器低压侧、ⅠC、ⅠD 段线路，设备无机械五防，运行人员操作时按照 A、B、C、D 顺序操作，忽略中间间隔为主变压器低压侧，带电合接地开关，造成主变压器跳闸。该事故反映出运行人员对系统熟悉不够，过程中未严格执行“两票三制”，在日常工作中未对事故预案进行预演，操作流程不熟。

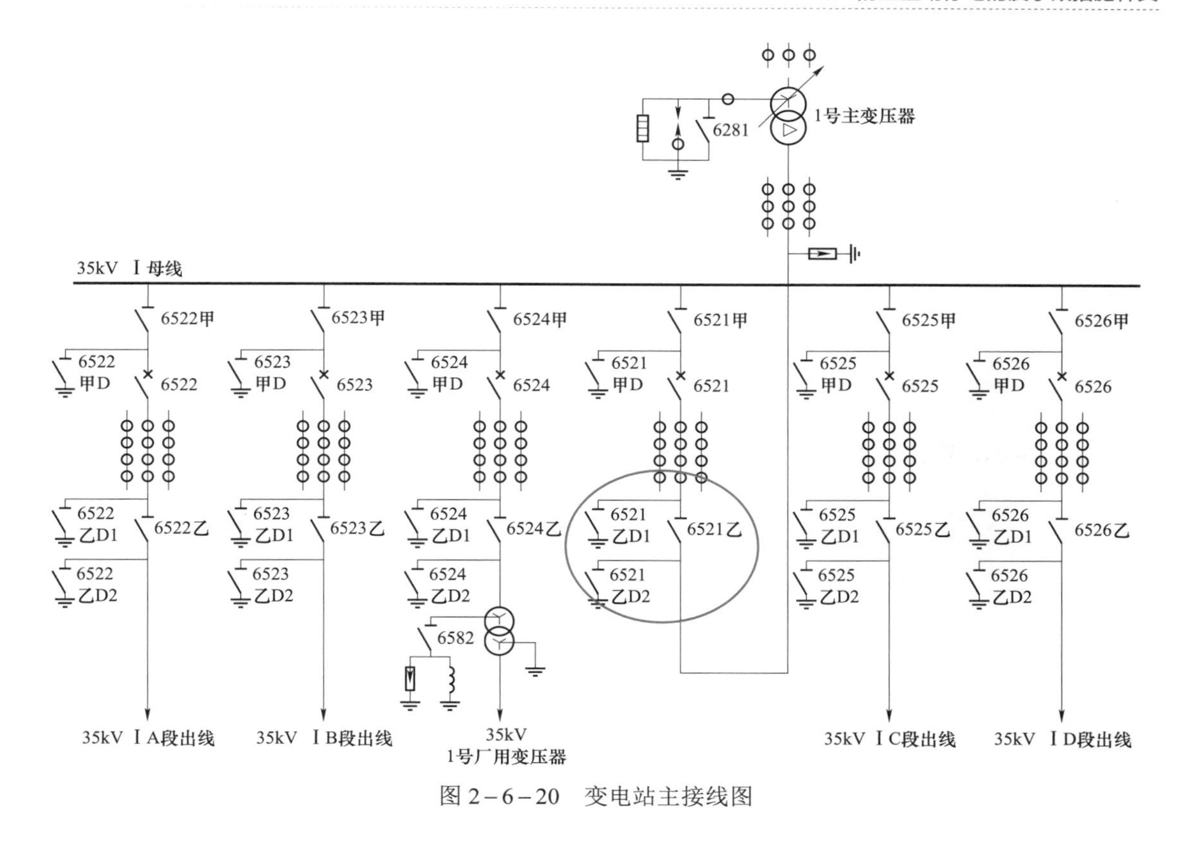

图 2-6-20 变电站主接线图

条文 6.6.6 加强对运行工器具管理，按照设备台账标准对工器具进行管理，并严格执行交接班制度。

【释义】运行工器具主要用于倒闸操作、检修、抢修工作，对常用电气绝缘工具、登高工具、机械工具等分类建立台账。应记录工器具的规格型号、生产厂商、购买日期、检验情况等重要信息，并对工器具变动、报废、新增等情况及时更新。

运行工器具应进行交接班管理，确保设备完好、摆放整齐、数量齐全。交接班时，交班人员应主动向接班人员说明未收回工具的用途、去向，接班人员核实后方可交接。

【案例】2003 年 4 月 17 日，某风电场运行人员巡检时发现控制室照明灯不亮，检查发现镇流器烧损，更换损坏的镇流器。使用验电笔验电，显示无电，认为照明电源开关已跳开，开始更换镇流器。拆除镇流器时发生触电，抢救无效死亡。经检查该人员使用的验电笔损坏，未发现设备带电，导致触电。

条文 6.7 加强输电线路管理

条文 6.7.1 在特殊地形、极端恶劣气象环境条件下，重要输电通道宜采取差异化设计，适当提高重要线路防冰、防洪、防风等设防水平。

【释义】该条文引用了《110kV～750kV 架空输电线路设计规范》（GB 50545—2010）3.0.1 条规定，在地质条件复杂地区，必要时宜采用地质遥感技术；综合考虑线路长度、地形地貌、地质、冰区、交通、施工、运行及地方规划等因素，进行多方案技术经济比较，做到安全可靠、环境友好、经济合理。

风电场多处于地形特殊地区，气象环境恶劣。输电线路差异化设计是基于地理位置、气象条件等因素，对线路进行不同抵抗自然灾害的能力考虑。同时，线路的重要程度不同，在面临自然灾害时所需要的坚强程度也不同。因此，不同输电线路以及同一条线路的不同区段可进行差异化设计。

【案例 1】2011 年 1 月 5 日，某风电场 35kV 集电线路，因大范围雨雪、冰冻灾害天气，该现场线路光缆结冰（如图 2-6-21 所示）压断，导致风力发电机组全部失去通信，机组失去控制，AGC 因通信中断而失去调节能力，调度命令全部停机。

图 2-6-21　线路、光缆结冰

【案例 2】2012 年 3 月，某 500kV 紧凑型双回输电线路，部分杆塔位于恶劣气象条件下，严重覆冰积雪造成输电线路反复跳闸。对故障进行全面分析，通过对地形及气象条件进行综合评估，发现输电线路存在设计缺陷，不满足恶劣天气运行要求。差异化改造方案如下：双回线中的故障区段一回采用常规水平排列线路（杯型塔），另一回线优化相间间隔棒的排列，如图 2-6-22 所示。改造后，解决了覆冰积雪造成输电线路反复跳闸问题，提高了线路运行稳定性。

图 2-6-22　左侧为优化水平排列线路，右侧为优化间隔棒线路

条文 6.7.2　线路设计时应预防不良地质条件引起的倒塔事故，避让可能引起杆塔倾斜、沉陷的矿场采空区；不能避让的线路，应进行稳定性评估，并根据评估结果采取地基处理（如灌浆）、合理的杆塔和基础型式（如大板基础）、加长地脚螺栓等预防塌陷措施。

【释义】该条文引用了《110kV～750kV 架空输电线路设计规范》（GB 50545—2010）12.0.1 基础型式的选择，应综合考虑沿线地质、施工条件和杆塔型式等因素。

风电场一般处于树木较少的空旷地区，这类地区特点为土质相对松软，地质结构复杂特殊，一旦表层土壤被破坏很容易发生水土流失情况。

此外，近年来随着矿藏的不断开采以及坑口电厂建设，一些高压输电线路不可避免要通过开采沉陷区，采空区发生地基塌陷，杆塔基础或拉线基础会随之出现沉降、倾斜现象，针对难以避开采空塌陷区的线路杆塔，应采取必要的预防塌陷措施，减小或延缓杆塔倾斜造成的损失。

【案例 1】2002 年，山西省某风电场，煤矿采空区塌陷引起地面沉降，导致 220kV 线路 14 号杆，塔头垂直线路方向倾斜 2.1m，顺线路方向倾斜 0.6m，导线对地距离仅 4.8m；110kV 线路 24 挡～25 挡地面沉降，杆塔倾斜，导线对地距离仅 3.0m，如图 2－6－23 所示。

图 2－6－23 线路倒塔

【案例 2】2012 年，某风电场施工将地表土层破坏，且未按要求进行回填土施工，降水后明显湿陷，线路杆塔基础倾斜，如图 2－6－24 所示。

图 2－6－24 线路铁塔塌陷

条文 6.7.3 对于易发生水土流失、洪水冲刷、山体滑坡、泥石流等地段的杆塔，应采取加固基础、修筑挡土墙（桩）、截（排）水沟、改造上下边坡等措施，必要时改迁路径。分洪区和洪泛区的杆塔必要时应考虑冲刷作用及漂浮物的撞击影响，并采取相应防护措施。

【释义】该条文引用了《110kV～500kV 架空送电线路施工及验收规范》（GB 50233—2014）5.1.6 条规定，位于山坡、河边或沟旁等易冲刷地带基础的防护，应按设计要求进行施工。

风电场杆塔基础地质层结构较复杂，易发生水土流失、洪水冲刷、山体滑坡、泥石流等自燃灾害。可采取修筑挡土墙、截水沟、改造上下边坡等措施，防止线路倒杆、倒塔。

【案例】2006 年 7 月，某风电场线路塔基挡土墙、边坡垮塌。该塔建在山体斜坡位置，采用高低腿结构，因挡土墙设置不合理，被山洪冲刷出现贯穿性裂纹，对基础构成威胁，如图 2－6－25 所示。

图 2－6－25　因水土流失被埋的塔脚

条文 6.7.4　对于河网、沼泽、鱼塘等区域的杆塔，应慎重选择基础型式，基础顶面应高于 5 年一遇洪水位。

【释义】该条文引用了《跨区输电线路重大反事故措施》（国家电网生〔2012〕572 号）3.1 对于河网、沼泽、鱼塘等区域的杆塔，应慎重选择基础型式，基础顶面应高于 5 年一遇洪水位。

杆塔基础是输电线路重要组成部分，应选择合理基础型式。河网、沼泽、鱼塘等特殊区域，湿度较大，多为河流流经地，在选择基础型式时要重点考虑，基础防腐及洪水时塔基的抵抗能力，避免因洪水冲刷腐蚀造成倒塔事故。

【案例】1998 年 6 月，某风电场送出线路，08 号、09 号杆塔均在河床中心，由于连日降雨引发山洪，洪水对基础冲刷及漂浮物撞击造成 08、09 号杆塔基础及塔体不同程度受损，09 号杆塔受损严重，在基础处发生断裂，线路倒塔，如图 2－6－26 所示。

图 2－6－26　洪水导致线路倒塔

条文 6.7.5 新建 35kV 及以上架空输电线路在农田、人口密集地区不宜采用拉线塔。已使用的拉线塔如果存在盗割、碰撞损伤等风险应按轻重缓急分期分批改造，其中拉 V 塔不宜连续超过 3 基，拉门塔等不宜连续超过 5 基。

【释义】该条文引用了《防止电力生产事故的二十五项重点要求》(国能安全〔2014〕161 号) 15.1.5 条规定。新建 110kV（66kV）及以上架空输电线路在农田、人口密集地区不宜采用拉线塔。

拉线塔能够节省钢材，有较好的承载能力，一度成为降低线路本体造价的首选塔型，但拉线塔实际占地面积较大，不利于农田机械化耕种作业，拉线被盗割、损伤事件频繁出现，拉线塔身无自立条件，需要靠拉线保持平衡，一旦拉线损伤或被盗，易失稳倾倒。新建线路应慎用拉线塔，已使用的拉线塔如果存在盗割、碰撞损伤风险应按轻重缓急分期分批改造。

【案例】2012 年 5 月 17 日，南方某供电公司发生一起电线杆拉线触电致人死亡事故。事故原因为电线杆拉线跨越道路，因车辆过高不慎将拉线刮断（如图 2－6－27 所示），拉线上端固定在上、下两排输电导线之间，拉线与带电部分连接，致使车上人触电身亡。

图 2－6－27 车辆刮断拉线

条文 6.7.6 基建阶段隐蔽工程应留有影像资料，并经监理单位和业主单位质量验收合格后方可掩埋。

【释义】该条文引用了《防止电力生产事故的二十五项重点要求》(国能安全〔2014〕161 号) 15.1.6 条规定。

隐蔽工程是线路施工的重要环节，施工过程中的质量直接影响工程安全，且施工结束后无法检查，因此在隐蔽工程施工过程中应留有掩埋深度、接地敷设情况等影像资料，为后期验收评估提供依据。

【案例】2010 年，某电业局在巡视架空线路时，发现拉线松弛，杆塔倾斜，紧固过程中拉线地埋部分不断上拔无法紧固，查阅验收资料，发现工程掩埋前未进行验收，无影像资料。挖开拉线基础，发现拉线末端仅将剩余拉线埋入地下（如图 2－6－28 所示），未与拉线盘固定。

图 2－6－28　拉下埋入地下

条文 6.7.7　新建 35kV 及以上线路不应选用混凝土杆；新建线路在选用混凝土杆时，应采用在根部标有明显埋入深度标识的混凝土杆。

【释义】该条文引用了《防止电力生产事故的二十五项重点要求》（国能安全〔2014〕161 号）15.1.7 条规定。

新建 35kV 以下电压等级线路可选用混凝土杆，应根据设计要求，增加根部埋入深度标识，方便施工验收，避免施工人员不按照设计施工，埋入深度不够。

【案例】2015 年 7 月，某在建风电场，大风导致部分线路混凝土杆发生倾斜、倒杆现象，现场检查杆塔根部标识裸露在外，基础埋入深度不足（如图 2－6－29 所示），责令施工部门对所有在建线路进行整改。

图 2－6－29　混凝土杆埋入深度不足

条文 6.7.8　线路杆塔螺栓应加装防松帽，投运后一年应进行逐个检查紧固。线路巡检时，要加强对铁塔各部位连接螺栓的检查，每年大风季前要全面检查铁塔各部位连接螺栓，确保螺栓紧固，无缺失。

【释义】风电场地处高风速地区，杆塔在高风速环境下会发生振动，螺栓易出现返松、丢失情况，螺栓丢失使杆件细长比增加，导致结构失稳，因此应装防松帽。

特殊天气应重点对铁塔各部位连接螺栓做以下检查：

（1）拉线双螺旋，螺杆端距螺旋内口尺寸要求：高度小于 80m 的铁塔，应在 10mm～30mm；高度在 80m 以上的铁塔，应在 20mm～60mm。

（2）地脚螺栓露出基础顶面长度应符合工程设计要求。

（3）螺栓应垂直、不变形、多边形铁塔的各对应基础螺栓中心间距允许偏差±3mm。

（4）塔靴紧固螺栓应按工程设计要求做防腐处理。

（5）各部位连接螺栓防松帽无丢失。

【案例】2010 年 4 月 25 日，某风电场 35kVⅠC、ⅠD 段过流Ⅰ段保护动作，断路器跳闸。对线路进行巡视，发现 35kVⅠC、ⅠD 段双回线路铁塔 1CD04（SZ322 型，高度 21m）、1CD05（SZ312 型，高度 18m）、1CD06（SZ322 型，高度 21m）三基铁塔从距地面 6m～8m 处折断，倒塔导线总长 517m。本次倒塔主要原因是杆塔螺栓无防松螺帽，大风使螺栓松动，巡检未发现，导致线路倒塔，如图 2－6－30 所示。

图 2－6－30　因螺栓松动造成倒塔

条文 6.7.9　应对遭受恶劣天气后的线路进行特巡，当线路导线、地线发生覆冰、舞动时应做好观测记录，并进行杆塔螺栓松动、金具磨损等专项检查及处理。

【释义】该条文引用了《防止电力生产事故的二十五项重点要求》（国能安全〔2014〕161 号）15.1.9 条的规定。

风电场环境恶劣，空气冷热交替会产生“过冷却”现象，即冰晶—液态水滴—过冷却水滴的物理变化过程。过冷却水滴与地面的物体接触，在其表面形成雪凇、雾凇、雨凇等冰状物。线路结冰增加重量改变平衡性，大风加剧舞动，严重覆冰超过铁塔的实际承载能力，线路倒塔。

【案例】2008 年 1 月，南方某风电场 220kV 送出线路，因连续强降雪造成线路覆冰，因未及时消除，造成送出线路倒塔，如图 2－6－31 所示。

图 2－6－31　因线路覆冰造成倒塔

条文 6.7.10　加强铁塔基础的检查和维护，对塔腿周围取土、挖沙、采石、堆积、掩埋、水淹等可能危及杆塔基础安全的行为，应及时制止并采取相应防范措施。

【释义】该条文引用了《防止电力生产事故的二十五项重点要求》(国能安全〔2014〕161号) 15.1.10 条规定。

风电场线路周围存在取土、挖沙、采石、堆积、掩埋、水淹等现象的地区，经常会发生线路基础由于挖沙、采石导致河流改道冲刷线路基础，线路人员应加强巡检力度，发现危及线路，及时对线路基础进行加固，防止将故障扩大。

【案例】2016 年 5 月，某风电场线路人员巡视发现，由于采石挖沙送出线路旁河道路径发生改变，66kV 线路送出铁塔有两级已处于河道边缘，雨季铁塔基础存在受冲刷的危险。该风电场立即采取措施，对铁塔基础进行加固（如图 2－6－32 所示），避免发生事故。

图 2－6－32　铁塔基础加固

条文 6.7.11　应用可靠、有效的在线监测设备加强特殊区段的线路运行监测；积极推广无人机航巡。

【释义】该条文引用了《防止电力生产事故的二十五项重点要求》(国能安全〔2014〕161号) 15.1.11 条规定。

对气象环境条件恶劣的地形、气象区域以及外力破坏易发区域，通过逐步完善输变电设备状态监测系统，实现对线路本体或通道的实时监测。在地形复杂，自然环境恶劣地区，开展无人机巡视，可发现地面巡视的死角，减轻重复劳动强度，降低人员野外作业安全风险，提升输电线路运维效率。

【案例】2016 年 12 月 21 日，某风电场利用无人机对线路进行巡检（如图 2－6－33 所示），发现线路 79 号杆塔 B 相复合绝缘子有发热现象，相对温升为 7℃。由于相对温度不高，未处理。2017 年 1 月 13 日，跟踪监测时发现相对温升已达 17℃。更换绝缘子时发现高压侧已有严重点蚀，中心部位出现裂纹。此次巡视检查避免了线路的非计划停运，提高了线路的可靠性。

条文 6.7.12　开展金属件技术监督，加强铁塔构件、金具、导线、地线腐蚀状况的观测，必要时进行防腐处理；对于运行年限较长、出现腐蚀严重、有效截面损失较多、强度下降严重的，应及时更换。

【释义】该条文引用了《防止电力生产事故的二十五项重点要求》(国能安全〔2014〕161

号）15.1.12 条规定。

图 2－6－33　利用无人机对设备进行巡视检查

输电线路杆塔以钢铁为主，长期暴露在大气环境中，容易受到腐蚀，逐渐失去原有的机械强度，严重时会造成杆塔倾倒、系统失去防雷能力、导线脱落等重大安全事故。此外某些风电场线路靠近农田，化肥造成杆塔金属基础腐蚀严重，部分基础塔材出现锈蚀断裂现象，危及线路安全。定期开展金属部件技术监督，对铁塔构件、金具、导线、地线腐蚀状况检测，出现腐蚀、有效截面损失、强度下降等情况，应做防腐处理或更换。

【案例 1】 2007 年 8 月，某风电场线路杆塔塔材连接部位螺栓及主材因运行年限较长，防腐层脱落大面积腐蚀，未及时采取相应的防范措施，造成 220kV 输电线路倒塔，如图 2－6－34 所示。

图 2－6－34　由于主材螺栓腐蚀造成倒塔

【案例 2】 2014 年 6 月，某风电场送出线路铁塔建设在农田中，该区域常年施肥导致土壤腐蚀性较高，对铁塔基础开挖检查，发现铁塔地脚严重腐蚀（如图 2－6－35 所示）、有效截面损失较多、强度下降严重，存在倒塔风险。

图 2－6－35　左侧末底脚腐蚀照片、右侧为处理后照片

附录　风力发电生产常用规程、规范、文件

GB/T 700—2006　碳素结构钢
GB/T 1231—2006　钢结构用高强度大六角头螺栓、大六角螺母、垫圈技术条件
GB/T 1591—2008　低合金高强度结构钢
GB/T 4798.6—2012　环境条件分类　环境参数组分类及其严酷程度分级　船用
GB/T 6096—2009　安全带测试方法
GB/T 8597—2013　滚动轴承　防锈包装
GB 8624—2012　建筑材料及制品燃烧性能分级
GB/T 18380—2008　电缆和光缆在火焰条件下的燃烧试验
GB/T 18451.1—2012　风力发电机组　设计要求
GB/T 19069—2017　失速型风力发电机组　控制系统技术条件
GB/T 19072—2010　风力发电机组　塔架
GB/T 19155—2017　高处作业吊篮
GB/T 19568—2017　风力发电机组装配和安装规范
GB/T 19960.1—2005　风力发电机组　第一部分：通用技术条件
GB/T 19963—2016　风电场接入电力系统技术规定
GB/T 20284—2006　建筑材料或制品的单体燃烧试验
GB/T 20626.1—2017　特殊环境条件　高原电工电子产品　第一部分：通用技术要求
GB/T 25383—2010　风力发电机组　风轮叶片
GB/T 25385—2010　风力发电机组运行及维护要求
GB/T 25386.1—2010　风力发电机组变速恒频控制系统　第 1 部分：技术条件
GB/T 25390—2010　风力发电机组　球墨铸铁件
GB 25972—2010　国家标准气体灭火系统及部件
GB 26164.1—2010　电业安全工作规程　第 1 部分：热力和机械
GB 26859—2011　电力安全工作规程　电力线路部分
GB 26860—2011　电力安全工作规程　发电厂和变电站电气部分
GB/T 29178—2013　滚动轴承　风力发电机组主轴轴承
GB/T 32077—2015　风力发电机组　变桨距系统
GB/T 33423—2016　沿海及海上风电机组防腐技术规范
GB/T 33628—2017　风力发电机组高强螺纹连接副安装技术要求
GB/T 34870.1—2017　超级电容器　第 1 部分：总则
GB/T 35204—2017　风力发电机组　安全手册
GB 50007—2011　建筑地基基础设计规范
GB 50164—2011　混凝土质量控制标准
GB/T 50168—2006　电气装置安装工程电缆线路施工及验收规范

GB/T 50172—2012　电气装置安装工程蓄电池施工及验收规范
GB 50217—2017　电力工程电缆设计规范
GB 50370—2005　气体灭火系统设计规范
GB 51096—2015　风力发电场设计规范
GB/T 51121—2015　风力发电工程施工与验收规范
NB/T 31001—2010　风电机组筒形塔制造技术条件
NB/T 31004—2011　风力发电机组振动状态监测导则
NB/T 31017—2011　双馈风力发电机组主控制系统技术规范
NB/T 31018—2011　风力发电机组电动变桨控制系统技术规范
NB/T 31052—2014　风力发电场高处作业安全规程
NB/T 31030—2012　陆地和海上风电场工程地质勘察规范
NB/T 31039—2012　风力发电机组雷电防护系统技术规范
NB/T 31082—2016　风电机组塔架用高强螺栓连接副
NB 31089—2016　风电场设计防火规范
DL 408—1991　电业安全工作规程　发电厂和变电站电气部分
DL/T 586—2008　电力设备监造技术导则
DL/T 666—2012　风力发电场安全规程
DL/T 724—2000　电力系统用蓄电池直流电源装置运行与维护技术规程
DL/T 781—2001　电力用高频开关整流模块
DL/T 796—2012　风力发电场安全规程
DL/T 797—2012　风力发电场检修规程
DL/T 1476—2015　电力安全工器具预防性试验规程
DL/T 5707—2014　电力设备典型消防规程
JB/T 10194—2000　风力发电机组　风轮叶片
JB/T 10427—2004　风力发电机组　一般液压系统
JB/T 12137—2015　风力发电机组主轴锻件　技术条件
FD 002—2007　风电场工程等级划分及设计安全标准
FD 003—2007　风电机组地基基础设计规定
JGJ 8—2016　建筑变形测量规范
JGJ 82—2011　钢结构高强度螺栓连接技术规程
JGJ 276—2012　建筑施工起重吊装工程安全技术规范
TSG Q7015—2016　起重机械定期检验规则
CECS 391—2014　风力发电机组消防系统技术规程
国务院令第 452 号　草原防火条例
国务院令第 278 号　中华人民共和国森林法实施条例
中华人民共和国主席令第 26 号　中华人民共和国草原法
2008 年 10 月 28 日第十一届全国人民代表大会常务委员会第五次会议修订　中华人民共和国消防法
国能安全〔2014〕161 号　防止电力生产事故的二十五项重点要求
国家电网生〔2012〕572 号　跨区输电线路重大反事故措施